高等学校公共基础课系列教材

大学物理（下册）

（第二版）

主编　王智晓
参编　林忠海　刘燕丽　郝亚明　王平建

西安电子科技大学出版社

内 容 简 介

　　本书是为适应教学改革的新形势，基于工程认证理念和"重基础，强应用"方针，结合编者多年的教学经验以及当前国内外物理教材改革的动态，经集体讨论编写而成的。

　　本书内容紧紧围绕大学物理课程的基本要求，难度适中，物理概念清晰，论述深入浅出，例题丰富。全书分为上、下两册。下册包括稳恒磁场，电磁感应、电磁场，振动，波动，光学，相对论，量子物理等 7 章，每章都设置有本章小结和习题。全书紧密联系实际，特别注重介绍物理知识和物理思想在实际中的应用。

　　本书可作为一般理工类专业本科生学习大学物理课程的教材，也可作为各类工程技术院校有关专业学生自主学习的教材或参考书。

图书在版编目(CIP)数据

　　大学物理. 下册 / 王智晓主编. －2 版. －西安：西安电子科技大学出版社，2022.8(2023.7 重印)

　　ISBN 978 - 7 - 5606 - 6590 - 0

　　Ⅰ. ①大…　Ⅱ. ①王…　Ⅲ. ①物理学－高等学校－教材　Ⅳ. ① O4

　　中国版本图书馆 CIP 数据核字(2022)第 135498 号

策　　划	毛红兵　刘玉芳
责任编辑	许青青
出版发行	西安电子科技大学出版社(西安市太白南路 2 号)
电　　话	(029)88202421　88201467　　邮　　编　710071
网　　址	www.xduph.com　　　　电子邮箱　xdupfxb001@163.com
经　　销	新华书店
印刷单位	陕西日报印务有限公司
版　　次	2022 年 8 月第 2 版　2023 年 7 月第 2 次印刷
开　　本	787 毫米×1092 毫米　1/16　印　张　16
字　　数	377 千字
字　　数	2001～5000 册
定　　价	43.00 元

　　ISBN　978 - 7 - 5606 - 6590 - 0/O

　　XDUP 6892002 - 2

前　　言

物理学是一切自然科学的基础。进入 21 世纪，科学技术的飞速发展和多学科的交叉融合对人才培养提出了新的要求，为了培养创新性和复合型人才，适应市场经济对人才的普适性性要求，高等教育强化基础课程、实施通才教育已是大势所趋。

大学物理是理工科专业一门十分重要的基础课。为适应教学改革的新形势，基于工程认证理念和"重基础，强应用"方针，编者结合多年的教学经验并吸收借鉴了当前国内外物理教材改革的先进思想和科学方法，经集体讨论编写了本书。

本书紧紧围绕大学物理课程的基本要求，在保持传统模式的基础上，尽量做到思辨性和实践性相统一：以高等数学为工具，将"物"与"理"密切结合；将物理思想和物理方法融入书中；融入物理学前沿的相关内容。这样可以增加物理理论的真实感和生动感，开阔学生视野，有助于学生形成科学的学习方法和研究方法，有利于激发学生的学习兴趣，培养学生的创新能力。本次修订更正了上一版中的一些错漏，补充了部分习题，使得书稿内容更加完善、准确。

本书内容相对完整，授课教师在讲解时可以根据大纲要求选择相应的内容，或者选择与本专业关联度大的部分作为教学内容，容易做到学时与内容相对应，灵活施教。书中带星号的内容为选学内容。

全书分为上、下两册。下册由王智晓主编，林忠海、刘燕丽、郝亚明、王平建参编。

在本书编写过程中，许多老师提出了宝贵的意见和建议，西安电子科技大学出版社有关人员也提供了大力支持，在此一并表示衷心的感谢。

由于编者水平有限，不妥之处在所难免，恳请广大读者批评指正。

编　者
2022 年 5 月

目　录

第10章　稳恒磁场

《大学物理(上册)(第二版)》已经研究了相对于观察者静止的电荷所激发的电场的性质与规律。在自然界中，运动电荷的周围不仅存在着电场，还存在着磁场。磁场和电场一样，也是物质的一种形态。

丹麦的奥斯特在1820年发现了电流的磁效应，即导线中通过电流时，导线附近的小磁针会发生偏转，从此开拓了电磁学研究的新纪元，打开了电磁应用的新领域。现在，无论科学技术、工程应用还是人类生活，都与电磁学有着密切的关系。电磁学给人们开辟了一条广阔地认识自然规律和应用自然规律的道路。

10.1　磁场与磁感应强度

磁现象的发现要比电现象早得多。人们很早就已经知道磁石能吸引铁。11世纪我国就发明了指南针，但是直到19世纪人们在发现了电流的磁场和磁场对电流的作用以后，才逐渐认识到磁现象和电现象的本质以及它们之间的联系，并扩大了磁现象的应用范围。到20世纪初，基于科学技术的进步与原子结构理论的建立和发展，人们进一步认识到磁现象起源于运动电荷，磁场也是物质的一种形式。为了说明磁力的作用，引入了磁场的概念——产生磁力的场。一个运动电荷在它的周围除了产生电场之外，还产生磁场。

10.1.1　磁场力

人们通过大量的实验，发现了以下两种现象。

(1) 磁场力之间的相互作用：同极性(N 与 N、S 与 S)相斥，异极性(N 与 S)相吸。如图 10.1 所示，两个指南针间会出现相斥和相吸的现象。

(2) 磁场力与通电(电荷的运动)导线之间的相互作用：通电导线在磁场中会发生运动，如图 10.2 所示。

实验表明：在某一惯性系 S 中观察一个电荷 q_0 在另外的运动电荷周围运动时，它所受到的作用力 F 一般总可以表示为两个矢量的和：

$$F = F_e + F_m \tag{10-1}$$

式中，F_e 为与 q_0 的运动无关的电场力，且

$$F_e = q_0 E \tag{10-2}$$

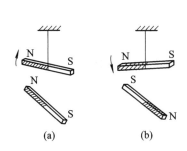
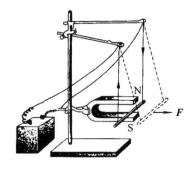

图 10.1　磁场力之间的相互作用　　　　图 10.2　磁场力与通电导线的相互作用

$\boldsymbol{F}_{\mathrm{m}}$ 与电荷 q_0 相对于惯性系 S 的运动速度 $\boldsymbol{v}$ 有直接关系, 它来源于磁场力的作用, 称为磁场力或磁力, 可表示为

$$\boldsymbol{F}_{\mathrm{m}} = q_0 \boldsymbol{v} \times \boldsymbol{B} \tag{10-3}$$

通常把式(10-3)中的 $\boldsymbol{F}_{\mathrm{m}}$ 叫作洛伦兹力。

一个电荷 q_0 在另外的运动电荷的周围运动时所受到的作用力为电场力和洛伦兹力的矢量和, 可写为

$$\boldsymbol{F} = q_0 \boldsymbol{E} + q_0 \boldsymbol{v} \times \boldsymbol{B} = q_0 (\boldsymbol{E} + \boldsymbol{v} \times \boldsymbol{B}) \tag{10-4}$$

10.1.2　磁感应强度

在研究静电场时, 研究人员曾根据电荷 q_0 在电场中受力的性质, 引入了描述静电场性质的物理量——电场强度。与此类似, 可用运动电荷在磁场中受到的磁力来定义描述磁场力性质的物理量——磁感应强度。

根据洛伦兹力公式, 原则上可以设计以下实验步骤来确定空间任何一点 P 处磁感应强度 $\boldsymbol{B}$ 的大小和方向。

(1) 将一检验电荷 q_0 置于运动电荷(或电流、永磁体)周围某点 P, 并保持静止, 测出这时它所受的力 $\boldsymbol{F}_{\mathrm{e}}$。然后测出 q_0 以某一速度 $\boldsymbol{v}$ 通过 P 点时所受的力 $\boldsymbol{F}$, 由式(10-3)得出 $\boldsymbol{F}_{\mathrm{m}}$。

(2) 令 q_0 沿其他不同方向运动并通过 P 点, 重复上述方法测出 $\boldsymbol{F}_{\mathrm{m}}$。这时可发现当 q_0 沿某一特定的方向(或反方向)运动时, 不受磁力, 如图 10.3(a)所示, 这一方向或它的反方向就定义为 $\boldsymbol{B}$ 的方向。

(3) q_0 沿其他不同方向运动时, 它所受的磁力 $\boldsymbol{F}_{\mathrm{m}}$ 的方向总与上述 $\boldsymbol{B}$ 的方向垂直, 也与 q_0 的速度 $\boldsymbol{v}$ 的方向垂直。我们可以根据任一次 $\boldsymbol{v}$ 和 $\boldsymbol{F}_{\mathrm{m}}$ 的方向进一步规定 $\boldsymbol{B}$ 的指向, 使它满足式(10-3)所表示的矢量矢积关系的要求。

(4) 以 φ 表示 q_0 运动速度 $\boldsymbol{v}$ 的方向和 $\boldsymbol{B}$ 的方向的夹角, 可以发现, 磁力的大小 F_{m} 和 $qv \sin\varphi$ 这一乘积成正比, $\boldsymbol{B}$ 的大小为

$$B = \frac{F_{\mathrm{m}}}{qv \sin\varphi}$$

若设 $\boldsymbol{F}_{\max}$ 为运动电荷所受的最大磁场力, 如图 10.3(b)所示, 则

$$B = \frac{F_{\max}}{qv} \qquad\qquad (10-5)$$

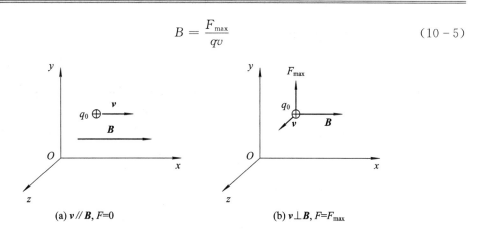

(a) $v \parallel B, F=0$　　　　　　(b) $v \perp B, F=F_{\max}$

图 10.3　运动电荷在磁场中受到的磁力

这样就可以完全确定磁场中各处的磁感应强度 **B**。

运动电荷在磁场中受到磁场力 $F = qv \times B$。

在国际单位制中,力的单位是牛顿(N),电流的单位是安培(A),长度单位是米(m),磁感应强度的单位是特斯拉(T)。在工程中常用高斯表示磁感应强度的单位,它与特斯拉的关系为:1T(特斯拉)=10^4G(高斯)。

10.2　毕奥-萨伐尔定律及应用

1820 年,丹麦物理学家奥斯特发现了电流的磁效应之后,同年 10 月毕奥(Biot)和萨伐尔(Savart)两个人通过大量的实验,总结出电流在其周围产生磁场的基本规律。

10.2.1　电流元

通电导体中的电流在其周围产生磁场,电流对磁针的作用是横向力,而沿电流方向无作用力,垂直于电流方向的作用力最大。闭合导线中的电流是连续的,按微分思想,无限分割载流导线为电流元 Idl,求出电流元 Idl 产生的磁感应强度 dB,以 **r** 表示从该电流元 Idl 指向某一场点 P 的位矢(如图 10.4 所示),通过积分可以得到总电流产生的空间各位置的磁感应强度。电流是标量,电流元 Idl 是矢量,dl 是导线上的线元,即导线中电流流过的方向。

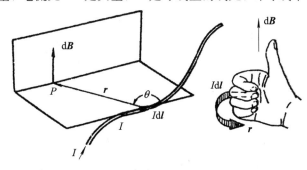

图 10.4　电流元产生磁场的规律

10.2.2　毕奥-萨伐尔定律

在毕奥和萨伐尔两个人大量的实验基础上,数学家拉普拉斯(Laplace)将他们的实验结果归纳为数学公式,总结出电流元 $I\mathrm{d}\boldsymbol{l}$ 产生磁场的基本规律:毕奥-萨伐尔定律。

毕奥-萨伐尔定律:电流元 $I\mathrm{d}\boldsymbol{l}$ 在空间某点 P 产生的磁感应强度 $\mathrm{d}\boldsymbol{B}$ 的大小与 $I\mathrm{d}\boldsymbol{l}$ 的大小成正比,与 $I\mathrm{d}\boldsymbol{l}$ 到 P 点处的位矢 $\boldsymbol{r}$ 之间夹角的正弦成正比,而与 r^2 成反比,即

$$\mathrm{d}\boldsymbol{B} = \frac{\mu_0}{4\pi}\frac{I\mathrm{d}\boldsymbol{l}\times\boldsymbol{e}_\mathrm{r}}{r^2} \tag{10-6}$$

式中, μ_0 为真空中的磁导率,其值为

$$\mu_0 = \frac{1}{\varepsilon_0 C^2} = 4\pi\times10^{-7}\ \mathrm{N/A^2} \tag{10-7}$$

$\mathrm{d}\boldsymbol{B}$ 的方向垂直于电流元 $I\mathrm{d}\boldsymbol{l}$ 与矢径 $\boldsymbol{r}$ 所组成的平面,并沿 $I\mathrm{d}\boldsymbol{l}\times\boldsymbol{r}$ 的方向,即遵守右手螺旋法则:右手的四指指向 $I\mathrm{d}\boldsymbol{l}$ 的方向,沿小于 π 的角度转向 $\boldsymbol{r}$ 时,伸直的大拇指所指的方向就是 $\mathrm{d}\boldsymbol{B}$ 的方向,如图 10.4 所示。

10.2.3　磁感应强度叠加原理

磁感应强度叠加原理:磁场中某点的总磁感应强度 $\boldsymbol{B}$(或称磁感)等于所有电流元 $I\mathrm{d}\boldsymbol{l}$ 各自在该点产生的磁感应强度 $\mathrm{d}\boldsymbol{B}$ 的矢量和,即

$$\boldsymbol{B} = \int\mathrm{d}\boldsymbol{B} = \frac{\mu_0}{4\pi}\int_l\frac{I\mathrm{d}\boldsymbol{l}\times\boldsymbol{e}_\mathrm{r}}{r^2} \tag{10-8}$$

毕奥-萨伐尔定律和磁感应强度叠加原理是在实验的基础上总结出来的,由于电流元不能单独存在,因此不能由实验直接加以证明。但是由此定律出发得出的结论与实验结果相符,这就间接地证明了该定律的正确性。

【例 10.1】　如图 10.5 所示,求载流直导线在 P 点的磁感应强度 $\boldsymbol{B}_P$。

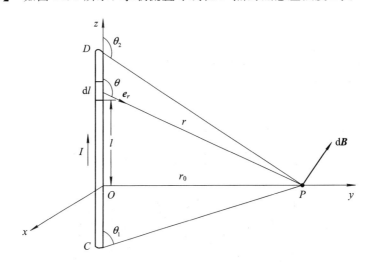

图 10.5　载流直导线的磁感应强度

【解】　式(10-8)中有两个变量 $\mathrm{d}l$ 和 $\boldsymbol{r}$,只有借助几何和三角的知识,才能进行积分,求出 $\boldsymbol{B}_P$。

在直角三角形 DOP 中，$r_0 = r\sin(\pi - \theta)$，$r = \dfrac{r_0}{\sin\theta}$，$\mathrm{d}l = \mathrm{d}(-r_0\cot\theta) = \dfrac{r_0\,\mathrm{d}\theta}{\sin^2\theta}$，将 $\mathrm{d}l$ 和 r 变量转换为角度 θ 的变量，由 $\dfrac{\mathrm{d}\boldsymbol{l} \times \boldsymbol{e}_r}{r^2} = \dfrac{\mathrm{d}l\,\sin\theta}{r^2}(-\boldsymbol{e}_x) = -\dfrac{\sin\theta\,\mathrm{d}\theta}{r_0}\boldsymbol{e}_x$ 和 $\int\sin\alpha\,\mathrm{d}\alpha = -\cos\alpha$，得

$$B_P = \frac{\mu_0}{4\pi}\int_{\theta_1}^{\theta_2}\frac{I\mathrm{d}l\,\sin\theta}{r^2} = \frac{\mu_0 I}{4\pi r_0}\int_{\theta_1}^{\theta_2}\sin\theta\,\mathrm{d}\theta = \frac{\mu_0 I}{4\pi r_0}(\cos\theta_1 - \cos\theta_2) \tag{10-9}$$

下面进行具体讨论：

（1）与载流（I）直导线相距 r 处 P 点的磁感应强度的大小为

$$B_P = \frac{\mu_0 I}{4\pi r}(\cos\theta_1 - \cos\theta_2) \tag{10-10}$$

（2）对于"无限长"直导线，$\theta_1 \to 0$，$\theta_2 \to \pi$，则有

$$B = \frac{\mu_0 2I}{4\pi r} = \frac{\mu_0 I}{2\pi r} \tag{10-11}$$

（3）对于"半无限长"直导线，$\theta_1 = \dfrac{\pi}{2}$，$\theta_2 \to \pi$，则有

$$B = \frac{\mu_0 I}{4\pi r} \tag{10-12}$$

【例 10.2】 设 O 为载流圆线圈的圆心，R 为线圈半径，如图 10.6 所示，求线圈中心轴上与 O 距离为 x 的 P 点的磁感应强度 $\boldsymbol{B}$。

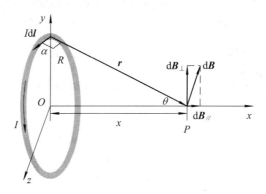

图 10.6 载流线圈轴线上的磁场

【解】 在线圈上任取一电流元 $I\mathrm{d}\boldsymbol{l}$，由毕奥-萨伐尔定律可知，它在 P 点处形成的磁感应强度大小为

$$\mathrm{d}B = \frac{\mu_0}{4\pi}\frac{I\,\mathrm{d}l\,\sin\alpha}{r^2} = \frac{\mu_0 I\mathrm{d}l}{4\pi r^2} \qquad \left(\alpha = \frac{\pi}{2}\right)$$

由于载流圆线圈关于 x 轴对称，因此所有的电流元产生的元磁场在 y 轴上的分量 $\mathrm{d}\boldsymbol{B}_\perp$ 相互抵消，形成的磁感应强度实际上只是 x 轴上分量 $\mathrm{d}\boldsymbol{B}_{/\!/}$ 的叠加，方向沿 x 轴正方向。

$$\mathrm{d}B_{/\!/} = \mathrm{d}B\,\sin\theta = \mathrm{d}B\,\frac{R}{r} = \frac{\mu_0 IR\,\mathrm{d}l}{4\pi r^3}$$

$$B = \oint_l \mathrm{d}B_{/\!/} = \frac{\mu_0 IR}{4\pi r^3}\oint_l \mathrm{d}l = \frac{\mu_0 IR}{4\pi r^3} \times 2\pi R = \frac{\mu_0 IR^2}{2r^3} = \frac{\mu_0 IR^2}{2\sqrt{(R^2+x^2)^3}}$$

所以，载流圆线圈中心轴上距 O 点 x 处的磁感应强度的大小为

$$B = \frac{\mu_0 I R^2}{2\sqrt{(R^2 + x^2)^3}} \tag{10-13}$$

下面分几种情况进行讨论:

(1)当 $x=0$ 时,O 点处的磁感应强度的大小为

$$B = \frac{\mu_0 I}{2R} \tag{10-14}$$

(2)当 $x \gg R$ 时,$R^2 + x^2 \approx x^2$,则有

$$B = \frac{\mu_0 I R^2}{2x^3} \tag{10-15}$$

(3)当 $x=0$,单个圆线圈的 $\frac{1}{n}$ 在圆心处的磁感应强度的大小为

$$B = \frac{\mu_0 I}{2nR} \tag{10-16}$$

例如,半圆($n=2$)在圆心处的磁感应强度大小为 $\frac{\mu_0 I}{4R}$。

【例 10.3】 载流螺线管的半径为 R,总长度为 L,单位长度内的匝数为 n,如图 10.7 所示。求螺线管中心轴线上任一点 P 的磁感应强度。

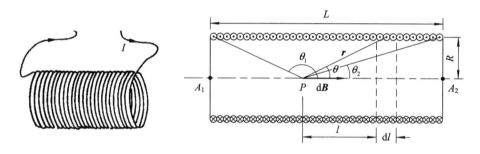

图 10.7 载流螺线管中的磁场

【解】 利用式(10-13)再积分,按以下步骤解答此题。

(1)载流圆线圈轴线上的磁场:$B_1 = \dfrac{\mu_0}{2} \dfrac{I R^2}{\sqrt{(R^2 + l^2)^3}}$。

(2)$\mathrm{d}B = n\mathrm{d}l B_1$,$B = \dfrac{\mu_0}{2} \displaystyle\int_l \dfrac{R^2 I n \mathrm{d}l}{\sqrt{(R^2 + l^2)^3}}$,$\dfrac{R^2}{R^2 + l^2} = \dfrac{1}{\csc^2\theta}$。

(3)将 $\mathrm{d}l$ 转换为 $\mathrm{d}\theta$,如图 10.7 所示,$l = R\tan\theta$,则有

$$\mathrm{d}l = R\csc^2\theta\mathrm{d}\theta$$

最后得

$$B = \frac{\mu_0 n I}{2} \int_{\theta_1}^{\theta_2} \sin\theta\mathrm{d}\theta = \frac{\mu_0 n I}{2}(\cos\theta_2 - \cos\theta_1)$$

磁感应强度的方向由右手螺旋法则确定,如图 10.7 所示,其方向沿轴线向右。

下面讨论两种特殊情况:

(1)无限长螺线管,即 $L \to \infty$,$\theta_1 = \pi$,$\theta_2 = 0$,则 $\boldsymbol{B}$ 的大小为

$$B = \mu_0 n I \tag{10-17}$$

即 $\boldsymbol{B}$ 的大小与 P 点在轴线上的位置无关,轴线上各点的磁感应强度是均匀的。

（2）半无限长螺线管端点处，$\theta_1 = \frac{\pi}{2}$，$\theta_2 = 0$，$B = \frac{n\mu_0 I}{2}$，即半无限长螺线管端点处 B 的大小比轴线上中点处减小一半。

10.2.4　运动电荷的磁场

我们知道，导体中的电流是由导体中大量自由电子作定向运动形成的，因此可以认为电流激发的磁场其实是由运动电荷激发的。运动电荷能激发磁场已经为许多实验所证实。

至于运动电荷所建立的磁感应强度，可以由毕奥-萨伐尔定律求出。

有一电流元 $Id\boldsymbol{l}$，其截面积为 S，设此电流元中单位体积内有 n 个定向运动的正电荷，每个电荷均为 q，且定向运动速度均为 $\boldsymbol{v}$，可知此电流元中的电流密度为 $J = nqv$，故

$$Id\boldsymbol{l} = JSd\boldsymbol{l} = nSd lq\boldsymbol{v}$$

于是，根据毕奥-萨伐尔定律可以写出

$$d\boldsymbol{B} = \frac{\mu_0}{4\pi} \frac{nSd lq\boldsymbol{v} \times \boldsymbol{e}_r}{r^2}$$

其中，$\boldsymbol{e}_r$ 为矢量 $\boldsymbol{r}$ 的单位矢量，$Sd l = dV$ 为电流元的体积，$ndV = dN$ 为电流元中作定向运动的电荷数。一个以速度 $\boldsymbol{v}$ 运动的电荷，在距离它 r 处所建立的磁感应强度为

$$\boldsymbol{B} = \frac{d\boldsymbol{B}}{dN} = \frac{\mu_0}{4\pi} \frac{q\boldsymbol{v} \times \boldsymbol{e}_r}{r^2} \qquad (10-18)$$

显然，$\boldsymbol{B}$ 的方向垂直于 $\boldsymbol{v}$ 和 $\boldsymbol{r}$ 所在的平面。

【例 10.4】　半径为 R 的带电薄圆盘的电荷面密度为 σ，并以角速率 ω 绕通过盘心垂直于盘面的轴转动，求圆盘中心处的磁感应强度。

【解法一】　设圆盘带正电荷，绕轴逆时针旋转，利用微元法，在圆盘上取一半径从 r 到 $r+dr$ 的细圆环带，此环带的电荷为 $dq = \sigma dS = \sigma 2\pi r dr$，考虑到转盘以角速度 ω 旋转，即转一圈的时间为 $\frac{2\pi}{\omega}$，于是与此转动的环带相当的圆电流为

$$dI = \frac{dq}{2\pi\omega} = \frac{\omega}{2\pi}\sigma 2\pi r dr = \sigma\omega r dr$$

由例 10.2 可知，圆电流在圆心处的磁感应强度 $B = \frac{\mu_0 I}{2R}$，因此圆盘上的环带在盘心处的磁感应强度为

$$dB = \frac{\mu_0}{2r} dI = \frac{\mu_0 \sigma\omega}{2} dr$$

于是整个圆盘转动时，在盘心处的磁感应强度为

$$B = \int dB = \frac{\mu_0 \sigma\omega}{2} \int_0^R dr = \frac{\mu_0 \sigma\omega R}{2}$$

【解法二】　运动电荷产生的磁感应强度为

$$dB = \frac{\mu_0}{4\pi} \frac{dqv}{r^2}$$

其中 $dq = \sigma 2\pi r dr$，$v = r\omega$，代入上式，可得

$$dB = \frac{\mu_0 \sigma\omega}{2} dr$$

对上式积分可得到与解法一相同的结果。

10.3　磁场的高斯定理和安培环路定理

根据毕奥-萨伐尔定律表示的电流和它的磁场的关系,可以导出恒定电流磁场的两条基本规律——安培环路定理和高斯定理。

10.3.1　磁通量

1. 磁感应线

在研究电场时,曾经用电场线形象地描述电场的分布。同样,在研究磁场时,我们引入图10.8所示的磁感应线来形象地描绘磁场的分布。磁感应线有如下性质:

(1) 磁感应线上任一点的切线方向与该点磁感应强度 $\boldsymbol{B}$ 的方向一致。

(2) 磁感应线永远没有端点,无论磁场是由什么形状的导线激发的。

(3) 磁感应线是与激发磁场的电流相互套连的闭合线,磁感应线的绕行方向和电流流向符合右手螺旋法则。

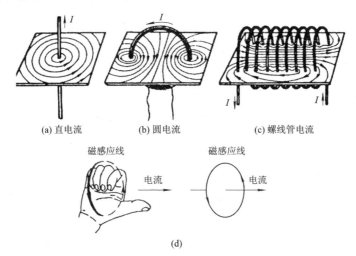

(a) 直电流　　　　　　　(b) 圆电流　　　　　　　(c) 螺线管电流

(d)

图10.8　常见的磁感应线(图(a)、(b)、(c))及磁感应线和电流间的方向关系(图(d))

【说明】

图10.8中的磁感应线是人为引入的理想线。图10.9显示了磁粉在磁场作用下形成的线,它们与磁感应线吻合得很好。这说明,用磁感应线可以形象、直观、生动和真实地描述磁场的分布。

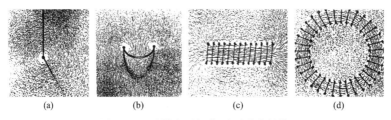

(a)　　　　　　(b)　　　　　　(c)　　　　　　(d)

图10.9　磁粉在磁场作用下形成的线

2. 磁通量

任何一个矢量场都可以引进通量的概念,磁场自然也不例外。与 E 通量类比,我们引入磁通量的概念:通过磁场中某一给定曲面的磁感应线的总数,称为通过该曲面的磁通量,简称为磁通,用 Φ_m 表示。

如图 10.10 所示,S 为非均匀磁场中某一曲面,在 S 上任意选取一面元 $\mathrm{d}S$,此面元所在处的磁感应强度 $\boldsymbol{B}$ 与面元的法向 $\boldsymbol{e}_n$ 之间的夹角为 θ,根据磁通量的定义,通过面元 $\mathrm{d}S$ 的磁通量为

$$\mathrm{d}\Phi_m = \boldsymbol{B} \cdot \mathrm{d}\boldsymbol{S} = B\mathrm{d}S\cos\theta \qquad (10-19)$$

穿过整个曲面 S 的磁通量为

$$\Phi_m = \int_S \mathrm{d}\Phi_m = \int_S \boldsymbol{B} \cdot \mathrm{d}\boldsymbol{S} = \int_S B\cos\theta\,\mathrm{d}S \qquad (10-20)$$

式中,$\mathrm{d}\boldsymbol{S} = \mathrm{d}S\boldsymbol{e}_n$,为面元矢量;$\theta$ 为其法向矢量 $\boldsymbol{e}_n$ 与磁感应强度矢量 $\boldsymbol{B}$ 之间的夹角,如图 10.10 所示。在国际单位制中,磁通量 Φ_m 的单位是 Wb(韦伯),1 Wb=1 T·m²。

反过来,可以把磁感应强度矢量 $\boldsymbol{B}$ 看成单位面积的磁通量,称为磁通密度,其单位是 Wb·m⁻²。如果是封闭曲面,则仍然规定由里向外为法线的正方向。

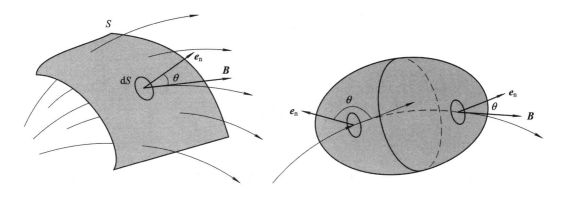

图 10.10 磁通量的面元 　　　　　　 图 10.11 磁场的高斯定理示意图

10.3.2 磁场的高斯定理

通常规定封闭曲面的外法线方向为正。这样在磁感应线穿出曲面处,$\theta < \dfrac{\pi}{2}$,$\cos\theta > 0$,$\mathrm{d}\Phi > 0$,磁感应线从闭合曲面内穿出的磁通量为正,而在磁感应线穿入曲面处,$\theta > \dfrac{\pi}{2}$,$\cos\theta < 0$,$\mathrm{d}\Phi < 0$,磁感应线从闭合曲面外穿入的磁通量为负,如图 10.11 所示。

由于磁感应线为一系列闭合曲线。因此,对任一闭合曲面来说,有多少条磁感应线穿入闭合曲面,相应地就有多少条磁感应线穿出闭合曲面。也就是说,通过任意闭合曲面的磁通量必定等于零,即

$$\oint_S \boldsymbol{B} \cdot \mathrm{d}\boldsymbol{S} = 0 \qquad (10-21)$$

这就是磁场的高斯定理。

从另一个角度也很容易理解这一事实。由毕奥-萨伐尔定律可知:一个电流元 $I\mathrm{d}l$ 所产生的磁场 B 是以 $I\mathrm{d}l$ 为轴对称分布的,磁感应线都是以 $I\mathrm{d}l$ 为轴的同心圆,每一条磁感应线都是无始无终的闭合圈,没有间断点。在这样的磁场中,任一闭合曲面 S 上的磁通量等于零,如图 10.11 所示。

磁场的高斯定理不仅对稳恒磁场适用,对非稳恒磁场也同样适用。与静电场的高斯定理比较可知,稳恒磁场和静电场是不同性质的场。静电场的高斯定理说明静电场是有源场,磁场的高斯定理说明磁场是无源场。

【例 10.5】 在磁感应强度为 B 的均匀磁场中作一半径为 r 的半球面 S,S 边线所在平面的法线方向单位矢量 e_n 与 B 形成的夹角为 α,如图 10.12 所示,计算通过半球面 S 的磁通量(取弯面向外为正)。

【解】 根据高斯定理,通过半球面和下底面的磁通量的代数和为 0。

由磁通量的定义得通过下底面的磁通量为

$$\varPhi_\mathrm{m} = \int \mathrm{d}\varPhi_\mathrm{m} = \int_S B \cos\alpha \mathrm{d}S = \pi r^2 B \cos\alpha$$

即通过半球面 S 的磁通量 $\varPhi_\mathrm{m} = -\pi r^2 B \cos\alpha$。

图 10.12　半球面的磁通量

10.3.3　安培环路定理

在静电场中,电场强度 E 沿任意闭合环路的线积分为零,它反映了静电场是保守场这一基本性质。

1821 年,安培研究了磁感应强度 B 沿任一闭合环路 L 线积分的规律,提出了著名的安培环路定理:在磁场中,磁感应强度 B 沿任一闭合环路 L 的线积分,等于穿过环路所有电流强度 I 的代数和的 μ_0 倍,即

$$\oint_L \boldsymbol{B} \cdot \mathrm{d}\boldsymbol{l} = \mu_0 \sum_L I_i \qquad (10-22)$$

为了说明式(10-22)的正确性,让我们先考虑载有恒定电流 I 的无限长导线的磁场情况,如图 10.13 所示,这时线元处磁感应强度的大小为

$$B = \frac{\mu_0 I}{2\pi a}$$

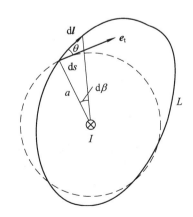

图 10.13　无限长载有恒定电流 I 的导线

式中,a 为该点至载流导线的距离,虚线为垂直于导线的平面内围绕导线的同心圆,它是

一条磁感线，其绕向与电流方向成右手螺旋关系。在上述平面内围绕导线做一任意形状的闭合路径 L，如图10.13所示。沿 L 计算 $\boldsymbol{B}$ 的环路积分 $\oint_L \boldsymbol{B} \cdot \mathrm{d}\boldsymbol{l}$，先算出任一线元 $\mathrm{d}\boldsymbol{l}$ 对环路的磁感应强度：

$$\boldsymbol{B} \cdot \mathrm{d}\boldsymbol{l} = B\boldsymbol{e}_{\mathrm{t}} \cdot \mathrm{d}\boldsymbol{l} = \frac{\mu_0 I}{2\pi a} \mathrm{d}l \cos\theta \approx \frac{\mu_0 I}{2\pi a} \mathrm{d}s$$

其中，I 是导线的电流，a 是 $\mathrm{d}\boldsymbol{l}$ 与导线的距离，$\boldsymbol{e}_{\mathrm{t}}$ 是 $\boldsymbol{B}$ 的单位矢量，θ 是 $\mathrm{d}\boldsymbol{l}$ 与 $\boldsymbol{e}_{\mathrm{t}}$ 的夹角，$\mathrm{d}s$ 为 $\mathrm{d}\boldsymbol{l}$ 对应一个圆心角 $\mathrm{d}\beta$ 的弧长。由图 10.13 可知，对上式进行积分，可得

$$\oint_L \boldsymbol{B} \cdot \mathrm{d}\boldsymbol{l} = \frac{\mu_0 I}{2\pi a} 2\pi a = \mu_0 I$$

即

$$\oint_L \boldsymbol{B} \cdot \mathrm{d}\boldsymbol{l} = \mu_0 I \tag{10-23}$$

式(10-23)在电流正方向与积分环路方向成右手螺旋关系时成立，其中 I 是代数量。当电流实际方向与正方向一致时，$I>0$；反之，$I<0$。

如果闭合路线不包围电流，如图 10.14 所示，L 为垂直于载流直导线平面内任一不包围导线的闭合路径，那么可以从导线与上述平面的交点做 L 的切线，将 L 分成 L_1 和 L_2 两部分，再沿图示方向取 $\boldsymbol{B}$ 的环路积分

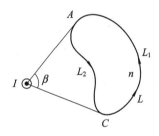

图 10.14　闭合路线不包围电流

$$\oint_L \boldsymbol{B} \cdot \mathrm{d}\boldsymbol{l} = \int_{L_1} \boldsymbol{B} \cdot \mathrm{d}\boldsymbol{l} + \int_{L_2} \boldsymbol{B} \cdot \mathrm{d}\boldsymbol{l}$$

$$\oint_L \boldsymbol{B} \cdot \mathrm{d}\boldsymbol{l} = \frac{\mu_0 I}{2\pi} \left(\int_{L_1} \mathrm{d}\beta + \int_{L_2} \mathrm{d}\beta \right) = \frac{\mu_0 I}{2\pi} (\beta - \beta) = 0$$

由上式可知，闭合路径不包围电流时，电流沿这一闭合路径的 $\boldsymbol{B}$ 的环路积分的值为零。上面的讨论只涉及垂直于长直载流导线的平面内的闭合路径。可以证明，对于长直载流导线非平面闭合路径，上述结论也适用。

还可以进一步证明，对于任何闭合的恒定电流路径，上述结论仍然成立。再根据磁场叠加原理可得：当有若干个闭合的恒定电流存在时，沿任一闭合路径 L 的合磁场 $\boldsymbol{B}$ 的线积分应为

$$\oint_L \boldsymbol{B} \cdot \mathrm{d}\boldsymbol{l} = \mu_0 \sum_L I_i \tag{10-24}$$

式中，$\sum\limits_L I_i$ 是环路 L 所包围的电流的代数和，这就是安培环路定理。

应该强调以下三点：

(1) 虽然 $\sum\limits_L I_i$ 是环路 L 所包围的电流的代数和，但是 $\oint_L \boldsymbol{B} \cdot \mathrm{d}\boldsymbol{l}$ 中的 $\boldsymbol{B}$ 代表空间所有电流产生的磁感应强度的矢量和，也包括那些不被 L 所包围的电流产生的磁场，只不过后者的磁场的线积分为零。

(2) 实际上，安培环路定理揭示了磁场与静电场不同，磁场不是保守场，而是非保

守场。

（3）应该明确的是，安培环路定理中的电流是闭合、恒定的电流，安培环路定理不适用于一段电流的磁场，也不适用于变化磁场。

【例 10.6】 求与无限长载有电流强度 I 的直导线距离为 R 处的磁感应强度 $\boldsymbol{B}$。

【解】 如图 10.15 所示，做一闭合回路 L，绕行方向与电流方向组成右手螺旋关系，$\boldsymbol{B}$ 与 $\mathrm{d}\boldsymbol{l}$ 方向一致，由对称性可知 $\boldsymbol{B}$ 的大小处处相等，于是有

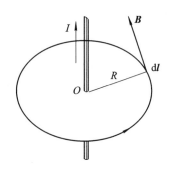

$$\oint_L \boldsymbol{B} \cdot \mathrm{d}\boldsymbol{l} = \mu_0 \sum_L I_i = \mu_0 I$$

$$\oint_L \boldsymbol{B} \cdot \mathrm{d}\boldsymbol{l} = B \oint_L \mathrm{d}l = B 2\pi R$$

所以

图 10.15　无限长载流直导线的磁场

$$B = \frac{\mu_0 I}{2\pi R}$$

若闭合回路 L 的绕行方向与电流方向组成左手螺旋关系，则环路积分为负。

【例 10.7】 求载流螺绕环内的磁场。如图 10.16 所示，设螺绕环内为真空，环上均匀密绕 N 匝线圈，线圈内的电流为 I，磁场几乎全部集中于螺绕环内，根据电流和磁场的对称性，环内的磁感应线形成同心圆，且同一圆周上各点的磁感应强度 $\boldsymbol{B}$ 大小相等，方向为沿圆周的切向。

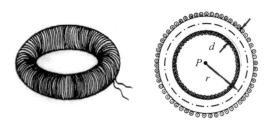

图 10.16　螺绕环内的磁场

【解】 现通过环内任一 P 点，以半径 r 做一圆形闭合路径，显然闭合路径上各点的磁感应强度方向都和闭合路径相切，各点 $\boldsymbol{B}$ 的值都相等，根据安培环路定律，可得

$$\oint_L \boldsymbol{B} \cdot \mathrm{d}\boldsymbol{l} = B 2\pi r = \mu_0 N I$$

由上式可得

$$B = \frac{\mu_0 N I}{2\pi r}$$

从上式可以看出，螺绕环内的横截面上各点的磁感应强度是不同的。如果 L 表示螺绕环中心线所在圆形闭合路径的长度，那么圆环中心线上一点处的磁感应强度为

$$B = \mu_0 \frac{NI}{L} = \mu_0 n I$$

式中，n 表示环上单位长度线圈的匝数，当螺绕环中心线的直径比线圈的直径大得多，即

$2r \gg d$ 时，管内的磁场可近似看成是均匀的，管内任意点的磁感应强度均可用上式表示。

10.4 带电粒子在磁场中的运动

1821—1825 年，法国物理学家安培提出：磁场对载流导体之所以有力的作用，关键在于导体通有电流，电流是由电荷的定向运动形成的。因此，载流导体受力是磁场对运动电荷作用力的宏观表现。

10.4.1 洛伦兹公式

1895 年，荷兰物理学家洛伦兹在电子论的基础上，经实验证明，提出了著名的洛伦兹公式：

$$\boldsymbol{F} = q\boldsymbol{v} \times \boldsymbol{B} \qquad (10-25)$$

$\boldsymbol{F}$ 的大小为

$$F = qvB \ \sin\theta$$

其方向按右手螺旋法则，如图 10.17 所示。

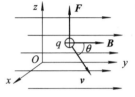

图 10.17 洛伦兹力

10.4.2 带电粒子在均匀磁场中的运动

(1) 当 $\boldsymbol{v} /\!/ \boldsymbol{B}$ 时，$\theta = 0°$，$\sin\theta = 0$，$F = qvB \ \sin\theta = 0$，粒子作匀速直线运动。

(2) 当 $\boldsymbol{v} \perp \boldsymbol{B}$ 时，$\theta = 90°$，$\sin\theta = 1$，$F = qvB$，$\boldsymbol{v} \perp \boldsymbol{F}$，粒子作匀速圆周运动，有

$$F = qvB = m\frac{v^2}{R}$$

式中，R 称为带电粒子作圆周运动的回转半径，其计算公式为

$$R = \frac{mv}{qB} \qquad (10-26)$$

回转周期：

$$T = \frac{2\pi R}{v} = \frac{2\pi m}{qB} \qquad (10-27)$$

(3) 当 $\boldsymbol{v}$ 与 $\boldsymbol{B}$ 成任意 θ 角时，把 $\boldsymbol{v}$ 分为平行于 $\boldsymbol{B}$ 和垂直于 $\boldsymbol{B}$ 的两个分量 $v_{/\!/}$ 和 $v_{\perp}$，$v_{/\!/} = v \cos\theta$，$v_{\perp} = v \sin\theta$，如图 10.18 所示。带电粒子在与 $v_{/\!/}$ 垂直的平面内作匀速率圆周运动；沿 $v_{/\!/}$ 方向作匀速直线运动($v_{/\!/}$ 不受磁场的影响，保持不变)，带电粒子作螺旋运动，其轨迹为一螺旋线。

(4) 带电粒子在均匀电场和磁场中的运动其所受电场力为 $\boldsymbol{F}_{\mathrm{e}}$，磁场力为 $\boldsymbol{F}_{\mathrm{m}}$，合力为 $\boldsymbol{F}$，有

$$\boldsymbol{F}_{\mathrm{e}} = q\boldsymbol{E}, \ \boldsymbol{F}_{\mathrm{m}} = q\boldsymbol{v} \times \boldsymbol{B}, \ \boldsymbol{F} = q\boldsymbol{E} + q\boldsymbol{v} \times \boldsymbol{B} = ma$$

【例 10.8】 图 10.19 所示的空间区域中分布着方向垂直于纸面的匀强磁场，在纸面内有一正方形边框 $abcd$，磁场以边框为界。a、b、c 三个顶点处开有很小的缺口。现有一束具有不同速度的电子由 a 缺口沿 ad 方向射入磁场区域，若 b、c 两缺口处分别有电子射出，求这两处射出的电子速率之比。

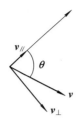
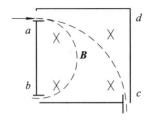

图 10.18 带电粒子在磁场中的运动   图 10.19 带电粒子在磁场中的运动举例

【解】 带电粒子在均匀磁场中作圆周运动,其半径为

$$R = \frac{mv}{qB}, \quad R_b = \frac{d}{2}, \quad R_c = d$$

可得

$$v_b = \frac{dqB}{2m}, \quad v_c = \frac{dqB}{m}$$

式中,d 表示顶点 a、b 间的距离。

速率之比为

$$\frac{v_b}{v_c} = \frac{dqB}{2m} \frac{m}{dqB} = \frac{1}{2}$$

10.4.3 霍耳效应

如果载有电流 I 的金属导体或半导体放在磁感应强度为 **B** 的均匀磁场中,磁场方向垂直于电流方向,则在与磁场和电流二者垂直的方向上出现横向电势差,如图 10.20 所示。早在人们认识洛伦兹力以前的 1879 年,美国科学家霍耳就在实验中发现了这一现象,该现象称为霍耳效应,横向电势称为霍耳电压。

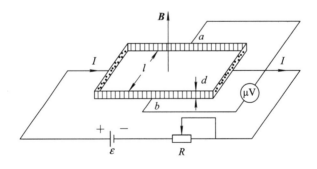

图 10.20 霍耳效应示意图

霍耳效应是因为导体或半导体中漂移运动的电子或载流子在磁场的作用下发生横向偏转而形成的。

若载流薄板宽为 l,厚为 d,外加磁场 **B** 垂直于薄板表面,设载流子所带电量 q 为负,则在洛伦兹力的作用下,b 面积聚负电荷,a 面出现正电荷,形成霍耳电场。

当静电平衡时,$qvB = qE$,霍耳电场强度

$$E_H = vB$$

霍耳电压

$$U_{ab} = lE_H = lvB \tag{10-28}$$

电流强度

$$I = nqvS = nqvld \qquad (10-29)$$

式中，n 为粒子数密度。

联立式(10-28)、式(10-29)解得

$$U_{ab} = \frac{IB}{nqd} = R_{\mathrm{H}} \frac{IB}{d}$$

式中，$R_{\mathrm{H}} = 1/(nq)$，称为霍耳系数。

通过对霍耳系数的实验测定，可以判定导电材料的性质。因为半导体的 n 较小，所以霍耳效应明显。可以通过测定霍耳电压，判定半导体载流子种类，计算其浓度和测定 $\boldsymbol{B}$ 的大小。

10.5　磁场对电流的作用

10.5.1　安培定律

在载流导体中，自由电子的定向运动形成了电流。因此，将载流导体置于磁场中，这些定向运动的自由电子将受到磁力的作用，通过导体内部的电子与晶体点阵之间的相互作用，使导线在宏观上表现为受到磁场的作用力，这种力称为安培力。安培力所遵守的规律称为安培定律。

如图 10.21 所示，在磁场中任一点处电流元 $I\mathrm{d}l$ 的磁感应强度为 $\boldsymbol{B}$。

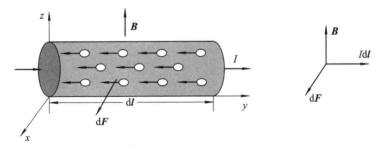

图 10.21　磁场对电流的作用

电流中的电子以速度 v 作定向运动，其方向与电流方向相反。由洛伦兹力公式可知，一个电子所受到的作用力为

$$\boldsymbol{F} = q\boldsymbol{v} \times \boldsymbol{B} = -e\boldsymbol{v} \times \boldsymbol{B}$$

设电流元中自由电子数为 $\mathrm{d}N$，其所受的力为

$$\mathrm{d}\boldsymbol{F} = \mathrm{d}N(-e\boldsymbol{v} \times \boldsymbol{B})$$

根据电流强度的定义，$I = \dfrac{\mathrm{d}q}{\mathrm{d}t} = \dfrac{e\mathrm{d}N}{\mathrm{d}t}$，因此 $I\mathrm{d}l = \dfrac{e\mathrm{d}N}{\mathrm{d}t}\mathrm{d}l = e\mathrm{d}N\dfrac{\mathrm{d}l}{\mathrm{d}t} = (\mathrm{d}N)e\boldsymbol{v}$。

因为电流方向与电子运动方向相反，所以 $I\mathrm{d}\boldsymbol{l} = -(\mathrm{d}N)e\boldsymbol{v}$，将此式代入 $\mathrm{d}\boldsymbol{F} = \mathrm{d}N(-e\boldsymbol{v} \times \boldsymbol{B})$，可得

$$\mathrm{d}\boldsymbol{F} = I\mathrm{d}\boldsymbol{l} \times \boldsymbol{B} \qquad (10-30)$$

式中，$\boldsymbol{B}$ 为电流元处的磁感应强度，$\mathrm{d}\boldsymbol{F}$ 为安培力。式(10-30)称为安培定律，亦称为安培公式。

安培定律的文字表述为：磁场对电流元 $I\mathrm{d}l$ 的作用力的数值等于电流元的大小、电流元所在处的磁感应强度 $\boldsymbol{B}$ 的大小以及 $I\mathrm{d}l$ 和 $\boldsymbol{B}$ 之间夹角的正弦的乘积，即 $\mathrm{d}F=I\mathrm{d}lB\sin\theta$；$\mathrm{d}\boldsymbol{F}$ 的方向为 $I\mathrm{d}l\times\boldsymbol{B}$ 的方向，满足右手螺旋法则，即右手的四指从 $I\mathrm{d}l$ 沿小于 π 的角转向 $\boldsymbol{B}$ 时，伸直的大拇指的方向就是 $\mathrm{d}\boldsymbol{F}$ 的方向。

10.5.2　安培定律的应用

有限长载流导线 ab 所受的安培力为

$$\boldsymbol{F}=\int_L\mathrm{d}\boldsymbol{F}=\int_a^b I\mathrm{d}l\times\boldsymbol{B} \tag{10-31}$$

若为直导线，则

$$\boldsymbol{F}=Il_{ab}\times\boldsymbol{B} \tag{10-32}$$

【例 10.9】　在磁感应强度为 $\boldsymbol{B}$ 的均匀磁场中有一段弯曲导线 ab，通有电流 I，如图 10.22 所示，求此导线所受的磁场力。

【解】　根据安培定律，$\boldsymbol{F}=\int_L\mathrm{d}\boldsymbol{F}=\int_L I\mathrm{d}l\times\boldsymbol{B}=Il_{ab}\times\boldsymbol{B}$，$\int_L\mathrm{d}l$ 是曲线 ab 上各长度元 $\mathrm{d}l$ 的矢量和，即矢径 l_{ab}；$F=Il_{ab}B\sin\theta$，方向垂直纸面、向外，$\theta=90°$，所以 $F=Il_{ab}B$。

【例 10.10】　有一长为 L 的载流直导线，通有电流为 I，放在磁感应强度为 $\boldsymbol{B}$ 的匀强磁场中，如图 10.23 所示，求该导线所受到的安培力。

【解】在载流导线上任取一电流元 $I\mathrm{d}l$，它与 $\boldsymbol{B}$ 的夹角为 θ，该电流元所受安培力的大小为 $\mathrm{d}F=I\mathrm{d}lB\sin\theta$，力的方向为垂直于纸面向里。因为导线上所有电流元受力方向相同，所以整个导线所受的合力的大小为 $F=\int_L I\mathrm{d}lB\sin\theta=IBL\sin\theta$，力的方向为垂直于纸面向里。

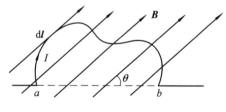

图 10.22　弯曲载流导线

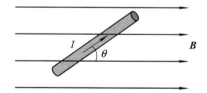

图 10.23　磁场对载流导线的作用

【说明】

(1) 当载流导线与磁感应强度的方向平行，即 $\theta=0$ 或 $\theta=\pi$ 时，$\sin\theta=0$，载流导线受力为零。

(2) 当载流导线与磁感应强度的方向垂直，即 $\theta=\dfrac{\pi}{2}$ 时，$\sin\theta=1$，$F=ILB$。

10.6　磁介质中的磁场

我们已经讨论了真空中的磁场，然而在实际的磁场中可能存在着各种各样的物质，这些物质在磁场中被磁化，磁化后的物质反过来又要对原来的磁场产生影响。本节讨论介质的磁化对磁场的影响。

10.6.1 磁介质及磁介质的磁化

磁场会对其中的物质产生作用，使其磁化。磁化了的介质（称为磁介质）会产生附加磁场，并对原磁场产生影响。设原磁场的磁感应强度为 $\boldsymbol{B}_0$，磁介质受该磁场的作用被磁化而产生附加磁场的磁感应强度为 $\boldsymbol{B}'$。此时，磁介质中磁场的磁感应强度

$$\boldsymbol{B} = \boldsymbol{B}_0 + \boldsymbol{B}' \qquad (10-33)$$

实验表明：不同的磁介质对磁场的影响不同，有些磁介质产生的 $\boldsymbol{B}'$ 的方向与原来磁场的 $\boldsymbol{B}_0$ 的方向相同，使得 $B = B_0 + B' > B_0$，这种磁介质叫作顺磁质，如锰、铝和氧等；而另一些磁介质产生的 $\boldsymbol{B}'$ 的方向与原来磁场的 $\boldsymbol{B}_0$ 的方向相反，使得 $B = B_0 + B' < B_0$，这种磁介质叫作抗磁质，如铋和氢等。无论是顺磁质还是抗磁质，磁化后所产生的附加磁场对原磁场的影响都比较弱（约几万分之一或几十万分之一）。所以，顺磁质和抗磁质统称为弱磁性物质。另外还有一类物质磁化后所产生的附加磁场的 $\boldsymbol{B}'$ 方向与原来磁场的 $\boldsymbol{B}_0$ 方向相同，且 $B' \gg B_0$，对原磁场的影响比较强（可达几百至几万倍），这种磁介质称为铁磁质，如铁、镍和钴等。

首先，我们引入磁矩 $\boldsymbol{m}$ 来描述载流线圈的性质。如图 10.24 所示，有一平面圆电流，其面积为 S，电流为 I，$\boldsymbol{e}_n$ 为圆电流的单位正法线矢量，它与电流 I 的流向遵守右手螺旋定则，即右手四指顺着电流流动方向回转时，大拇指的指向为圆电流单位法线 $\boldsymbol{e}_n$ 的方向，我们定义圆电流的磁矩 $\boldsymbol{m}$ 为

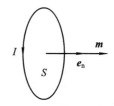

图 10.24 载流线圈的磁矩

$$\boldsymbol{m} = IS\boldsymbol{e}_n \qquad (10-34)$$

$\boldsymbol{m}$ 的方向与圆电流的单位正法向矢量 $\boldsymbol{e}_n$ 的方向相同，$\boldsymbol{m}$ 的量值为 IS。式（10-34）对任意形状的载流线圈都是适用的。

下面用安培的分子电流学说说明磁介质的顺磁性和抗磁性机制。

从物质的微观结构来看，任何物质分子中的每个电子都绕原子核运动，从而使之具有轨道磁矩；同时电子自身还有自旋运动，因此也会具有自旋磁矩，一个分子内所有电子全部磁矩的矢量和称为分子的固有磁矩，简称为分子磁矩，用符号 $\boldsymbol{m}$ 表示，每个分子磁矩不为零，它可用一个等效的圆电流 i 来表示，如图 10.25 所示。在无外磁场时，由于分子的热运动，这些分子的磁矩是杂乱无章的。因此，在磁介质中任一宏观小体积中，所有分子磁矩的矢量和为零，即 $\sum\limits_i \boldsymbol{m}_i = 0$，总体上对外不显磁性。

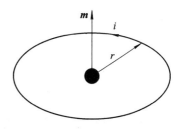

图 10.25 分子电流与分子磁矩

当顺磁质处于外磁场中时，如图 10.26(a) 所示，各分子磁矩受到外磁场的磁力矩的作用，各分子磁矩的取向都具有转到与外磁场方向相同的趋势，这样顺磁质就被磁化了，磁介质所产生磁场的磁感应强度 $\boldsymbol{B}'$ 的方向与原来磁场磁感应强度 $\boldsymbol{B}_0$ 的方向相同，使得 $B = B_0 + B' > B_0$。

在抗磁质中，当有外磁场存在时，如图 10.26(b) 所示，分子中每一个电子的轨道运动

和自旋运动都将发生变化，从而引起附加磁矩 Δm，而且附加磁矩的方向是与外磁场的方向相反的。因此使得磁介质内部的磁感应强度减弱，即 $B < B_0$。设一个电子以半径 r、角速度 ω 绕核作逆时针轨道运动，电子的磁矩 m' 的方向与外磁场的磁感强度 B_0 的方向相反，由于分子中每一个电子的附加磁矩都与外磁场 B_0 的方向相反，于是抗磁质的磁感强度 B 要比 B_0 略小一点。

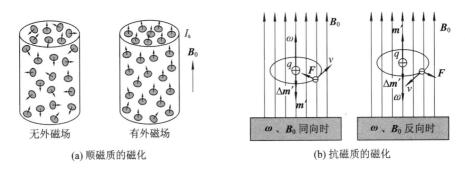

(a) 顺磁质的磁化　　　　　　(b) 抗磁质的磁化

图 10.26　磁质的磁化

10.6.2　磁介质的磁导率

为了定量地描述不同磁介质对磁场的影响程度，下面引入相对磁导率和磁导率的概念。

设有一长直螺线管，单位长度的匝数为 n，在其中通以强度为 I 的电流。在真空情况下，螺线管内部磁场的磁感应强度 $B_0 = \mu_0 n I$。若在长直螺线管内部充满某种各向同性的均匀磁介质，则介质的磁化使得螺线管内部磁场的磁感应强度变为 B，定义相对磁导率为

$$\mu_r = \frac{B}{B_0} \tag{10-35}$$

相对磁导率是无量纲的数值，它表示磁介质对外磁场的影响程度。对于顺磁质，$\mu_r > 1$；对于抗磁质，$\mu_r < 1$；真空中，$\mu_r = 1$；空气中，μ_r 接近于 1。一般情况下，可以将空气中的磁场看作真空中的磁场来处理。

在有介质的情况下，长直密绕螺线管内部的磁感应强度为

$$B = \mu_r B_0 = \mu_r \mu_0 n I = \mu n I \tag{10-36}$$

式中，$\mu = \mu_r \mu_0$，为磁介质的磁导率，它的单位与真空中磁导率的单位相同。

10.6.3　磁场强度、磁介质中的安培环路定理

在有磁介质存在的情况下，由于磁介质的磁化产生磁化电流 I'，在空间中不仅存在传导电流，而且还有磁化电流，这两种电流共同产生总磁场的磁感应强度，所以磁介质中的安培环路定理应为

$$\oint_L \boldsymbol{B} \cdot \mathrm{d}\boldsymbol{l} = \mu_0 \sum_L (I_0 + I') \tag{10-37}$$

由于磁化电流 I' 一般是未知的，因此在实际应用中使用式(10-37)有困难。为此引入描述磁场的辅助物理量——磁场强度的概念。下面我们仍用长直螺线管为例进行讨论。

在磁介质中，磁感应强度矢量沿任一闭合路径的线积分等于该闭合路径所包围电流的代数和乘以 μ_0。当管中为真空时，根据安培环路定理，有

$$\oint_L \boldsymbol{B}_0 \cdot \mathrm{d}\boldsymbol{l} = \mu_0 \sum_L I_0 \qquad (10-38)$$

当管中充满相对磁导率为 μ_r 的均匀磁介质时，其磁感应强度变为 $\boldsymbol{B}$。

由式 $(10-35)$ 得

$$B_0 = \frac{B}{\mu_r} \qquad (10-39)$$

如图 10.27 所示，取环路为长方形 $abcdef$，其中 ab 边和 de 边与螺线管轴线平行，其长度为 l，bcd 边和 efa 边则垂直于螺线管轴线。

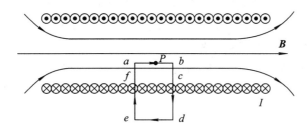

图 10.27　螺线管轴线磁场

由安培环路定理得 $\oint_L \boldsymbol{B}_0 \cdot \mathrm{d}\boldsymbol{l} = \mu_0 \sum_{L内} I_0$，即 $\oint_L \dfrac{\boldsymbol{B}}{\mu_r} \cdot \mathrm{d}\boldsymbol{l} = \mu_0 \sum_{L内} I_0$。

为了方便，下面引入磁场强度矢量 $\boldsymbol{H}$。$\boldsymbol{H}$ 的定义如下：

$$\boldsymbol{H} = \frac{\boldsymbol{B}}{\mu} \qquad (10-40)$$

则有

$$\oint_L \frac{\boldsymbol{B}}{\mu} \cdot \mathrm{d}\boldsymbol{l} = \oint_L \boldsymbol{H} \cdot \mathrm{d}\boldsymbol{l} = \sum_L I_{0i} \qquad (10-41)$$

H 的单位为 A/m。

式 $(10-41)$ 即为磁介质中的安培环路定理。它表明在稳恒磁场中，磁场强度矢量 $\boldsymbol{H}$ 沿任意闭合路径的环流等于该闭合路径所包围的传导电流的代数和。

【例 10.11】 有一密绕螺绕环管（在空心的圆环绕上螺旋形线圈），单位长度的匝数 $n=1000$ 匝/米，通有 $I=1$ A 的电流，环内充满 $\mu=0.0004$ H/m 的均匀磁介质，求螺绕环管内的磁感应强度 $\boldsymbol{B}$ 的大小。

【解】由于电流分布的对称性和介质的均匀性，根据右手螺旋法则可知，$\boldsymbol{B}$ 和 $\boldsymbol{H}$ 的方向沿圆周的切线方向。应用安培环路定理求磁场，选取半径为 R 的圆周环路 L，$L=2\pi R$，则有

$$\oint_L \frac{\boldsymbol{B}}{\mu} \cdot \mathrm{d}\boldsymbol{l} = \oint_L \boldsymbol{H} \cdot \mathrm{d}\boldsymbol{l} = H 2\pi R, \quad \sum_L I_{0i} = n 2\pi R I$$

$$H = nI = 1000 \text{ A/m}$$

$$B = H\mu = \mu n I$$

$$B = 1000 \times 0.0004 = 0.4 \text{ T}$$

10.6.4 铁磁质

在实际生活中经常使用铁磁质,比如电磁铁、电机、变压器和电表的线圈中,都要放置铁磁性物质以增强磁场。铁磁性物质的特点是其 $\mu_r \gg 1$,大约可达到 $10^2 \sim 10^5$ 数量级,它的相对磁导率 μ_r 和绝对磁导率 μ 不是常数,会随着磁场强度 H 的变化而变化。也就是说,磁场强度 H 与磁感应强度 B 不是线性关系。这是由铁磁质的结构所决定的。

1. 磁畴

从物质的原子结构观点来看,铁磁性物质内电子间相互作用非常强烈。在此作用下,其内部形成一些微小的区域,叫作磁畴,如图 10.28 所示。磁畴区域的线度为毫米级,每个磁畴由 $10^{17} \sim 10^{21}$ 个分子组成。每一个磁畴中,各个电子的自旋的磁矩排列得很整齐。因此,它具有很强的磁性,叫作自发磁化。在没有外磁场的时候,铁磁质内各个磁畴的排列方向无序,对外不显磁性。当其处于外磁场时,铁磁质内各个磁畴在外磁场的作用下都趋于沿外磁场 $\boldsymbol{B}_0$ 的方向排列,使整个磁畴趋向外磁场 $\boldsymbol{B}_0$ 的方向。所以,在不强的外磁场作用下,铁磁质可表现出很强的磁性。这时铁磁质在外磁场中的磁化程度非常大,它所建立的附加磁感应强度 $\boldsymbol{B}'$ 比 $\boldsymbol{B}_0$ 在数值上要大几十倍到数千倍,甚至数万倍。铁磁质磁化时会发热、发声,所消耗的能量不能收回。

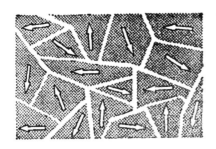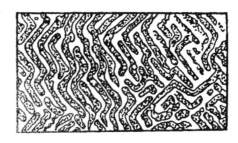

图 10.28　磁畴

从实验中还知道,铁磁质的磁化和温度有关。随着温度升高,分子运动激烈,它的磁化能力逐渐减弱。当温度升高到一定程度时,铁磁性就完全消失,铁磁质中的磁畴因激烈的分子运动遭破坏而瓦解,铁磁质退化为顺磁质,这个温度叫作居里点。由此可知,磁化的铁磁质通过加热或敲打可以退磁。

2. 磁化曲线

磁感应强度 B 与磁场强度 H 不成线性关系,从实验得出的某一铁磁质开始磁化时的 B-H 曲线(也叫初始磁化曲线)如图 10.29 所示。从图中可以看出,当 H 随电流 I 的增大而增大时,B 也逐渐增大;达到 M 点后,H 再继续增加时,B 会急剧增加,这是因为磁畴在磁场作用下迅速沿外磁场 $\boldsymbol{B}_0$ 的方向排列的缘故。到达 N 点以后,再增大 H 时,B 的增加就比较缓慢了。当到达 P 点以后,再增大 H 时,B 的增加将十分缓慢,表示磁化已达饱和程度。点 P 所对应的 B 值一般叫作饱和磁感应强度 B_m。这时铁磁质中几乎所有的磁畴都已沿外磁场 $\boldsymbol{B}_0$ 的方向排列。

实验表明:磁场强度从零增加到 $+H_m$ 后,当外磁场由 $+H_m$ 逐渐减小时,磁感应强度

B 并不沿起始曲线 OP 减小，而是沿图 10.30 中的另一条曲线 PQ 比较缓慢地减小。这种 B 的变化落后于 H 变化的现象，叫作磁滞现象，简称磁滞。

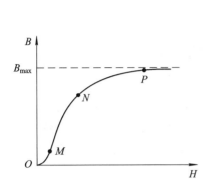

图 10.29　初始磁化曲线

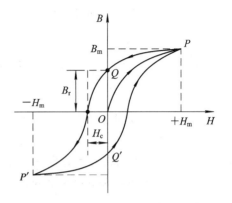

图 10.30　磁滞现象

由于磁滞的缘故，将磁场强度减小到零（$H=0$）时，磁感应强度 B 并不等于零，而是仍有一定的 B_r 值，B_r 称为剩余磁感应，简称剩磁。由图 10.30 可以看出，随着反向磁场强度的增加，B 逐渐减小。当 $H=-H_c$ 时，$B=0$。这时铁磁质的剩磁消失，铁磁质不显现磁性。通常把 H_c 称为矫顽力，它表示铁磁质抵抗去磁的能力。当反向磁场强度不断增强到 $-H_m$ 时，材料的反向磁化同样能达到饱和点 P'。此后，反向磁场强度逐渐减弱到零，B-H 曲线沿 $P'Q'$ 变化，从而完成一个循环。这样 B-H 曲线形成了一个闭合曲线，这个闭合曲线称为磁滞回线。

研究磁滞现象，了解铁磁质的特性，有很大的实用价值。因为铁磁材料往往应用于交变磁场中，铁磁质在交变磁场中被反复磁化时，磁滞效应要损耗能量，所损耗的能量与磁滞回线包围的面积有关，面积越大，损耗能量就越大。

3. 软磁质和硬磁质

软磁质的特点是相对磁导率 μ_r 和饱和磁感应强度 B_m 一般都比较大，而矫顽力 H_r 较硬磁质小得多，磁滞回线所包围的面积很小，磁滞性不显著，如图 10.31 所示。软磁质在磁场中很容易被磁化，由于矫顽力很小，也容易去磁，因此，软磁材料适用于制造电磁铁、变压器、交流电动机、交流发电机等电器中的铁芯。可以近似地认为软磁质有固定的相对磁导率 μ_r，也可以认为其 B-H 特性曲线是线性的。

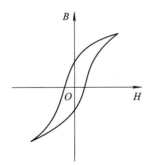

图 10.31　软磁质磁滞回线

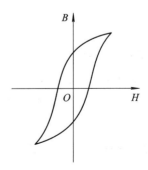

图 10.32　硬磁质磁滞回线

硬磁质又称为永磁铁,其特点是剩磁 B_r 和矫顽力 H_c 都比较大,磁滞回线所包围的面积很大,磁滞现象非常明显,如图 10.32 所示。硬磁质充磁后能保留较强的磁性,且不易消除,因此硬磁质材料适合做永磁性元件,广泛使用于电表、扬声器、拾音器、电话和录音机中。

本 章 小 结

本章首先引入了磁感应强度这个基本物理量,应深刻理解其物理意义。毕奥-萨伐尔定律是本章的基本定律,要善于利用它计算载流导线的磁场分布。要着重理解安培环路定理的物理意义,并能利用它求具有一定对称性电流的磁场分布。通过对磁介质的学习,要了解在磁场中的各种磁介质的主要物理性质。

本章主要内容如下:

1. 磁感应强度

磁感应强度是用运动电荷在磁场中受到的磁力来定义的描述磁场力性质的物理量,即

$$B = \frac{F_{max}}{qv}$$

2. 毕奥-萨伐尔定律

电流元 Idl 在空间中某点 P 产生的磁感应强度 $d\boldsymbol{B}$ 的大小与 Idl 成正比、与 Idl 到 P 点的矢径 r 之间的夹角的正弦成正比,而与 r^2 成反比,即

$$d\boldsymbol{B} = \frac{\mu_0}{4\pi} \frac{Id\boldsymbol{l} \times \boldsymbol{e}_r}{r^2}$$

3. 磁场的高斯定理

在磁场中,任一闭合曲面 S 上的磁通量等于零,即

$$\oint_S \boldsymbol{B} \cdot d\boldsymbol{S} = 0$$

4. 磁场的安培环路定理

在磁场中,磁感应强度 $\boldsymbol{B}$ 沿任一闭合环路 L 的线积分,等于穿过环路所有电流强度 I 的代数和的 μ_0 倍,即

$$\oint_L \boldsymbol{B} \cdot d\boldsymbol{l} = \mu_0 \sum_L I_i$$

5. 磁场对电流的作用

磁场对电流元 Idl 的作用力,在数值上等于电流元的大小、电流元所在处的磁感应强度大小以及电流元 Idl 和 $\boldsymbol{B}$ 之间的夹角的正弦的乘积,即

$$dF = IdlB \sin\theta$$

6. 磁介质中的安培环路定理

在有磁介质存在的情况下,磁场强度矢量 $\boldsymbol{H}$ 沿任意闭合路径的环流等于该闭合路径所包围的传导电流的代数和,即

$$\oint_L \boldsymbol{H} \cdot \mathrm{d}\boldsymbol{l} = \mu_0 \sum_L I_{0i}$$

习　题

一、选择题

10-1 在半径为 R 的无限长的直圆柱体内，沿轴向均匀流有电流，设圆柱体内(与轴线的距离 $r<R$)的磁感应强度为 B_i，圆柱体外(与轴线的距离 $r>R$)的磁感应强度为 B_e，则有(　　)。

A. B_i、B_e 均与 r 成正比　　　　　　B. B_i、B_e 均与 r 成反比

C. B_i 与 r 成反比，B_e 与 r 成正比　　D. B_i 与 r 成正比，B_e 与 r 成反比

10-2 图 10.33 中的 6 根无限长导线互相绝缘，通过的电流均为 I，区域Ⅰ、Ⅱ、Ⅲ、Ⅳ均为全等的正方形，指向纸内的磁通量最大的区域是(　　)。

A. Ⅰ区域　　　　　　　　　　　B. Ⅱ区域

C. Ⅲ区域　　　　　　　　　　　D. Ⅳ区域

E. 不止一个

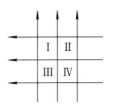

图 10.33　习题 10-2 图

10-3 如图 10.34 所示，一匀强磁场的磁感应强度方向垂直于纸面向里，两个带电粒子在该磁场中运动，轨迹如图 10.34 所示，则(　　)。

A. 两粒子的电荷必然同号　　　B. 两粒子的电荷可以同号，也可以异号

C. 两粒子的动量大小必然不同　D. 两粒子的运动周期必然不同

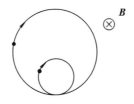

图 10.34　习题 10-3 图

10-4 两根载流直导线以相互正交的方式放置，如图 10.35 所示。I_1 沿 y 轴的正方向，I_2 沿 z 轴负方向。若载流 I_1 的导线不能动，载流 I_2 的导线可以自由运动，则载流 I_2 的导线开始运动时的趋势是(　　)。

A. 沿 x 方向平动　　　　　　　B. 绕 x 轴转动

C. 绕 y 轴转动　　　　　　　　D. 无法判断

10-5 如图10.36所示，无限长直导线在 P 处弯成半径为 R 的圆，当通过电流 I 时，在圆心 O 点的磁感应强度大小等于(　　)。

A. $\dfrac{\mu_0 I}{2\pi R}$ B. $\dfrac{\mu_0 I}{4R}$

C. 0   D. $\dfrac{\mu_0 I}{2R}\left(1-\dfrac{1}{\pi}\right)$

E. $\dfrac{\mu_0 I}{4R}\left(1+\dfrac{1}{\pi}\right)$

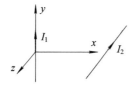   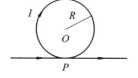

图 10.35　习题 10-4 图　　　　　　　图 10.36　习题 10-5 图

二、计算题

10-6 如图10.37所示，有两根导线沿半径方向接到圆环的 a、b 两点，并与很远处的电源相接，求环心 O 的磁感应强度。

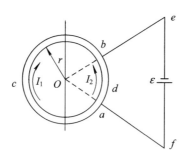

图 10.37　习题 10-6 图

10-7 如图10.38所示，几种载流导线在平面内分布，电流均为 I，它们在 O 点的磁感应强度各为多少？

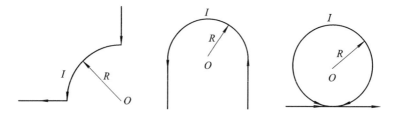

图 10.38　习题 10-7 图

10-8 如图10.39所示，一个半径为 R 的无限长半圆柱面导体，沿长度方向的电流 I 在柱面上均匀分布，求半圆柱面轴线 OO' 上的磁感应强度.

10-9 如图10.40所示，载流长导线的电流为 I，试求通过矩形面积的磁通量。

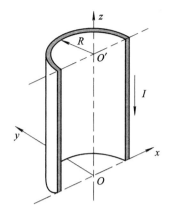

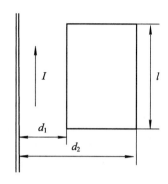

图 10.39 习题 10-8 图   图 10.40 习题 10-9 图

10-10 有一同轴电缆,其尺寸如图 10.41 所示,两导体中的电流均为 I,但电流的方向相反,导体的磁性可不考虑,试计算下列各处的磁感应强度:

(1) $r < R_1$;

(2) $R_1 < r < R_2$;

(3) $R_2 < r < R_3$;

(4) $r > R_3$。

10-11 设电流均匀流过无限大导电平面,其面电流密度为 σ,求导电平面两侧的磁感应强度。

10-12 设有无限大平行载流平面,它们的面电流密度均为 σ,电流流向相反,试求:

(1) 两载流面之间的磁场强度;

(2) 两面之外空间的磁感应强度。

10-13 如图 10.42 所示,一根长直导线载有电流 $I_1 = 30$ A,矩形回路载有电流 $I_2 = 20$ A,试计算作用在回路上的合力,已知 $d = 1.0$ cm,$b = 8.0$ cm,$l = 0.12$ m。

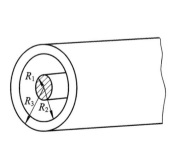

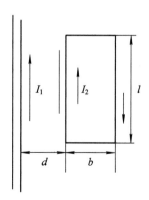

图 10.41 习题 10-10 图   图 10.42 习题 10-13 图

10-14 一无限长载流平板的宽度为 a,沿长度方向通过均匀电流 I,求与平板共面且距平板一边为 b 的任意点 P 的磁感应强度。

10-15 电荷 q 均匀分布于半径为 R 的塑料圆盘上,若该盘绕垂直于盘面的中心轴以

角速度 ω 旋转,试求盘心处的磁感应强度和圆盘的磁矩。

10-16 环形螺线管中心周长 $l=10$ cm,环上均匀密绕线圈 $N=200$ 匝,线圈中通有电流 $I=0.1$ A,管内充满相对磁导率 $\mu_r=4200$ 的磁介质。求管内磁场强度和磁感应强度的大小。

10-17 一圆线圈半径为 R,通有电流 I,置于均匀外磁场 $\boldsymbol{B}$ 中。在不考虑载流圆线圈本身所激发磁场的情况下,求线圈导线上的张力。

10-18 在铁磁质磁化特性的测量实验中,设所用的环形螺线管上共有 1000 匝线圈,平均半径为 15.0 cm,当通有 2.0 A 的电流时,测得环内磁感应强度 $B=1.0$ T,求:

(1) 螺线管铁芯内的磁场强度 $\boldsymbol{H}$。

(2) 该铁磁质的磁导率 μ 和相对磁导率 μ_r。

10-19 电子在 $B=2\times10^{-3}$ T 的匀强磁场中运动,其轨迹是半径为 2.0 cm、螺距为 5 cm 的螺旋线,求这个电子的速度。

10-20 将一电流均匀分布的无限大载流平面放入均匀磁场中,电流方向与磁场垂直。放入后,平面两侧磁场的磁感应强度分别为 B_1 和 B_2(如图 10.43 所示),求该载流平面上单位面积所受磁场力的大小和方向。

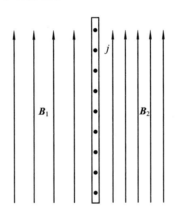

图 10.43 习题 10-20 图

第 *11* 章 电磁感应、电磁场

本章通过对电磁感应现象的研究，进一步揭示电与磁之间的相互联系及转化规律。

麦克斯韦在全面系统地总结前人电磁学研究成就的基础上，根据电场和磁场的内在联系，得出了麦克斯韦方程组，建立了完整的电磁场理论体系，麦克斯韦据此方程组从理论上预言了电磁波的存在。

本章主要研究电场和磁场相互激发的规律，主要内容有：电磁感应定律、动生电动势和感生电动势、自感和互感现象、磁场的能量、位移电流、麦克斯韦方程组、电磁场等。

11.1 电磁感应的基本规律

法拉第研究电磁感应的实验大体上可以归结为两类：一类是磁铁对线圈的运动，当磁铁对线圈有相对运动时，线圈中产生电流；另一类是当线圈中的电流发生变化时，在它附近的其他线圈中也产生电流。

11.1.1 电磁感应现象

如图 11.1(a)所示，静止的线圈 1 与电流计 G 组成闭合回路。如果没有外界的影响，电路中没有电流，电流计 G 指针不动。相对于线圈 1 静止的磁铁，无论怎样放置或产生多么强的静磁场，也不会在静止的线圈 1 中引起电流。但是，如果静止的线圈 1 和磁铁有相对运动，就会发现电流计 G 的指针转动，说明有电流通过线圈 1。在图 11.1(b)中，用通电螺线管 2 代替磁铁，仍有类似的效应发生。在利用电键 S 接通或切断螺线管 2 电流的瞬间，可以观察到线圈 1 有感应电流。由此可知，当通过一个闭合回路所包围的面积的磁通量发生变化时，回路中会产生电流，称为电磁感应现象。当穿过一个闭合导体回路所限定的面积的磁通量发生变化时，回路中发生的电流叫作感应电流。在电磁感应现象实验中，人们发现感应电流是电路中一种非静电力对带电粒子作用的结果，使非静电力克服静电力移动电荷维持了一个电势差。

11.1.2 法拉第电磁感应定律

实验表明：感应电动势的大小和通过导体回路磁通量的变化率成正比，其方向与磁场的方向和它的变化有关，这就是法拉第电磁感应定律。若以 Φ 表示通过闭合导体回路的磁通量，以 ε 表示此磁通量发生变化时在导体回路产生的感应电动势，则

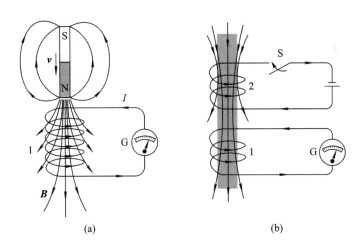

图 11.1　电磁感应现象示意图

$$\varepsilon = -\frac{\mathrm{d}\Phi}{\mathrm{d}t} \qquad\qquad (11-1)$$

式中的负号反映感应电动势方向与磁通量变化的关系。式(11-1)就是法拉第电磁感应定律的数学表达式。

11.1.3　楞次定律

为方便分析,我们一般规定,回路的绕行方向与回路的法线方向 e_n 之间遵循右手螺旋法则:感应电动势的方向与回路绕行方向相同时,感应电动势取正值($\varepsilon>0$);感应电动势的方向与回路绕行方向相反时,感应电动势取负值($\varepsilon<0$)。

在图 11.2 中,导体回路中产生的电动势将按自己的方向产生感应电流,此感应电流将在导体回路中产生自己的磁场。闭合回路中,感应电流的方向总是使得它自身所激发的磁场产生的磁通量阻碍引起感应电流的磁通量的变化,这就是楞次定律。

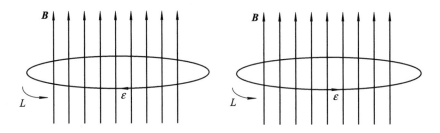

图 11.2　楞次定律示意图

在判定感应电动势的方向时,先任意选定导体回路 L 的绕行的正方向,如图 11.2 所示。当回路中磁力线的方向和所规定回路绕行的正方向有右手螺旋关系时,磁通量 Φ 为正值。

这时如果穿过回路的磁通量增大,$\dfrac{\mathrm{d}\Phi}{\mathrm{d}t}>0$,则 $\varepsilon<0$。这表明,此时感应电动势的方向和 L 的绕行正方向相反,如图 11.2(a)所示;如果穿过回路的磁通量减小,$\dfrac{\mathrm{d}\Phi}{\mathrm{d}t}<0$,则 $\varepsilon>0$,

这表明此时感应电动势的方向和 L 的绕行正方向相同，如图 11.2(b)所示。

实际线圈常常由许多匝串联而成，在这种情况下，整个线圈中产生的感应电动势应是每匝线圈中产生的感应电动势之和。当穿过各匝线圈的磁通量分别为 Φ_1，Φ_2，…，Φ_n 时，总电动势则应为

$$\varepsilon = -\left(\frac{\mathrm{d}\Phi_1}{\mathrm{d}t} + \frac{\mathrm{d}\Phi_2}{\mathrm{d}t} + \cdots + \frac{\mathrm{d}\Phi_n}{\mathrm{d}t}\right) = -\frac{\mathrm{d}}{\mathrm{d}t}\left(\sum_n \Phi_i\right) = -\frac{\mathrm{d}\Psi}{\mathrm{d}t} = -N\frac{\mathrm{d}\Phi}{\mathrm{d}t} \tag{11-2}$$

式中，$\Psi = \sum_n \Phi_i$ 是穿过各匝线圈的磁通量的总和，叫作穿过各匝线圈的全磁通。当穿过各匝线圈的磁通量相等时，N 匝线圈的全磁通为 $\Psi = N\Phi$，Ψ 也称为磁链。

在国际单位制中，磁通量和磁链的单位是韦伯，符号为 Wb；感应电动势的单位是伏特，用 V 表示，1 V＝1 Wb/s。

11.2　动生电动势

11.2.1　概念

感应电动势的产生分为两种情况：

(1) 感生电动势：导体或导体回路不动，由于磁场变化而产生的电动势。

(2) 动生电动势：磁场不变，由于导体或导体回路在磁场中运动而产生的电动势，如图 11.3 所示。

本节首先研究动生电动势的性质。

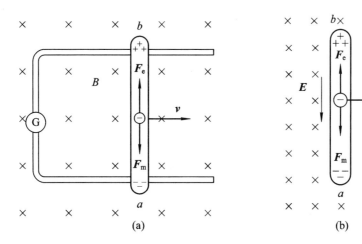

图 11.3　动生电动势

如图 11.3(a)所示，一矩形导体回路，可动边是一根长为 l 的导体棒 ab，它以恒定的速度 v 在垂直于磁场 B 的平面内，沿垂直于自身(ab)的方向向右平行移动，方向不变。某时刻，穿过回路所围面积的磁通量为

$$\Phi = B \cdot S = Blx \tag{11-3}$$

随着棒 ab 的移动,回路所围面积扩大,因而磁通量发生变化,由法拉第电磁感应定律,可得电动势大小为

$$\varepsilon = \left| \frac{\mathrm{d}\Phi}{\mathrm{d}t} \right| = \frac{\mathrm{d}}{\mathrm{d}t}(Blx) = Bl\frac{\mathrm{d}x}{\mathrm{d}t} = Blv \tag{11-4}$$

其方向由楞次定律判断为逆时针方向。由于其他边都未动,所以动生电动势的产生应该归结为棒 ab 的移动。像这样一段导体在磁场中运动时,所产生动生电动势的方向可以用右手法则来判断:伸平右掌,使拇指与其他四指垂直,让磁感应线从掌心穿入,当拇指指向导体运动方向时,四指就指向导体中动生电动势的方向。

图 11.3(b)是图 11.3(a)的一部分,从图 11.3(b)可以看出,感应电动势集中于回路的一段内,此段可视为整个回路中的电源部分。由于在电源内,电动势的方向由低电势处指向高电势处,所以在棒 ab 上,b 点的电势高于 a 点的电势。我们知道:电动势是非静电力作用的表现。引起的非静电力是洛伦兹力。当棒 ab 向右以速度 v 运动时,棒内的自由电子被带着以同一速度 v 向右运动。因而,每一个电子都受到洛伦兹力的作用,如图 11.3 所示。因此有洛伦兹力

$$\boldsymbol{F}_{\mathrm{m}} = -e(\boldsymbol{v} \times \boldsymbol{B}) \tag{11-5}$$

当 ab 两端维持恒定电势差时,非静电场强为

$$\boldsymbol{E}_{\mathrm{k}} = \frac{\boldsymbol{F}_{\mathrm{m}}}{-e} = \boldsymbol{v} \times \boldsymbol{B}$$

非静电场的方向由 a 指向 b,即由低电势指向高电势,所以 ab 两端的电势为

$$\varepsilon_{ab} = \int_a^b \boldsymbol{E}_{\mathrm{k}} \cdot \mathrm{d}\boldsymbol{l} = \int_a^b (\boldsymbol{v} \times \boldsymbol{B}) \cdot \mathrm{d}\boldsymbol{l} \tag{11-6}$$

当 v、B、$\mathrm{d}l$ 相互垂直时,$\varepsilon_{ab} = Blv$。

【例 11.1】 一导线弯成如图 11.4 所示的形状,放在均匀磁场 B 中,B 的方向垂直纸面向里。$\angle bcd = 60°$,$bc = cd = a$。使导线绕轴 OO' 旋转,转速为每分钟 n 转。计算导线产生的电动势 $E_{OO'}$。

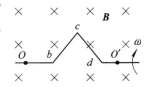

图 11.4 例 11.1 图

【解】 正三角形 bcd 的面积 $S = \frac{1}{2}bd \cdot h$,其中 $bd = a$,$h = \frac{\sqrt{3}}{2}a$,因此

$$S = \frac{\sqrt{3}a^2}{4}$$

$$\Phi = BS\cos\omega t$$

$$\omega = \frac{2\pi n}{60}$$

$$E_{OO'} = -\frac{\mathrm{d}\Phi}{\mathrm{d}t} = -\frac{\mathrm{d}(BS\cos\omega t)}{\mathrm{d}t} = -B\frac{\sqrt{3}a^2}{4}\frac{\mathrm{d}\cos\omega t}{\mathrm{d}t}$$

$$= B\frac{\sqrt{3}a^2\omega\sin\omega t}{4} = B\frac{\sqrt{3}a^2 n\pi}{120}\sin\frac{n\pi}{30}t\ \text{V}$$

【说明】

求恒定磁场中导线运动时的动生电动势,关键是选定某一时刻的磁通量 $\Phi = \Phi(t)$,然后应用法拉第电磁感应定律即可求解。在计算过程中,要注意统一应用国际制单位。

11.2.2　能量转换

1. 感应电流

导体中电子漂移运动产生感应电流，电子速度 V 是导体速度 v 和电子相对其定向运动速度 v' 的矢量和。

2. 洛伦兹力

如图 11.5 所示，导体中电子由 v 产生磁力 f，由 f 产生 v'，由 v' 又产生 f'，所以 $F = f + f'$。

3. 洛伦兹力做功的功率

如图 11.5 所示，由于

$$F \cdot V = (f + f') \cdot (v + v') = f \cdot v + f \cdot v' + f' \cdot v + f' \cdot v'$$

$$f \cdot v = fv \cos\theta = fv \cos 90° = 0, \quad f \cdot v' = fv' \cos 0° = fv'$$

$$f' \cdot v = f'v \cos\pi = -f'v, \quad f' \cdot v' = f'v' \cos 0° = 0$$

所以 $F \cdot V = 0$，即 $fv' - f'v = 0$，$fv' = f'v$。为了使电子按 v 的方向匀速运动，必须使作用在自由电子沿 v 的方向的分力为零，这就要求有外力 $f_{外}$ 作用在电子上，而且 $f_{外} = -f'$，因此 $fv' = f'v$ 可写成 $fv' = -f_{外}v$。此等式左边是洛伦兹力的一个分力在单位时间内使电荷沿导线运动所做的功，宏观上就是感应电动势驱动电流的功。等式的右边是在单位时间内外力反抗洛伦兹力另一个分力做的功，宏观上就是外力拉动导线做的功。洛伦兹力做功为零，实质上表示了能量的转换与守恒。洛伦兹力在这里起了一个能量转换者的作用，一方面接受外力的功，同时将这部分功用来驱动电荷运动做功。由此可以看出：外力拉动导线做的功，转化为感生电动势驱动电流的功。

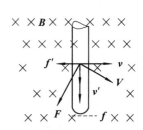

图 11.5　导体在磁场中的受力

11.2.3　动生电动势的计算

动生电动势一般根据定义用积分的方法计算，其步骤如下：

(1) 沿导线选好积分路径 L，在其上任取线元 $\mathrm{d}l$。

(2) 在图上给出 $\mathrm{d}l$ 所在处 B、v 的大小和方向。

(3) 正确给出 B、v 的夹角和 $(v \times B)$ 与 $\mathrm{d}l$ 的夹角，$\mathrm{d}\varepsilon = vB \sin\alpha \cos\theta \mathrm{d}l$。

(4) 确定积分上下限，得出 ε。若 $\varepsilon > 0$，末端为正极；若 $\varepsilon < 0$，末端为负极。

如果是闭合回路或对称性情况，直接用法拉第电磁感应定律求解更加方便。

【例 11.2】　如图 11.6 所示，在均匀恒定磁场 B 中有一半径为 R 的圆弧形导线 acb，以速度 v 沿 x 轴方向平动，oa、ob 与 x 轴夹角如图所示，求动生电动势 ε。

【解法 1】　用积分法求解。

取 a 为参考点，选 acb 为积分方向，如图 11.6 所示，$B \perp v$，$\alpha = \dfrac{\pi}{2}$，$\sin\dfrac{\pi}{2} = 1$，$\mathrm{d}\varepsilon = Bv \sin\alpha \cos\theta \mathrm{d}l = Bv \cos\theta \mathrm{d}l$，因此

$$dl = Rd\theta$$

$$\varepsilon = \int d\varepsilon = \int vB\cos\theta \, dl = vBR\int \cos\theta \, d\theta = vBR\int_{\pi/4}^{7\pi/4} \cos\theta d\theta$$

$$= vBR\left(\sin\frac{7\pi}{4} - \sin\frac{\pi}{4}\right) = -\sqrt{2}\ vBR$$

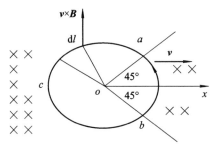

图 11.6　例 11.2 图

【解法 2】　用电磁感应定律法求解。

将 ab 用直导线连通，形成闭合回路，通过回路的磁通量不发生变化，所以

$$\varepsilon_{acb} = -\varepsilon_{ba} = -\int_{-\sqrt{2}R/2}^{\sqrt{2}R/2} vB\,dy = -\sqrt{2}\ vBR$$

【说明】

导体在稳恒磁场中运动时，求产生感应电动势最简便的方法就是直接利用式(11-4)或者将不规则形状转变为直导线，如解法 2。

【例 11.3】　如图 11.7 所示，一长直导线通有电流 $I = 5$ A。在与它相距 $d = 5$ cm 处放置一个 $N = 5000$ 匝的矩形线圈，线圈以 3 cm/s 的速度沿垂直导线方向向右运动。线圈的感应电动势是多少？

【解法 1】　载流长直导线旁一点的磁场 $B = \dfrac{\mu_0 I}{2\pi r}$，

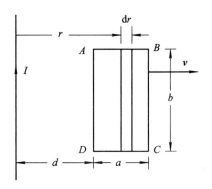

图 11.7　例 11.3 图

是非均匀磁场，取一平行于导线，宽为 dr 的面积元 dS，则 $d\Phi = \dfrac{\mu_0 Ib}{2\pi}\dfrac{dr}{r}$。考虑某一时刻 t，AD 边运动至距导线为 x 的位置，此刻的磁通量为

$$\Phi = \int_x^{x+a} \frac{\mu_0 Ib}{2\pi}\frac{dr}{r} = \frac{\mu_0 Ib}{2\pi}\ln\frac{x+a}{x}, \quad \frac{d\ln(x+a)}{dt} = \frac{1}{x+a}\frac{dx}{dt}$$

感应电动势为

$$\varepsilon_i = -N\frac{d\Phi}{dt} = -\frac{N\mu_0 Ib}{2\pi}\left(\frac{1}{x+a} - \frac{1}{x}\right)\frac{dx}{dt} = \frac{N\mu_0 Ib}{2\pi}\left(\frac{1}{x} - \frac{1}{x+a}\right)v$$

当 $x = d$ 时，有

$$\varepsilon_i = \frac{N\mu_0 Ib}{2\pi}\left(\frac{1}{d} - \frac{1}{d+a}\right)v$$

$$= \frac{5000 \times 4\pi \times 10^{-7} \times 5 \times 4 \times 10^{-2} \times 3 \times 10^{-2}}{2\pi}\left(\frac{1}{5 \times 10^{-2}} - \frac{1}{7 \times 10^{-2}}\right)$$

$$= 3.43 \times 10^{-5}\ \text{V}$$

【解法 2】　导线 AB 和 DC 不切割磁力线，不产生感应电动势，导线 AD 和 BC 切割磁力线，产生感应电动势，则 $\varepsilon_i = N(\varepsilon_{AD} - \varepsilon_{BC})$。应用公式 $\varepsilon = BLv$，分别求出 ε_{AD} 和 ε_{BC}，然后求其代数和。ε_{AD} 和 ε_{BC} 分别为

$$\varepsilon_{AD} = BLv = \frac{\mu_0 Ibv}{2\pi d}, \quad \varepsilon_{BC} = B'Lv = \frac{\mu_0 Ibv}{2\pi(d+a)}$$

这两个感应电动势的方向都是自下向上，连接后，N 匝总感应电动势为

$$\varepsilon_i = \frac{N\mu_0 Ib}{2\pi}\left(\frac{1}{d} - \frac{1}{d+a}\right)v = 3.43 \times 10^{-5} \text{ V}$$

【说明】

通过本例题，应掌握求运动线圈在非匀磁场中感应电动势的计算方法。

应用公式 $\varepsilon = -\dfrac{\mathrm{d}\Phi}{\mathrm{d}t}$ 时，关键是求出磁通量 $\Phi = \Phi(t)$。由于线圈在运动，因此求磁通量时要考虑任一时刻线圈所在位置时的通量 $\Phi = \Phi(t)$。对非均匀磁场来讲，求磁通量的步骤是：先取一面积元 $\mathrm{d}S$，写出 $\mathrm{d}\Phi = \boldsymbol{B} \cdot \mathrm{d}\boldsymbol{S}$，然后求积分 $\Phi = \displaystyle\int \boldsymbol{B} \cdot \mathrm{d}\boldsymbol{S}$。取面积元 $\mathrm{d}S$ 的原则是：要使 $\mathrm{d}S$ 内所有各点的 $\boldsymbol{B}$ 近似地相等。在例 11.3 中，$\mathrm{d}S$ 必须取由 $\mathrm{d}r$ 和 b 所围的面积；Φ 对时间 t 求导时，一定要分清楚是哪个量随时间而改变。

线圈在匀强磁场中运动时，$\varepsilon_i = 0$，从第二种解法中可以看出，这并不等于每根导线上不产生感应电动势，而是全回路中的感应电动势的代数和为零。

若例 11.3 中线圈的速度方向与导线中电流的方向相同或相反，则由于磁通量没有发生变化，所以不会产生感应电动势。

11.3　感生电动势

本节讨论引起回路中磁通量变化的另一种情况：一个静止的导体回路，当它包围的磁场变化时，穿过它的磁通量也发生变化，这时回路中也会产生感应电动势，这样产生的电动势叫作感生电动势。

11.3.1　电磁感应定律的普遍形式

产生感生电动势的非静电力是什么呢？一个静止的导体回路不可能像动生电动势中那样受洛伦兹力。由于这时的感生电流是原来宏观静止的电荷受非静电力作用形成的，而静止电荷受到的力只能是电场力，所以这种非静电力只能是一种电场力，该电场来源于变化的磁场。麦克斯韦在研究了大量的电磁感应现象后，于 1862 年提出，变化的磁场将在其周围空间产生具有闭合电场线的电场。由于这种电场是磁场变化引起的，所以叫作感生电场。它就是产生感生电动势的"非静电场"，以 $\boldsymbol{E}_k$ 表示感生电场的电场强度，即感生电场作用于单位电荷的力，则根据电动势的定义，由于磁场的变化，在一个导体回路 L 中产生的感生电动势应为

$$\varepsilon = \oint_L \boldsymbol{E}_k \cdot \mathrm{d}\boldsymbol{l} \tag{11-7}$$

根据法拉第电磁感应定律有

$$\varepsilon = \oint_L \boldsymbol{E}_k \cdot \mathrm{d}\boldsymbol{l} = -\frac{\mathrm{d}\Phi}{\mathrm{d}t} \tag{11-8}$$

当磁场变化时，不但会在导体回路中，而且在空间任一点都会产生感生电场，感生电场沿任何闭合回路的环路积分都满足式(11-8)所表示的关系。用 $\boldsymbol{B}$ 来表示磁感应强度，则式(11-8)可以用下面的形式更明显地表示出电场和磁场的关系

$$\Phi = \int \boldsymbol{B} \cdot \mathrm{d}\boldsymbol{S}$$

$$\varepsilon = \oint_L \boldsymbol{E}_k \cdot \mathrm{d}\boldsymbol{l} = -\frac{\mathrm{d}\Phi}{\mathrm{d}t} = -\frac{\mathrm{d}}{\mathrm{d}t}\int_S \boldsymbol{B} \cdot \mathrm{d}\boldsymbol{S} \tag{11-9}$$

式中，$\mathrm{d}\boldsymbol{l}$ 表示空间内任一静止回路 L 上的位移元，S 为该回路所包围的面积。由于感生电场的环路积分不等于零，所以它又叫作涡旋电场，由此式可以非常确切地理解变化的磁场会产生电场。其电场线类似于磁感应线，呈涡旋形，是无头无尾的闭合曲线，即感生电场不是保守力场。

在一般情况下，空间的电场可能既有静电场(沿闭合路线积分为零)，又有感生电场。根据叠加原理，总场强 $\boldsymbol{E}$ 沿某一闭合回路 L 的环路积分就等于 $\boldsymbol{E}_k$ 的环流。若回路不发生变化，利用式(11-9)可得

$$\varepsilon = \oint_L \boldsymbol{E}_k \cdot \mathrm{d}\boldsymbol{l} = -\frac{\mathrm{d}\Phi}{\mathrm{d}t} = -\int_S \frac{\mathrm{d}\boldsymbol{B}}{\mathrm{d}t} \cdot \mathrm{d}\boldsymbol{S} \tag{11-10}$$

式中，$\dfrac{\mathrm{d}\boldsymbol{B}}{\mathrm{d}t}$ 是闭合回路所围面积内某点的磁感应强度随时间的变化率，这表明只要存在变化的磁场，就一定有感生电场；$-\dfrac{\mathrm{d}\boldsymbol{B}}{\mathrm{d}t}$ 与 $\boldsymbol{E}_k$ 在方向上应遵从右手螺旋关系。

使用法拉第电磁感应定律

$$\varepsilon = \oint_L \boldsymbol{E}_k \cdot \mathrm{d}\boldsymbol{l} = -\frac{\mathrm{d}\Phi}{\mathrm{d}t} = -\int_S \frac{\mathrm{d}\boldsymbol{B}}{\mathrm{d}t} \cdot \mathrm{d}\boldsymbol{S}$$

可直接计算出感生电动势和感生电场。采用这种方法时，如果导体不是闭合的，则需要用辅助线构成闭合回路。

【例 11.4】 已知半径为 R 的长直螺线管中的电流随时间线性增大，管内的磁场亦随时间增大，即 $\dfrac{\mathrm{d}B}{\mathrm{d}t} > 0$，且为恒量。求感生电场的分布。

【解】 长直螺线管的截面如图 11.8 所示，由于 $\dfrac{\mathrm{d}\boldsymbol{B}}{\mathrm{d}t}$ 的大小在管内处处相等，因此管内磁场分布始终保持轴对称性。在半径为 r 的圆周上，各点的 $\boldsymbol{E}_k$ 大小相等，方向沿圆周的切线方向，与 $-\dfrac{\mathrm{d}\boldsymbol{B}}{\mathrm{d}t}$ 成右手螺旋法则。

取以 O 为中心，半径为 r 的圆周 L 为环路，以逆时针为绕行方向，其回路面积 S 的方向垂直于纸面向外，则

$$\oint_L \boldsymbol{E}_k \cdot \mathrm{d}\boldsymbol{l} = E_k \oint_L \mathrm{d}l = E_k 2\pi r$$

即

$$\varepsilon = \oint_L \boldsymbol{E}_k \cdot \mathrm{d}\boldsymbol{l} = 2\pi r E_k \qquad (1)$$

其回路面积 $\boldsymbol{S}$ 垂直于纸面向外。由式(11-10)得

$$\varepsilon = -\frac{\mathrm{d}\Phi}{\mathrm{d}t} = -\int_S \frac{\mathrm{d}\boldsymbol{B}}{\mathrm{d}t} \cdot \mathrm{d}\boldsymbol{S}$$

因为管内的磁场亦随时间增大，即 $\dfrac{\mathrm{d}B}{\mathrm{d}t}>0$，且为

恒量，故

$$\varepsilon = -\frac{\mathrm{d}\Phi}{\mathrm{d}t} = -\int_S \frac{\mathrm{d}\boldsymbol{B}}{\mathrm{d}t} \cdot \mathrm{d}S = \pi r^2 \frac{\mathrm{d}B}{\mathrm{d}t} \qquad (2)$$

由式(1)和式(2)联立，可知：

当 $r \leqslant R$ 时，$2\pi r E_k = \pi r^2 \dfrac{\mathrm{d}B}{\mathrm{d}t}$，即 $E_k = \dfrac{r}{2}\dfrac{\mathrm{d}B}{\mathrm{d}t}$；

当 $r > R$ 时，$2\pi r E_k = \pi R^2 \dfrac{\mathrm{d}B}{\mathrm{d}t}$，即 $E_k = \dfrac{R^2}{2r}\dfrac{\mathrm{d}B}{\mathrm{d}t}$。

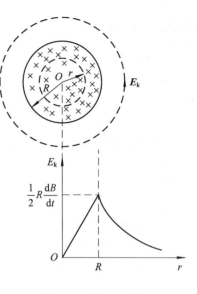

图 11.8　例 11.4 图

其感生电场如图 11.8 所示，可知在 $r > R$ 处，

$B = 0$，但是 $E_k \neq 0$，即只要存在变化的磁场，整个空间就有感生电场。

11.3.2　感生电场的应用

　　感生电场在现代科学技术中得到了广泛的应用，较典型的应用实例是电磁炉和电子感应加速器等。电子感应加速器是利用感生电场来加速电子的一种装置。在电磁铁的两极间有一环形真空室，电磁铁受交变电流激发，在两极间产生一个磁场由中心向外逐渐减弱且对称分布的交变磁场，这个交变磁场又在真空室内激发感生电场，其电场线是一系列绕磁感应线的同心圆，这时若用电子枪把电子沿切线方向射入环形真空室，电子将受到环形真空室中感生电场 E 的作用而被加速，同时电子还受到真空室所在处磁场的洛伦兹力的作用，使电子在半径为 R 的圆形轨道上运动。

　　大量实验证明：当大块金属导体位于变化磁场中时，会感应出涡旋电场，形成一系列涡旋状感应电流，称为涡电流或涡流。又因为金属导体的电阻 R 较小，所以形成的涡流很大，热效应显著。目前涡流的热效应已经广泛地应用在特种钢冶炼、半导体提纯、金属焊接、封口等工艺过程，而在电动机或变压器铁芯中涡流的热效益则是有害的，通常用相互绝缘的叠片制作成铁芯来减小其中的热损害。

11.4　自感和互感

　　在实际电路中，磁场的变化常常是由于电流的变化引起的。因此，把感应电动势直接和电流的变化联系起来有重要的意义。对自感和互感现象进行研究就是要找出这方面的规律。

11.4.1 自感

当回路中的电流 I 随时间变化时，通过回路自身的全磁通也发生变化，因而回路自身也产生感应电动势，这就是自感现象。这时产生的电动势叫作自感电动势，如图 11.9 所示。实验表明：回路全磁通与其电流成正比。

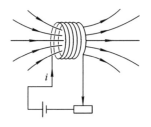

图 11.9 自感现象

（1）自感系数：当闭合回路通有电流 I 时，其激发的磁感应强度 B 与 I 成正比，因此穿过该回路的全磁通 Ψ_m 与 I 成正比，即

$$\Psi_m = N\Phi_m = LI \tag{11-11}$$

L 称为自感系数，自感系数是一个与电流无关的量，它仅由回路的匝数、形状、大小和周围的介质的磁导率决定。

在国际单位制中，自感的单位是亨利（H），$1\text{H} = 1\ \text{Wb/A} = 1\ \Omega \cdot \text{s}$。

（2）自感电动势：导体回路中，由于自身电流的变化，在自己回路中产生的电动势，称为自感电动势，其数学表达式为

$$\varepsilon_L = -\frac{\mathrm{d}\Phi}{\mathrm{d}t} = -\frac{L\mathrm{d}I}{\mathrm{d}t} \tag{11-12}$$

【例 11.5】 一单层、密绕的长直螺线管长为 l，截面积为 S，单位长度上的匝数为 n，管内充满磁导率为 μ 的磁介质。计算该长直螺线管的自感系数。

【解】 由 $\Psi = LI$ 得 $L = \dfrac{\Psi}{I}$，先求 Ψ。设长直螺线管通有电流 I，则

$$\Psi = NBS = nl\mu nIS = \mu n^2 IV$$

因此

$$L = \mu n^2 V$$

【例 11.6】 有两个同轴圆筒形导体，其半径分别为 R_1 和 R_2，通过它们的电流均为 I，但电流方向相反，试求其自感。

【解】 根据安培环路定理容易求出，只在两圆筒之间存在磁场，在两个圆筒之间的任意一点的磁感应强度为

$$B = \frac{\mu_0 I}{2\pi r}$$

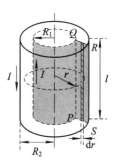

图 11.10 自感现象

如图 11.10 所示，若在两圆筒之间取一个高为 l 的面 $PQRS$，并将此面分成许多小面积元，则穿过小面积元 $\mathrm{d}S = l\mathrm{d}r$ 的磁通量为

$$\mathrm{d}\Phi = \boldsymbol{B} \cdot \mathrm{d}\boldsymbol{S} = Bl\mathrm{d}r$$

于是穿过面 $PQRS$ 的磁通量为

$$\Phi = \int \mathrm{d}\Phi = \int_{R_1}^{R_2} \frac{\mu_0 I}{2\pi r} l\,\mathrm{d}r = \frac{\mu_0 Il}{2\pi} \ln \frac{R_2}{R_1}$$

由自感的定义可得，图中高度为 l 的两个圆筒导体的自感为

$$L = \frac{\Phi}{I} = \frac{\mu_0 l}{2\pi} \ln \frac{R_2}{R_1}$$

那么单位长度的上述导体的自感为 $\dfrac{\mu_0}{2\pi}\ln\dfrac{R_2}{R_1}$。

11.4.2　互感

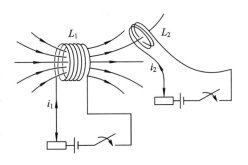

当一闭合导体回路中的电流随时间变化时，它周围的磁场也随时间变化。在它周围附近的导体回路中会产生感应电动势，这种电动势叫作互感电动势，如图 11.11 所示。

在图 11.11 中，有两个固定的回路 L_1 和 L_2，闭合回路 L_2 中的互感电动势是由于回路 L_1 中的电流 i_1 随时间变化引起的，以 ε_{21} 表示此电

图 11.11　互感现象

动势。下面说明 ε_{21} 与 i_1 的关系：由毕奥-萨伐尔定律可知，电流 i_1 产生的磁场正比于 i_1，因而通过 L_2 所围面积的全磁通也应该和 i_1 成正比，即

$$\Psi_{21} = M_{21} i_1 \tag{11-13}$$

式中，M_{21} 称为回路 L_1 对回路 L_2 的互感系数，它取决于两个回路的几何形状、相对位置、各自的匝数和周围的介质。对两个固定的回路 L_1 和 L_2 来说，互感系数是一个常数。在 M_{21} 一定的条件下，根据电磁感应定律得出

$$\varepsilon_{21} = -\frac{\mathrm{d}\Psi_{21}}{\mathrm{d}t} = -M_{21}\frac{\mathrm{d}i_1}{\mathrm{d}t} \tag{11-14}$$

M_{21} 与两个线圈的形状、大小、匝数、相对位置以及周围电磁质的磁导率有关，它是两个线圈的互感。理论和实验证明，当上述条件保持不变时，回路 L_1 对回路 L_2 的互感系数 M_{21} 和回路 L_2 对回路 L_1 的互感系数 M_{12} 是相等的，即

$$M_{21} = M_{12} = M \tag{11-15}$$

互感 M 的意义可以这样来理解：两个线圈的互感 M 在数值上等于一个线圈中的电流随时间的变化率为一个单位时，另一个线圈中所引起的互感电动势的绝对值。

在国际单位制中，互感的单位是亨利（H）。

【例 11.7】　如图 11.12 所示，螺线管 C_1 长为 l，截面积为 S，共有 N_1 匝；螺线管 C_2 长为 l，截面积为 S，共有 N_2 匝。两螺线管共轴，螺线管内磁介质的磁导率为 μ，求这两个共轴螺线管的互感系数 M。

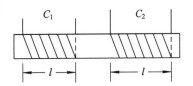

图 11.12　例 11.7 图

【解】　设 C_1 通过电流为 I_1，则 C_1 产生的磁场为 $B = \mu n I = \dfrac{\mu N_1 I_1}{l}$，它产生的磁感线完全穿过 C_2，穿过 C_2 的总磁通量 $\Psi_{21} = N_2 BS = \dfrac{\mu N_1 N_2 S I_1}{l}$，故 $M = \dfrac{\Psi_{21}}{I_1} = \dfrac{\mu N_1 N_2 S}{l}$。

【例 11.8】　如图 11.13 所示，有一无限长直导线，与一宽度为 b，长为 l 的矩形线圈处在同一平面内，直导线与矩形线圈的一侧平行，且距离为 d，求它们的互感。

解　设无限长直导线中通有恒定电流 I，由第 10 章的结论可知，在距离无限长直导线距离 x 处的磁感强度为

$$B = \frac{\mu_0 I}{2\pi x}$$

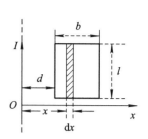

图 11.13　例 11.8 图

于是穿过矩形线圈的磁通量为

$$\Phi = \int_S \boldsymbol{B} \cdot \mathrm{d}\boldsymbol{S}$$

其中，$\mathrm{d}S$ 为距离导线 x 处，宽度为 $\mathrm{d}x$，长为 l 的面元，所以

$$\mathrm{d}S = l\,\mathrm{d}x$$

故穿过矩形线圈的磁通量为

$$\Phi = \int_S \boldsymbol{B} \cdot \mathrm{d}\boldsymbol{S} = \int_d^{d+b} \frac{\mu_0 I}{2\pi x} l\,\mathrm{d}x = \frac{\mu_0 Il}{2\pi}\ln\frac{d+b}{d}$$

所以，互感的值为

$$M = \frac{\Phi}{I} = \frac{\mu_0 l}{2\pi}\ln\frac{d+b}{d}$$

由上述结果可以看出，无限长直导线与矩形线圈的互感同它们的形状、大小以及相对位置等都有关系。

11.5　磁场的能量

在线圈和电容组成的振荡电路中，磁能可以和电能相互转换，可见在线圈中是存储着磁能的。下面我们来研究这种能量的转换以及磁能的计算。

11.5.1　自感中的能量转换

现在以自感过程为例(如图 11.9 所示)来定量研究电流增大过程中的能量转换情况。当电流由零开始增大至稳定状态时，线圈中的磁感应强度也随之增大至恒定。在此过程中，电源的能量转换为存储在线圈中的磁场能和电阻消耗的热能。由式(11-12)可知，自感电动势：

$$\varepsilon_L = -L\frac{\mathrm{d}i}{\mathrm{d}t}$$

自感电动势反抗电流增大所作的功为

$$\mathrm{d}W = -\varepsilon_L i\,\mathrm{d}t = Li\,\mathrm{d}i$$

此功等于磁场能的增量，即

$$\mathrm{d}W_{\mathrm{m}} = \mathrm{d}W = Li\,\mathrm{d}i$$

若自感系数 L 不变，则磁场总能量为

$$W_{\mathrm{m}} = \int \mathrm{d}W_{\mathrm{m}} = L\int_0^I i\,\mathrm{d}i = \frac{1}{2}LI^2 \tag{11-16}$$

电流消失过程中电场能转化为磁场能，即自感电动势做的功转化为自感磁能。

11.5.2　磁场能量密度

磁场的性质是用磁感应强度来描述的。为了简单起见，我们以长直螺线管为例进行讨

论。对于体积为 V、自感系数 $L = \mu n^2 V$ 的长直螺线管，当管中电流为 I 时，管内的磁感应强度为 $B = \mu n I$，将其代入式(11-16)，可得螺线管内的总磁场能量为

$$W_m = \frac{1}{2} L I^2 = \frac{1}{2} \mu n^2 V \left(\frac{B}{\mu n} \right)^2 = \frac{1}{2} \frac{B^2}{\mu} V = \frac{1}{2} BHV \qquad (11-17)$$

式(11-17)表明，磁场的能量与磁感应强度、磁导率和磁场所占的体积有关。由此可以得出单位体积磁场的能量——磁场能量密度 w_m 为

$$w_m = \frac{W_m}{V} = \frac{B^2}{2\mu} = \frac{\mu H^2}{2} = \frac{BH}{2} \qquad (11-18)$$

若体积元 dV 的磁场能量密度为 w_m，那么系统中总的磁场能量可表示为

$$W_m = \int w_m dV$$

11.5.3　磁能的计算

【例 11.9】　如图 11.14 所示，求两个相邻载流线圈的磁场能。

【解】　先合上电键 S_1，使 L_1 中的电流 i_1 由零逐渐增大到 I_1，在此过程中储存到磁场中的能量 $W_1 = \frac{1}{2} L_1 I_1^2$；再合上电键 S_2，使 L_2 中的电流 i_2 由零逐渐增大到 I_2，并调节 R_1 使 I_1 保持不变。在该过程中，由于自感 L_2 的存在由电源 ε_2 做功而储存到磁场中的能量 $W_2 = \frac{1}{2} L_2 I_2^2$。当 i_2 增大时，

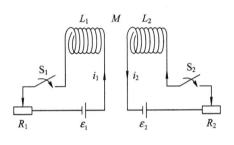

图 11.14　例 11.9 图

在回路 1 中会产生互感电动势 $\varepsilon_{12} = -M_{12} \dfrac{di_2}{dt}$，要保持电流 i_1 不变，电源 ε_1 还必须反抗此电动势做功。这样由于互感的存在，由电源 ε_1 做功而储存到磁场中的能量为

$$W_{12} = -\int \varepsilon_{12} I_1 dt = \int_0^{I_2} M_{12} I_1 \frac{di}{dt} dt = M_{12} I_1 \int_0^{I_2} di_2 = M_{12} I_1 I_2 \qquad (11-19)$$

经过上述两个过程后，系统达到电流分别是 I_1 和 I_2 的状态，这时储存在磁场中的总能量为

$$W = W_1 + W_2 + W_{12} = \frac{1}{2} L_1 I_1^2 + \frac{1}{2} L_2 I_2^2 + M_{12} I_1 I_2 \qquad (11-20)$$

如果先合上 S_2 再合上 S_1，仍然按上述推理，则可得储存在磁场中的总能量

$$W' = W_1 + W_2 + W_{12} = \frac{1}{2} L_1 I_1^2 + \frac{1}{2} L_2 I_2^2 + M_{21} I_1 I_2 \qquad (11-21)$$

由于这两种通电方式的最后结果相同，因此最后的能量应该和过程无关，即 $W = W'$，由此可知 $M_{12} = M_{21}$，即回路 1 对回路 2 的互感系数等于回路 2 对回路 1 的互感系数。用 M 来表示此互感系数，则式(11-20)可转换为

$$W = \frac{1}{2} L_1 I_1^2 + \frac{1}{2} L_2 I_2^2 + M I_1 I_2$$

【例 11.10】　一个长同轴电缆由半径为 R_1 的实心圆柱形金属芯线和半径为 R_2 的薄金

属圆筒组成,如图 11.15 所示,其间充满相对磁导率为 μ 的绝缘材料。求同轴电缆单位长度上的磁能(设圆柱形金属导体的磁导率为 μ_0)。

【解】 由磁介质中的安培环路定理(式(10-41))可知

$$\oint_L H \cdot \mathrm{d}l = \sum_{i=1} I_{ci}$$

(1) 当 $r < R_1$ 时,有

$$H_1 2\pi r = \frac{I}{\pi R_1^2} \pi r^2$$

可得磁场强度 $\boldsymbol{H}_1$ 的大小为

$$H_1 = \frac{Ir}{2\pi R_1^2}$$

(2) 当 $R_1 < r < R_2$ 时,有

$$H_2 2\pi r = I$$

可得磁场强度 $\boldsymbol{H}_2$ 的大小为

$$H_2 = \frac{I}{2\pi r}$$

(3) 当 $r > R_2$ 时,有

$$H_3 2\pi r = 0$$

可得,磁场强度 $\boldsymbol{H}_3$ 的大小为

$$H_3 = 0$$

根据磁能密度计算公式

$$w_{\mathrm{m}} = \frac{1}{2}\mu H^2$$

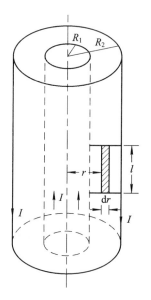

图 11.15 　例 11.10 图

对于单位长度同轴电缆的磁能,根据微元法,在距离电缆轴线 r 处做厚度为 $\mathrm{d}r$ 的单位长度圆筒,其体积元 $\mathrm{d}V = 2\pi r \mathrm{d}r$,根据磁能的计算公式可得

$$W_{\mathrm{m}} = \int w_{\mathrm{m}}\mathrm{d}V = \int_0^{\infty} \frac{1}{2}\mu H^2 2\pi r \mathrm{d}r$$

$$= \int_0^{R_1} \frac{1}{2}\mu_0 H_1^2 2\pi r \mathrm{d}r + \int_{R_1}^{R_2} \frac{1}{2}\mu H_2^2 2\pi r \mathrm{d}r + \int_{R_2}^{\infty} \frac{1}{2}\mu_0 H_3^2 2\pi r \mathrm{d}r$$

$$= \frac{\mu_0 I^2}{16\pi} + \frac{\mu I^2}{4\pi}\ln\frac{R_2}{R_1}$$

11.6　麦克斯韦电磁场理论简介

由电磁感应现象可知,变化的磁场能够激发一个涡旋的电场,那么一个变化的电场会导致什么现象发生呢?下面从电流的连续性角度来讨论这个问题。

11.6.1　位移电流

恒定电流的磁场遵从安培环路定理,即

$$\oint_L \boldsymbol{H} \cdot \mathrm{d}\boldsymbol{l} = \int_S \boldsymbol{J} \cdot \mathrm{d}\boldsymbol{S} = I \tag{11-22}$$

式中，$\boldsymbol{J}$ 是单位面积上通过的电流，称为电流密度，它在导体内的大小和流向可以不同，所以它是一个矢量。

在含有电容器的电路中，无论电容器被充电还是放电，传导电流都在导线内流过，而不能在电容器的两板之间流过。如图 11.16 所示，给电容器充电时，在电容器两板间虽然没有传导电流，但是由于电路导线中的电流 I 是非稳恒电流，所以它随时间变化。在极板 A 的附近取一个闭合回路 L，并以此回路 L 为边界作两个曲面 S_1 和 S_2，其中 S_1 与导线相交，S_2 在两板之间，不与导线相交，S_1

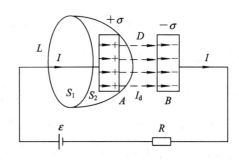

图 11.16　位移电流

和 S_2 构成一个封闭曲面。取 S_1 和 S_2 的边界线 L 作为安培环路线。根据安培环路定律，磁场强度 H 沿此环路的线积分只和穿过回路所在的电流有关。设通过面 S_1 的电流密度为 J_c，由面 S_1 得到

$$\oint_L \boldsymbol{H} \cdot \mathrm{d}\boldsymbol{l} = \int_{S_1} \boldsymbol{J}_c \cdot \mathrm{d}\boldsymbol{S} = I$$

而 S_2 上没有任何部分存在电流，所以

$$\oint_L \boldsymbol{H} \cdot \mathrm{d}\boldsymbol{l} = \int_{S_2} \boldsymbol{J}_c \cdot \mathrm{d}\boldsymbol{S} = 0$$

这里磁场强度通过同一个回路线积分得到两个不同的结果。要解决这个矛盾，在科学史上有两种途径：

（1）在大量实验的基础上，提出新概念，建立与实验相符合的新理论。

（2）在原有理论的基础上，提出合理的假设，对原有理论作必要的修正，使矛盾得到解决，并用实验检验假设的合理性。

麦克斯韦在原有理论的基础上提出了位移电流的假设，很好地解决了这个矛盾。下面以平板电容器为例来导入位移电流。

图 11.17 所示的电容器放电电路中，当电容器放电时，设正电荷从 A 板沿导线向 B 板流动，则在 $\mathrm{d}t$ 时间内通过电路中的任一截面的电荷量为 $\mathrm{d}q$，而这个 $\mathrm{d}q$ 也就是电容器的极板上所失去（或得到）的电荷量。所以，极板上电荷量对时间的变化率为 $\dfrac{\mathrm{d}q}{\mathrm{d}t}$，这就是电路中的传导电流。

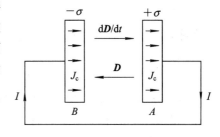

图 11.17　电容器放电过程

若板的面积为 S，则板内的传导电流为

$$I_c = \frac{\mathrm{d}q}{\mathrm{d}t} = \frac{\mathrm{d}(S\sigma)}{\mathrm{d}t} = S\frac{\mathrm{d}\sigma}{\mathrm{d}t}$$

传导电流密度可理解为 $J_c = \dfrac{I_c}{S} = \dfrac{d\sigma}{dt}$。至于在电容器两板之间(真空或电介质中),由于没有自由电荷流动,传导电流为零,所以对整个电路来说,传导电流是不连续的。但是在电容器的放电过程中,板上的电荷面密度 σ 随时间而变化。同时,两板间电场中电位移矢量的大小 $D = \sigma$、电位移通量 $\Phi_D = SD$,它们随时间的变化率大小分别为 $\dfrac{dD}{dt} = \dfrac{d\sigma}{dt}$,$\dfrac{d\Phi_D}{dt} = S\dfrac{d\sigma}{dt}$。由此可以看出,板间电位移矢量随时间的变化率为 $\dfrac{dD}{dt}$,在数值上等于板内的传导电流密度的大小;板间电位移通量随时间的变化率为 $\dfrac{d\Phi_D}{dt}$,在数值上等于板内的传导电流。

麦克斯韦将电位移通量 Φ_D 对时间的变化率称为位移电流强度,用 I_d 表示,而把电位移矢量 D 对时间的变化率称为位移电流密度,用 J_d 表示,即位移电流强度 $I_d = \dfrac{d\Phi_D}{dt}$,而位移电流密度为 $J_d = \dfrac{\partial D}{\partial t}$。

麦克斯韦在引入位移电流的概念后,又提出了创新的全电流的概念:在一般情况下,全电流 I 是由传导电流和位移电流两部分组成,即

$$I = \sum_L I_i + I_d \tag{11-23}$$

故在非恒定电流的情况下,安培环流定理为

$$\oint_L \boldsymbol{H} \cdot d\boldsymbol{l} = \int_S \left(\boldsymbol{J}_c + \frac{\partial \boldsymbol{D}}{\partial t} \right) \cdot d\boldsymbol{S} = \sum_L I_c + \int_S \frac{\partial \boldsymbol{D}}{\partial t} \cdot d\boldsymbol{S} \tag{11-24}$$

【例 11.11】 如图 11.18 所示,一平行板电容器的两板都是半径 $R = 0.10$ m 的导体圆板。充电时,极板间的电场度以 $\dfrac{dE}{dt} = 10^{12}$ V/(m·s)的变化率增加。设两板间为真空,忽略边缘效益,求:

(1)两极板间的位移电流 I_d。

(2)距两极板间的中心连线为 $r(r < R)$ 处的 B_r,若 $r = R$,B_r 又为多大?

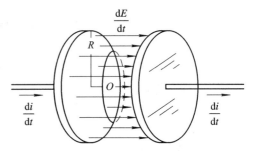

图 11.18 例 11.11 图

【解】 (1)已知 $\dfrac{dE}{dt} = 10^{12}$ V/(m·s),$\boldsymbol{D} = \varepsilon_0 \boldsymbol{E}$,$I_d = \dfrac{d\Phi_D}{dt} = J_d S = \dfrac{dD}{dt} S$,$S = \pi R^2$,$I_d = \pi R^2 \varepsilon_0 \dfrac{dE}{dt} = 3.14 \times 0.10^2 \times 8.85 \times 10^{-12} \times 10^{12} = 0.28$ A。

(2)因为两板间的位移电流相当于均匀分布的圆柱电流,所以它产生具有轴对称的感应磁场(半径 r 相同的圆柱面上的 B 相等),以两板中心连线为轴,取半径为 r 的圆形回路为闭合积分线路,其圆心在轴线上,且圆面与轴线垂直。由全电流安培环路定理得

当 $r < R$ 时:

$$\oint_L \boldsymbol{H} \cdot d\boldsymbol{l} = H 2\pi r = \frac{B}{\mu_0} 2\pi r = I_d = \frac{d\Phi_D}{dt} = \pi r^2 \varepsilon_0 \frac{dE}{dt}$$

$$B = r \frac{\varepsilon_0 \mu_0}{2} \frac{\mathrm{d}E}{\mathrm{d}t}$$

当 $r=R$ 时：

$$B_R = R \frac{\varepsilon_0 \mu_0}{2} \frac{\mathrm{d}E}{\mathrm{d}t} = 0.10 \times 0.50 \times 8.85 \times 10^{-12} \times 12.6 \times 10^{-7} \times 10^{12} = 5.58 \times 10^{-7} \text{ T}$$

当 $r>R$ 时：

$$\oint_L H \cdot \mathrm{d}l = \frac{B}{\mu_0} 2\pi r = \pi R^2 \varepsilon_0 \frac{\mathrm{d}E}{\mathrm{d}t}$$

$$B = \frac{\mu_0 \varepsilon_0 R^2}{2r} \frac{\mathrm{d}E}{\mathrm{d}t}$$

11.6.2 麦克斯韦方程组

麦克斯韦指出：电场既包括自由电荷产生的静电场 E_1、D_1，也包括变化磁场产生的涡旋电场 E_2、D_2，所以 $E = E_1 + E_2$，$D = D_1 + D_2$；同样，磁场既包括传导电流产生的磁场 B_1、H_1，也包括位移电流（变化电场）产生的磁场 B_2、H_2，即 $B = B_1 + B_2$，$H = H_1 + H_2$。这样就得到了在一般情况下电磁场所满足的方程组：

（1）电场的高斯定理：

$$\oint_S D \cdot \mathrm{d}S = \int_V \rho \mathrm{d}V = \sum_i q_i \tag{11-25}$$

（2）法拉第电磁感应定律：

$$\oint_L E \cdot \mathrm{d}l = -\int_S \frac{\partial B}{\partial t} \cdot \mathrm{d}S = -\frac{\mathrm{d}\Phi_\mathrm{m}}{\mathrm{d}t} \tag{11-26}$$

（3）磁场的高斯定理：

$$\oint_S B \cdot \mathrm{d}S = 0 \tag{11-27}$$

（4）全电路的安培环路定理：

$$\oint_L H \cdot \mathrm{d}l = \int_S \left(J_\mathrm{c} + \frac{\partial D}{\partial t} \right) \cdot \mathrm{d}S = \sum_L I_\mathrm{c} + \int_S \frac{\partial D}{\partial t} \cdot \mathrm{d}S \tag{11-28}$$

上述四个方程称为麦克斯韦方程组的积分形式，除此之外还有几个描述介质的方程：

$$D = \varepsilon E \tag{11-29}$$

$$B = \mu H \tag{11-30}$$

$$J = \gamma E \tag{11-31}$$

其中，γ 为电导率。有了以上七个方程，原则上可以解决各种电磁场的问题。

麦克斯韦方程组的形式简洁优美，全面地反映了电场和磁场的基本性质，把电磁场作为一个整体，用统一的观点阐明了电场和磁场之间的关系。在此基础上，麦克斯韦还预言了电磁波的存在，并指出在真空中电磁波的速度为

$$c = \frac{1}{\sqrt{\mu_0 \varepsilon_0}} \tag{11-32}$$

式中，μ_0 和 ε_0 分别为真空中的磁导率和电容率，电磁波的速度 $c = 3 \times 10^8$ m/s。麦克斯韦的预言，后来被赫兹的实验所证实。

麦克斯韦电磁理论的建立是 19 世纪物理学发展史上又一个重要的里程碑。正如爱因斯坦所指出的:"这是自牛顿以来物理学所经历的最深刻和最有成果的一项真正观念上的变革。"

【例 11.12】 一平行板电容器的两极板都是半径 $r=0.5$ cm 的圆导体片,充电时电场强度的变化率 $\dfrac{dE}{dt}=1.0\times10^{12}$ V/(m·s)。求:

(1) 两板间的位移电流。

(2) 极板边缘的磁感应强度 B。

【分析】 题中给出的是平行板电容器的两极板间的电场强度的变化率,因此极板间的电场可以近似认为是均匀分布的,所求的位移电流是极板半径为 r 的范围内所通过的位移电流,而 B 则是半径为 r 处的磁感应强度。

【解】 (1) 应用位移电流的定义式 $\dfrac{d\Phi_D}{dt}=\dfrac{d(\boldsymbol{D}\cdot\boldsymbol{S})}{dt}=S\dfrac{d\sigma}{dt}=SJ_d=I_d$,得

$$I_d = \frac{d}{dt}\int_S \boldsymbol{D}\cdot d\boldsymbol{S} = \varepsilon_0 S\frac{dE}{dt} = 8.85\times10^{-12}\times\pi\times(5.0\times10^{-2})^2\times10^{12} = 7.0\times10^{-2}\,\text{A}$$

(2) 应用麦克斯韦方程 $\oint_L \boldsymbol{H}\cdot d\boldsymbol{l} = I_d$,由对称性可知:

$$\oint_L \boldsymbol{H}\cdot d\boldsymbol{l} = 2\pi rH$$

$$B = \mu_0 H = \frac{\mu_0 I_d}{2\pi r} = 4\pi\times10^{-7}\times\frac{7.0\times10^{-2}}{2\pi\times5\times10^{-2}} = 2.8\times10^{-7}\,\text{T}$$

【说明】

(1) 从结果可以看出,在平行板电容器极板半径 r 不变的情况下,B 的大小取决于 I_d 的大小,I_d 随 $\dfrac{dE}{dt}$ 的增大而增大。

(2) 如果平行板电容器极板间的电场不是均匀分布的,则需要给出 $E(r)$ 的具体函数式才能求解。

本 章 小 结

本章应首先掌握法拉第电磁感应定律,理解动生电动势和感生电动势的本质。了解自感和互感现象,理解磁场能量。此外,还应该掌握位移电流和麦克斯韦电磁场理论的基本概念和意义。

本章的主要内容如下:

1. 法拉第电磁感应定律

感应电动势的大小和通过导体回路的磁通量的变化率成正比,其方向取决于磁场的方向及其变化情况,这就是法拉第电磁感应定律。若以 Φ 表示通过闭合导体回路的磁通量,以 ε 表示此磁通量发生变化时在导体回路产生的感应电动势,由实验总结的规律为

$$\varepsilon = -\frac{d\Phi}{dt}$$

2. 感生电动势与动生电动势

导体或导体回路不动，由于磁场变化产生的电动势称为感生电动势。

磁场不变，由于导体或导体回路在磁场中运动而产生的电动势称为动生电动势。

3. 自感

当一个电流回路中的电流 i 随时间变化时，通过回路自身的全磁通量也发生变化，因而回路自身也产生感应电动势，这就是自感现象。

4. 互感

当一闭合导体回路中的电流随时间变化时，它周围的磁场也随时间变化。在它周围的导体回路中就会产生感应电动势，这种电动势叫作互感电动势。

5. 麦克斯韦方程组

(1) 电场的高斯定理：

$$\oint_S \boldsymbol{D} \cdot \mathrm{d}\boldsymbol{S} = \int_V \rho \mathrm{d}V = \sum_i q_i$$

(2) 法拉第电磁感应定律：

$$\oint_L \boldsymbol{E} \cdot \mathrm{d}\boldsymbol{l} = -\int_S \frac{\partial \boldsymbol{B}}{\partial t} \cdot \mathrm{d}\boldsymbol{S} = -\frac{\mathrm{d}\Phi_\mathrm{m}}{\mathrm{d}t}$$

(3) 磁场的高斯定理：

$$\oint_S \boldsymbol{B} \cdot \mathrm{d}\boldsymbol{S} = 0$$

(4) 全电路的安培环路定理：

$$\oint_L \boldsymbol{H} \cdot \mathrm{d}\boldsymbol{l} = \int_S \left(\boldsymbol{J} + \frac{\partial \boldsymbol{D}}{\partial t} \right) \cdot \mathrm{d}\boldsymbol{S}$$

习　题

一、选择题

11-1　图 11.19 中的 M、P、O 为软磁材料制成的棒，三者在同一平面内，当 S 闭合后，（　　）。

A. M 的左端出现 N 极　　　　　　B. P 的左端出现 N 极

C. O 的右端出现 N 极　　　　　　D. P 的右端出现 N 极

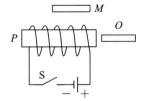

图 11.19　习题 11-1 图

11-2　图 11.20 所示的载流铁芯螺线管中，图(　　)画得正确(即电源的正负极、铁芯的磁性、磁力线方向相互不矛盾)。

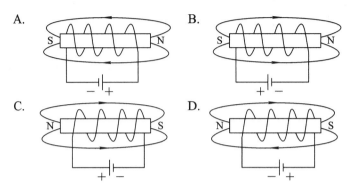

图 11.20　习题 11-2 图

11-3　一闭合正方形线圈放在均匀磁场中，绕着通过其中心且与一边平行的轴 OO' 转动，轴与磁场方向垂直，转动角速度为 ω，如图 11.21 所示。用(　　)的办法可以使线圈中感应电流的幅值增加到原来的两倍(导线的电阻不能忽略)。

图 11.21　习题 11-3 图

A. 把线圈的匝数增加到原来的两倍

B. 把线圈的面积增加到原来的两倍，而形状不变

C. 把线圈切割磁力线的两条边增长到原来的两倍

D. 把线圈的角速度增大到原来的两倍

11-4　一个圆线圈置于磁感应强度为 $\boldsymbol{B}$ 的均匀磁场中，线圈平面与磁场方向垂直，线圈电阻为 R。当把线圈转动使其法向与 $\boldsymbol{B}$ 的夹角等于 $60°$ 时，线圈中通过的电荷与线圈面积及转动所用的时间的关系是(　　)。

A. 与线圈面积成正比，与时间无关

B. 与线圈面积成正比，与时间成正比

C. 与线圈面积成反比，与时间成正比

D. 与线圈面积成反比，与时间无关

11-5　如图 11.22 所示，M、N 为水平面内两根平行金属导轨，ab 与 cd 为垂直于导轨并可在其上自由滑动的两根直裸导线，外磁场垂直水平面向上。当外力使 ab 向右平移时，cd 将(　　)。

A. 不动　　　　B. 转动　　　　C. 向左移动　　　　D. 向右移动

11-6　面积为 S 和 $2S$ 的两圆线圈 1、2，如图 11.23 所示放置，均通有相同的电流 I。线圈 1 的电流产生的通过线圈 2 的磁通用 Φ_{21} 表示，线圈 2 的电流产生的通过线圈 1 的磁通用 Φ_{12} 表示，则 Φ_{21} 和 Φ_{12} 的大小关系为(　　)。

A. $\Phi_{21}=2\Phi_{12}$　　　B. $\Phi_{21}>\Phi_{12}$　　　C. $\Phi_{21}=\Phi_{12}$　　　D. $\Phi_{21}=\dfrac{1}{2}\Phi_{12}$

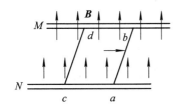

图 11.22 习题 11-5 图

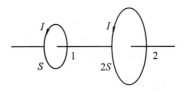

图 11.23 习题 11-6 图

11-7 已知一螺绕环的自感系数为 L。若将该螺绕环锯成两个半环螺线管，则两个半环螺线管的自感系数（　　）。

A. 都等于 $\frac{1}{2}L$

B. 有一个大于 $\frac{1}{2}L$，另一个小于 $\frac{1}{2}L$

C. 都大于 $\frac{1}{2}L$

D. 都小于 $\frac{1}{2}L$

二、填空题

11-8 用导线制成一半径为 $r=10$ cm 的闭合圆形线圈，其电阻 $R=10$，均匀磁场垂直于线圈平面。欲使电路中有一稳定的感应电流 $I=0.01$ A，B 的变化率 $dB/dt=$ _____。

11-9 载有恒定电流 I 的长直导线旁有一半圆环导线 cd，半圆环半径为 b，环面与直导线垂直，且半圆环两端点连线的延长线与直导线相交，如图 11.24 所示。当半圆环以速度 v 沿平行于直导线的方向平移时，半圆环上的感应电动势的大小是 _____。

11-10 两根很长的平行直导线与电源组成回路，如图 11.25 所示。已知导线上的电流为 I，两导线单位长度的自感系数为 L，则沿导线单位长度的空间内的总磁能 $W_m=$ _____。

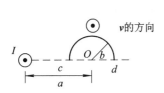

图 11.24 习题 11-9 图

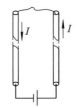

图 11.25 习题 11-10 图

11-11 自感系数 $L=0.3$ H 的螺线管中通以 $I=8$ A 的电流时，螺线管存储的磁场能量 $W=$ _____。

11-12 下述 4 个公式是反映电磁场基本性质和规律的麦克斯韦方程的积分形式。

A. $\oint_S \boldsymbol{D} \cdot d\boldsymbol{S} = \int_V \rho dV$

B. $\oint_L \boldsymbol{E} \cdot d\boldsymbol{l} = -\int_S \frac{\partial \boldsymbol{B}}{\partial t} \cdot d\boldsymbol{S}$

C. $\oint_S \boldsymbol{B} \cdot d\boldsymbol{S} = 0$

D. $\oint_L \boldsymbol{H} \cdot d\boldsymbol{l} = \int_S \left(\boldsymbol{J}_c + \frac{\partial \boldsymbol{D}}{\partial t} \right) \cdot d\boldsymbol{S}$

试判断下列结论包含于或等效于哪一个麦克斯韦方程式，将你确定的方程式代号填在相应结论后的空白处。

(1) 变化的磁场一定伴随有电场 _____。

（2）磁感线是无头无尾的_____。

（3）电荷总伴随有电场_____。

11-13 一平行板空气电容器的两极板都是半径为 R 的圆形导体片，在充电时，板间电场强度的变化率为 dE/dt。若略去边缘效应，则两板间的位移电流为_____。

三、计算题

11-14 有两根相距为 d 的无限长平行直导线，它们通以大小相等、流向相反的电流，且电流均以 $\dfrac{dI}{dt}$ 的变化率增长。若有一边长为 d 的正方形线圈与两导线处于同一平面内，如图 11.26 所示，求线圈中的感应电动势。

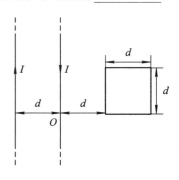

图 11.26 习题 11-14 图

11-15 如图 11.27 所示，金属杆 AB 以匀速 $v=2.0\ \mathrm{m\cdot s^{-1}}$ 平行于一长直导线移动，此导线通有电流 $I=40\ \mathrm{A}$。求杆中的感应电动势，并确定杆的哪一端电势较高。

11-16 有一磁感应强度为 $\boldsymbol{B}$ 的均匀磁场，以恒定的变化率 $\dfrac{dB}{dt}$ 在变化。把一块质量为 m 的铜，拉成截面半径为 r 的导线，并用它做成一个半径为 R 的圆形回路，圆形回路的平面与磁感应强度 $\boldsymbol{B}$ 垂直。试证该回路中的感应电流为

$$I = \frac{m}{4\pi\rho d}\frac{dB}{dt}$$

式中，ρ 为铜的电阻率，d 为铜的密度。

11-17 在半径为 R 的圆柱形空间内存在着均匀磁场，磁感应强度 $\boldsymbol{B}$ 的方向与柱的轴线平行，如图 11.28 所示，有一长为 l 的金属棒放在磁场中，设 $\boldsymbol{B}$ 随时间的变化率 $\dfrac{dB}{dt}$ 为常量，试求金属棒上的感应电动势大小。

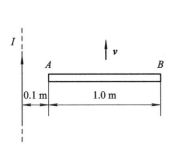

图 11.27 习题 11-15 图

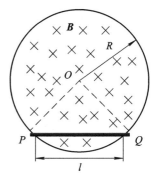

图 11.28 习题 11-17 图

11-18 如图 11.29 所示，一电荷线密度为 λ 的长直带电线（与一正方形线圈共面并与它的一对边平行）以变速率 $v=v(t)$ 沿着正方形长度方向运动，正方形线圈中的总电阻为 R，求 t 时刻方形线圈中感应电流 $i(t)$ 的大小（不计线圈自身的自感）。

11-19 如图 11.30 所示，一长直导线载有电流 I，在它的旁边有一段直导线 AB，长直载流导线与直导线 AB 在同一平面内，夹角为 θ。直导线 AB 以速度 v（v 的方向垂直于载流导线）运动。已知 $I=100$ A，$v=5.0$ m/s，$a=2$ cm，$AB=16$ cm。

（1）试求在图示位置时 AB 导线中的感应电动势。

（2）A 和 B 哪一端的电势高？

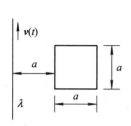

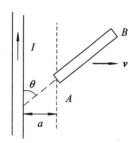

图 11.29 习题 11-18 图   图 11.30 习题 11-19 图

11-20 如图 11.31 所示，螺线管的管心是两个套在一起的同轴圆柱体，其截面积分别为 S_1 和 S_2，磁导率分别为 μ_1 和 μ_2，管长为 l，匝数为 N，求螺线管的自感（设管的截面很小）。

11-21 如图 11.32 所示，一面积为 4.0 cm² 共 50 匝的小圆形线圈 A，放在半径为 20 cm 共 100 匝的大圆形线圈 B 的正中央，此两线圈同心且同平面。设线圈 A 内各点的磁感强度可看作是相同的。求：

（1）两线圈的互感；

（2）当线圈 B 中电流的变化率为 -50 A·s⁻¹ 时，线圈 A 中感应电动势的大小和方向。

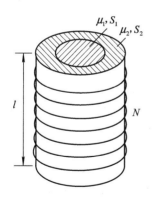

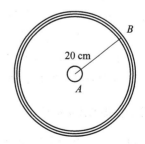

图 11.31 习题 11-20 图   图 11.32 习题 11-21 图

11-22 一无限长直导线，截面各处的电流密度相等，总电流为 I。试证：单位长度导线内所储藏的磁能为 $\mu_0 I^2/(16\pi)$。

第12章 振　动

物体在一定的位置附近作来回往复的运动，称为机械振动。机械振动的例子很多，例如微风中树枝的摇曳、发动机汽缸活塞的运动、琴弦的振动、声带的振动等。除了机械振动外，常见的还有电磁振动，例如交流电、电磁振荡等。广义地说，任何一个物理量在某个确定的数值附近做周期性的变化，都可以称为振动。机械振动和电磁振动在本质上虽不相同，但从运动形式角度来说都具有振动的共性，所遵从的规律也可以用统一的数学形式来描述。

12.1　简谐振动的描述

12.1.1　简谐振动

最基本、最简单的振动是简谐振动。一切复杂的振动都可以分解为若干个简谐振动的合成。下面我们讨论简谐振动的基本规律。

物体运动时，如果离开平衡位置的位移(或角位移)随时间按余弦函数的规律变化，这种运动称为简谐振动。

将一个质量为 m 的物体系于一端固定的弹簧的自由端，就组成了一个弹簧振子。设一弹簧振子放在光滑水平面上，在弹簧处于自然长度时，物体所受合外力为零，物体处于平衡位置 O 点。以 O 点为坐标原点，向右为 x 轴正向。如果把物体略加移动后释放，该物体将在弹性力的作用下在 O 点两侧作往复运动。下面将证明：在这种运动中，物体离开平衡位置的位移 x 将随时间 t 按余弦函数的规律变化，是简谐振动。

12.1.2　简谐振动的表达式

现在以弹簧振子为例来作动力学分析。如图 12.1 所示，一根轻弹簧和一个质量为 m 的物体(可视为质点)构成一个弹簧振子系统，其平衡位置位于 x 轴的坐标原点 O，物体沿 x 方向运动。

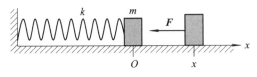

图 12.1　弹簧振子系统

在弹性范围内，根据胡克定律，物体所受的弹性力 F 的大小与弹簧的伸长量，即物体相对平衡位置的位移 x 成正比，即

$$F = -kx \tag{12-1}$$

式中，k 为弹簧的劲度系数，负号表示力和位移的方向相反。根据牛顿第二定律可得

$$a = -\frac{k}{m}x = -\omega^2 x \tag{12-2}$$

或

$$\frac{\mathrm{d}^2 x}{\mathrm{d}t^2} + \omega^2 x = 0 \tag{12-3}$$

式中，$\omega^2 = k/m$。根据微分方程理论，方程（12-3）的通解为

$$x = A\cos(\omega t + \varphi) \tag{12-4}$$

其中，A 和 φ 为待定常数。式（12-4）表明，弹簧振子作简谐振动，其角频率

$$\omega = \sqrt{\frac{k}{m}} \tag{12-5}$$

振动周期

$$T = \frac{2\pi}{\omega} = 2\pi\sqrt{\frac{m}{k}} \tag{12-6}$$

由式（12-5）和式（12-6）可见，弹簧振子的角频率和周期由振动系统本身的性质（劲度系数 k 和物体质量 m）所决定，故称之为振动系统的固有角频率和固有周期。

1. 振幅

由式（12-4）可知，当 $|\cos(\omega t + \varphi)| = 1$ 时，振动物体的位移 x 达到最大值 A，A 表示物体作简谐运动时离开平衡位置的最大位移，称为振幅。

2. 角频率

简谐振动表达式（12-4）中的 ω 称为角频率。振动的特征之一是运动具有周期性。振动往复一次（即完成一次全振动）所经历的时间称为周期，用 T 表示。根据式（12-4）可知，简谐振动的周期与角频率的关系为

$$T = \frac{2\pi}{\omega} \tag{12-7}$$

单位时间内物体完成全振动的次数叫频率，用 ν 表示。频率与周期及角频率的关系为

$$\nu = \frac{1}{T} = \frac{\omega}{2\pi} \tag{12-8}$$

周期的单位为秒（s）。频率的单位为赫兹（Hz），1 Hz=1 s^{-1}。

3. 相位

由式（12-4）可知，当角频率 ω 和振幅 A 一定时，物体在任一时刻 t 的位置取决于 $(\omega t + \varphi)$，$(\omega t + \varphi)$ 称为相位，它反映出振动物体在任一时刻的运动状态。$t=0$ 时刻的相位 φ 称为初相位，简称初相。初相 φ 用弧度表示（φ 的取值范围一般为 $-\pi$ 到 π），它反映初始时刻（$t=0$）振动物体的运动状态。

利用相位的概念可以比较两个同频率简谐运动物体的运动状态。如果两物体的相位相同或相位差 $\Delta\varphi = (\omega t + \varphi_2) - (\omega t + \varphi_1) = \varphi_2 - \varphi_1 = 2k\pi(k=0, 1, 2, \cdots)$，则两物体在振动过程中将完全同步；如果两物体的相位差 $\Delta\varphi \neq 2k\pi(k=0, 1, 2, \cdots)$，则两物体的振动不同步。

12.1.3 简谐振动的速度和加速度

根据式(12-4)，可求得任意一个时刻物体的速度和加速度：

$$v = \frac{dx}{dt} = -A\omega \sin(\omega t + \varphi) = v_m \cos\left(\omega t + \varphi + \frac{\pi}{2}\right) \tag{12-9}$$

$$a = \frac{dv}{dt} = -A\omega^2 \cos(\omega t + \varphi) = a_m \cos(\omega t + \varphi + \pi) \tag{12-10}$$

式中，$v_m = A\omega$，$a_m = A\omega^2$。从式(12-9)和式(12-10)可以看出，物体作简谐运动时，其速度和加速度也随时间作与位移同频率的"简谐振动"，但位移、速度和加速度振动的相位不相同，速度的相位比位移超前 $\pi/2$，加速度的相位比速度超前 $\pi/2$，比位移超前 π。图 12.2 画出了简谐运动的位移、速度、加速度与时间的关系。式 $x = A\cos(\omega t + \varphi)$ 中的 A 和 φ，即简谐振动的振幅和初相，可由初始条件决定。设 $t = 0$ 时物体的初位移为 x_0，初速度为 v_0，得到

$$A = \sqrt{x_0^2 + \frac{v_0^2}{\omega^2}}, \ \tan\varphi = -\frac{v_0}{\omega x_0} \tag{12-11}$$

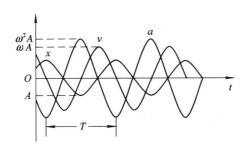

图 12.2　简谐振动的位移、速度和加速度

12.1.4　简谐振动的旋转矢量表示

在研究简谐运动时，常采用一种比较直观的几何描述方法，称为旋转矢量法。该方法不仅在描述简谐运动和处理振动的合成问题时提供了简捷的手段，而且能把简谐运动的三个特征量非常直观地表示出来。

在直角坐标系 Oxy 中，以原点 O 为始端作一矢量 A，让矢量 A 以角速度 ω 绕 O 点作逆时针方向的匀速转动，如图 12.3 所示。矢量 A 称为旋转矢量。矢量 A 在旋转过程中其端点 M 在 x 轴上的投影 P 将以 O 点为中心作往复振动。现在我们来考察投影点 P 的振动规律。

设在 $t = 0$ 时，矢量 A 与 x 轴之间的夹角为 φ。经过时间 t，矢量 A 与 x 轴之间的夹角变为 $\omega t + \varphi$，则 P 点的运动方程为

$$x = A\cos(\omega t + \varphi)$$

可见，旋转矢量 A 的端点 M 在 x 轴上的投影点 P 的运动是简谐运动。不难看出，矢量 A 的长度即为

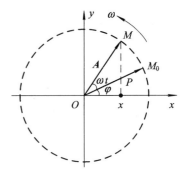

图 12.3　简谐振动的旋转矢量表示

简谐运动的振幅 A，矢量 A 的角速度即为振动的角频率 ω，在初始时刻 $(t=0)$，矢量 A 与 x 轴的夹角 φ 即为初相位，任意时刻矢量 A 与 x 轴的夹角即为振动的相位 $\omega t + \varphi$。

旋转矢量 A 的某一特定位置对应于简谐运动系统的一个运动状态，它转过一周所需的时间就是简谐运动的周期 T，两个简谐运动的相位差就是两个旋转矢量之间的夹角。

【例 12.1】 已知某质点沿 x 轴作简谐振动，其振动曲线如图 12.4 所示，求：

（1）质点的振动表达式。

（2）质点的速度和加速度。

【解】 （1）设质点的振动表达式为

$$x = A\cos(\omega t + \varphi)$$

根据图 12.3 可知 $A=4\text{ cm}$，$T=4\text{ s}$，$\omega = \dfrac{\pi}{2}\text{ rad/s}$，所以
振动表达式可表为

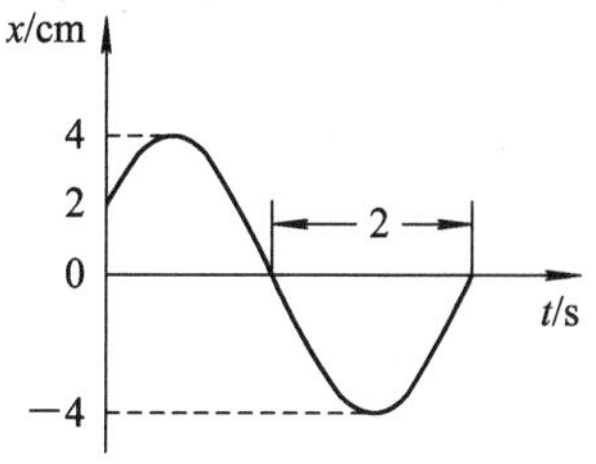

$$x = 4\cos\left(\frac{\pi}{2}t + \varphi\right)$$

根据初始条件 $x|_{t=0} = 2\text{ cm}$，$v|_{t=0} > 0$，可知

$$\cos\varphi = \frac{1}{2}, \quad \sin\varphi < 0$$

由此可得

$$\varphi = -\frac{\pi}{3}$$

所以振动表达式为

$$x = 4\cos\left(\frac{\pi}{2}t - \frac{\pi}{3}\right)\text{cm}$$

（2）根据振动表达式可得任意 t 时刻的速度和加速度分别为

$$v = \frac{\mathrm{d}x}{\mathrm{d}t} = -2\pi\sin\left(\frac{\pi}{2}t - \frac{\pi}{3}\right)$$

$$a = \frac{\mathrm{d}v}{\mathrm{d}t} = -\pi^2\cos\left(\frac{\pi}{2}t - \frac{\pi}{3}\right)$$

当 $t=0$ 时，有

$$v = \sqrt{3}\pi\text{ cm/s}, \quad a = -\pi^2/2\text{ cm/s}^2$$

图 12.4　例 12.1 图

【例 12.2】 如图 12.5 所示，一质量为 0.01 kg 的物体作简谐运动，其振幅为 0.08 m，周期为 4 s，起始时刻在 $x=0.04\text{ m}$ 处，向 Ox 轴负方向运动。试求：

（1）$t=1.0\text{ s}$ 时物体所处的位置和所受的力；

（2）由起始位置运动到 $x=-0.04\text{ m}$ 处所需要的最短时间。

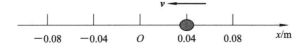

图 12.5　例 12.2 图

【解】 已知 $A = 0.08$ m，$\omega = \dfrac{2\pi}{T} = \dfrac{\pi}{2}$ s^{-1}，由 $x = A\cos(\omega t + \varphi)$，在 $t = 0$ 时有 $0.04 =$ $0.08\cos\varphi$，所以 $\varphi = \pm\dfrac{\pi}{3}$，而 $v_0 = -\omega A\sin\varphi < 0$，故取 $\varphi = \dfrac{\pi}{3}$，得

$$x = 0.08\cos\left(\frac{\pi}{2}t + \frac{\pi}{3}\right)$$

（1）$t = 1.0$ s 时，由上式解得

$$x = -0.069 \text{ m}$$

受力

$$F = -kx = -m\omega^2 x = 1.70 \times 10^{-3} \text{ N}$$

（2）设最短时间为 t，则

$$-0.04 = 0.08\cos\left(\frac{\pi}{2}t + \frac{\pi}{3}\right)$$

解得

$$t = \frac{2}{3} = 0.667 \text{ s}$$

12.2　几种常见的简谐振动

12.2.1　单摆

如图 12.6 所示，细线的上端固定，下端系一可看作质点的重物自然下垂，就构成一个单摆。细线称为摆线，其质量和伸长均忽略不计，重物称为摆球。把摆球从其平衡位置拉开一段距离后放手，摆球就在竖直平面内来回摆动。设在某一时刻摆线偏离铅垂线的角位移为 θ，并取逆时针方向为角位移 θ 的正方向。在忽略空气阻力的情况下，摆球沿圆弧运动所受的合力沿切线方向的分力（即重力在这一方向的分力）为

$$F_1 = mg\sin\theta$$

根据牛顿第二定律得

$$a_\tau = l\frac{\mathrm{d}^2\theta}{\mathrm{d}t^2} = -g\sin\theta$$

在角位移 θ 很小时，$\sin\theta \approx \theta$，所以

$$\frac{\mathrm{d}^2\theta}{\mathrm{d}t^2} + \frac{g}{l}\theta = 0$$

上式表明：在小角度摆动的情况下，单摆的振动是简谐振动，其角频率和周期分别为

$$\omega = \sqrt{\frac{g}{l}}, \qquad T = \frac{2\pi}{\omega} = 2\pi\sqrt{\frac{l}{g}}$$

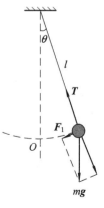

图 12.6　单摆

可见，单摆的周期取决于摆长和该处的重力加速度，可通过测量单摆周期确定该处的重力加速度。

12.2.2　复摆

一个可绕固定轴 O 摆动的刚体称为复摆，也称物理摆。如图 12.7 所示，平衡时，摆的重心 C 在轴的正下方。设在任一时刻 t，重心与轴的连线 OC 与竖直方向的夹角为 θ，规定偏离平衡位置沿逆时针方向转过的角位移为正，这时复摆受到对转轴 O 的力矩为

$$M = -mgh\sin\theta$$

式中的负号表明力矩 M 的转向与角位移 θ 的转向相反。

当摆角很小时，$\sin\theta \approx \theta$，则

$$M \approx mgh\theta$$

设复摆绕转轴 O 的转动惯量为 J，根据转动定律有

$$\alpha = \frac{\mathrm{d}^2\theta}{\mathrm{d}t^2} = -\frac{mgh}{J}\theta$$

或

$$\frac{\mathrm{d}^2\theta}{\mathrm{d}t^2} + \omega^2\theta = 0$$

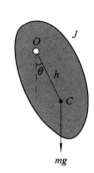

其中，$\omega^2 = mgh/J$。上式表明，复摆在摆角很小时也在其平衡位置附近作简谐振动，其周期为

$$T = \frac{2\pi}{\omega} = 2\pi\sqrt{\frac{J}{mgh}}$$

图 12.7　复摆

12.3　简谐振动的能量

下面仍以弹簧振子为例来说明振动系统的能量。当物体的位移为 x，速度为 v 时，弹簧振子的弹性势能和动能分别为

$$E_{\mathrm{p}} = \frac{1}{2}kx^2 = \frac{1}{2}kA^2\cos^2(\omega t + \varphi) \tag{12-12}$$

$$E_{\mathrm{k}} = \frac{1}{2}mv^2 = \frac{1}{2}mA^2\omega^2\sin^2(\omega t + \varphi) = \frac{1}{2}kA^2\sin^2(\omega t + \varphi) \tag{12-13}$$

式中，$\omega^2 = k/m$。由式（12-12）和式（12-13）可得系统的总能量

$$E = E_{\mathrm{k}} + E_{\mathrm{p}} = \frac{1}{2}kA^2 \tag{12-14}$$

以上分析表明，弹簧振子系统的动能和弹性势能都随时间 t 作周期性变化，但其总能量不随时间改变，即其机械能不变，如图 12.8 所示。这是因为在简谐振动过程中，只有系统的保守内力作功，其他非保守内力和外力均不作功，所以系统的总能量必然守恒，也就是说，系统的动能与势能不断地相互转换，而总能量却保持恒定。

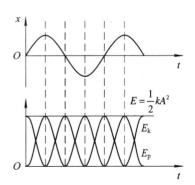

图 12.8　振动能量

式（12-14）还说明，弹簧振子的总能量和振幅的平

方成正比,这个结论对其他简谐振动也是适用的。振幅 A 由初始条件决定,实际上就是由起始时刻系统的总能量所决定,可以这样说,振幅反映了振动系统总能量的大小,或者说反映了振动的强度。

【例 12.3】 如图 12.9 所示,已知弹簧的劲度系数为 k,物体的质量为 m,滑轮的半径为 R,转动惯量为 J。开始时托住物体 m,使得系统保持静止,绳子刚好拉直而弹簧无形变,$t=0$ 时放开 m。设绳子与滑轮间无相对滑动。

(1) 证明放开后 m 作简谐振动。

(2) 求振动周期。

(3) 写出 m 的振动表达式。

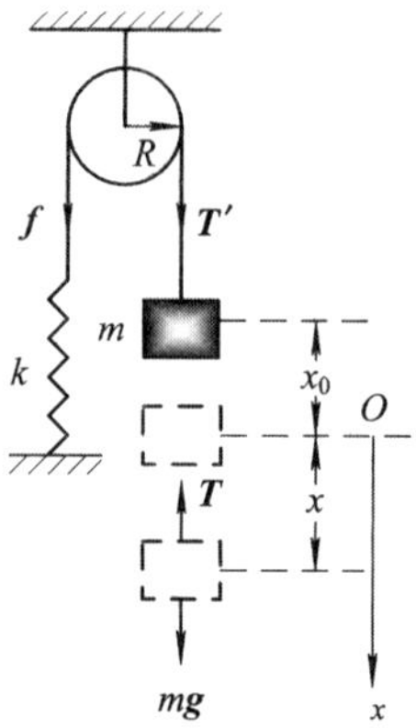

【解】 (1) 设当物体 m 在平衡位置(物体 m 所受合力为零的位置)时,弹簧形变量为 x_0,则

$$mg = kx_0 \qquad (12-15(a))$$

或

$$x_0 = \frac{mg}{k}$$

图 12.9　例 12.3 图

以平衡位置为坐标原点,竖直向下为 x 轴正方向建立坐标系。当物体离开平衡位置为 x 时,物体和滑轮的受力如图 12.9 所示。设此时物体 m 的加速度为 a,滑轮的角加速度为 α,根据牛顿第二定律有

$$mg - T = ma \qquad (12-15(b))$$

对滑轮,根据转动定律有

$$TR - fR = J\alpha \qquad (12-15(c))$$

由于绳子与滑轮间无相对滑动,由此

$$a = R\alpha \qquad (12-15(d))$$

此时弹簧的形变量为 $x+x_0$,所以

$$f = k(x + x_0) \qquad (12-15(e))$$

联立式(12-15(a))~式(12-15(e))可解得

$$a = -\frac{k}{m + J/R^2}x \qquad (12-16)$$

式(12-16)表明,物体的加速度与离开平衡位置的位移成正比而方向相反,因此物体作简谐振动。

(2) 比较式(12-16)和式(12-2)可知,物体振动的角频率

$$\omega = \sqrt{\frac{k}{m + J/R^2}} \qquad (12-17)$$

因此振动周期

$$T = \frac{2\pi}{\omega} = 2\pi\sqrt{\frac{m + J/R^2}{k}}$$

(3) 设物体的振动表达式为

$$x = A\cos(\omega t + \varphi)$$

根据初始条件可得

$$x\mid_{t=0} = A\cos\varphi = -x_0 = -\frac{mg}{k} \tag{12-18(a)}$$

$$v\mid_{t=0} = -A\omega\sin\varphi = 0 \tag{12-18(b)}$$

由式(12-18(a))和式(12-18(b))可得

$$A = \frac{mg}{k}, \quad \varphi = \pi$$

因此振动表达式为

$$x = \frac{mg}{k}\cos(\omega t + \pi)$$

其中，ω 由式(12-17)给出。

12.4 简谐振动的合成

12.4.1 两个同方向同频率简谐振动的合成

一般的振动合成问题比较复杂，我们先讨论两个同方向同频率简谐振动的合成。

若两个 x 方向的简谐振动，角频率都是 ω，振幅分别为 A_1 和 A_2，初相分别为 φ_1 和 φ_2，则它们的表达式分别为

$$x_1 = A_1\cos(\omega t + \varphi_1)$$
$$x_2 = A_2\cos(\omega t + \varphi_2)$$

在任意时刻合振动的位移为两个分振动位移的代数和，即

$$x = x_1 + x_2$$

用旋转矢量法可以直观简便地求出合成结果。如图 12.10 所示，两个分振动的旋转矢量分别为 $\boldsymbol{A}_1$ 和 $\boldsymbol{A}_2$，$t=0$ 时刻它们与 x 轴的夹角分别为 φ_1 和 φ_2，在 x 轴上的投影分别为 x_1 和 x_2，$\boldsymbol{A}_1$ 和 $\boldsymbol{A}_2$ 的合矢量为 $\boldsymbol{A}$，而 $\boldsymbol{A}$ 在 x 轴上的投影为 $x = x_1 + x_2$，可见 $\boldsymbol{A}$ 表示的是两个分振动的合振动对应的旋转矢量。又因为 $\boldsymbol{A}_1$ 和 $\boldsymbol{A}_2$ 以相同的角速度 ω 匀速旋转，所以在旋转过程中平行四边形的形状保持不变，因而合矢量 $\boldsymbol{A}$ 的长度保持不变，并以相同的角速度 ω 匀速旋转。因此，合振动是简谐振动，其表达式为

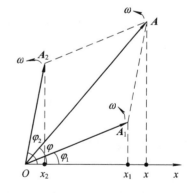

图 12.10 两个同方向同频率简谐振动的合成

$$x = A\cos(\omega t + \varphi)$$

参照图 12.10，可由余弦定理求得合振动的振幅为

$$A = \sqrt{A_1^2 + A_2^2 + 2A_1A_2\cos(\varphi_2 - \varphi_1)} \tag{12-19}$$

合振动的初相 φ 应满足

$$\tan\varphi = \frac{A_1 \sin\varphi_1 + A_2 \sin\varphi_2}{A_1 \cos\varphi_1 + A_2 \cos\varphi_2} \qquad (12-20)$$

由式(12-19)可以看到,合振幅不仅与两个分振动的振幅有关,而且与两者的初相差有关。下面讨论两个特例:

(1) 若两个振动同相位,即 $\varphi_2 - \varphi_1 = 2k\pi (k=0, \pm1, \pm2, \cdots)$,则

$$A = A_1 + A_2$$

此时合成结果相互加强,合振幅最大。

(2) 若两分振动相位相反,即 $\varphi_2 - \varphi_1 = (2k+1)\pi \ (k=0, \pm l, \pm2, \cdots)$,则

$$A = \mid A_1 - A_2 \mid$$

此时合成结果相互减弱,合振幅最小。特别地,如果 $A_1 = A_2$,则 $A=0$,就是说两个等幅而反相的简谐振动的合成将使质点处于静止状态。

12.4.2　两个同方向不同频率简谐振动的合成

如果两个简谐振动的振动方向相同而频率不同,那么它们的合振动虽然仍与原来的振动方向相同,但不再是简谐振动。

为了简化问题,设两简谐振动的振幅都是 A,初相都为零,它们的振动表达式可分别写成

$$x_1 = A \cos\omega_1 t = A \cos2\pi\nu_1 t$$
$$x_2 = A \cos\omega_2 t = A \cos2\pi\nu_2 t$$

运用三角函数的和差化积公式可得合振动的表达式为

$$x = x_1 + x_1 = 2A \cos2\pi \frac{\nu_2 - \nu_1}{2} t \cos2\pi \frac{\nu_2 + \nu_1}{2} t$$

上式不符合简谐振动的定义,所以合振动不再是简谐振动。但当两个分振动的频率都较大而其差很小,即 $\mid \nu_2 - \nu_1 \mid \ll \nu_2 + \nu_1$ 时,我们就把

$$\widetilde{A}(t) = 2A \left| \cos2\pi \frac{\nu_2 - \nu_1}{2} t \right| \qquad (12-21)$$

看成合振动的振幅,其大小随时间周期性缓慢变化且具有周期性,表现出振动忽强忽弱的现象。两个频率都较大、但频率之差很小的同方向简谐振动合成所产生的合振动振幅随时间周期性变化的现象称为拍,而将合振幅变化的频率称为拍频。由式(12-21)可知,拍频

$$\nu = \mid \nu_2 - \nu_1 \mid \qquad (12-22)$$

12.4.3　相互垂直的简谐振动的合成

当一个质点同时参与两个不同方向的振动时,它的合位移是两个分位移的矢量和。一般情况下质点将在平面上作曲线运动,其轨迹由两个分振动的频率、振幅和相位差决定。下面先讨论同频率相互垂直简谐振动的合成。

设两个简谐振动分别在 x 轴和 y 轴上进行,它们的振动表达式分别为

$$x = A_1 \cos(\omega t + \varphi_1) \qquad (12-23(a))$$
$$y = A_2 \cos(\omega t + \varphi_2) \qquad (12-23(b))$$

联立式(12-23(a))和(12-23(b))消去参量 t,即可得质点的轨迹方程为

$$\frac{x^2}{A_1^2} + \frac{y^2}{A_2^2} - \frac{2xy}{A_1 A_2}\cos(\varphi_2 - \varphi_1) = \sin^2(\varphi_2 - \varphi_1) \tag{12-24}$$

一般地，这个轨迹方程是椭圆方程，椭圆轨道不会超出以 $2A_1$ 和 $2A_2$ 为边的矩形范围，椭圆的具体形状（长短轴的方向与大小）由分振动的振幅及相位差决定。

下面简单讨论两个相互垂直但具有不同频率的简谐振动的合成。一般情况下，由于相位差不是定值，因此合振动的轨迹是不稳定的。若两个分振动的频率之比为有理数，即频率之比为简单的整数比，则合成运动具有稳定的、封闭的运动轨迹，这些轨迹称为李萨如图形。在工程技术领域常利用李萨如图形进行频率和相位的测定。

12.5　阻尼振动、受迫振动、共振

12.5.1　阻尼振动

简谐振动是一种无阻尼自由振动。在简谐振动过程中，系统的机械能是守恒的，因而振幅不随时间而变化，即物体只在弹性力或准弹性力的作用下，永不停止地以不变的振幅振动下去，所以简谐振动属于等幅振动。实际上，任何振动物体都要受到阻力的作用，这时的振动叫阻尼振动。由于系统能量的损失，阻尼振动的振幅会不断地减小，所以它是减幅振动。通常振动系统的能量损失的原因有两种：一种是摩擦阻力的作用，称为摩擦阻尼；另一种是振动能量向四周辐射出去，称为辐射阻尼。在下面的讨论中，我们仅考虑摩擦阻尼这一简单情况。

实验指出，当物体以不太大的速率在黏性介质中运动时，介质对物体的阻力与物体的运动速率成正比，方向与运动方向相反，即

$$f = -\gamma v = -\gamma \frac{\mathrm{d}x}{\mathrm{d}t}$$

式中，比例系数 γ 叫作阻力系数，它与物体的形状、大小及介质的性质有关。对弹簧振子，在弹性力及阻力的作用下，物体的运动方程为

$$m\frac{\mathrm{d}^2 x}{\mathrm{d}t^2} = -kx - \gamma\frac{\mathrm{d}x}{\mathrm{d}t}$$

令 $\omega_0 = \sqrt{\dfrac{k}{m}}$，$\beta = \dfrac{\gamma}{2m}$，这里 ω_0 为无阻尼时振子的固有角频率，β 称为阻尼因子，代入上式后可得

$$\frac{\mathrm{d}^2 x}{\mathrm{d}t^2} + 2\beta\frac{\mathrm{d}x}{\mathrm{d}t} + \omega_0^2 x = 0 \tag{12-25}$$

对于确定的系统，根据阻尼大小的不同，微分方程式（12-25）有不同形式的解，对应着不同的运动情况。

（1）在阻尼作用较小，即 $\beta < \omega_0$ 时，微分方程式（12-25）的解为

$$x = A_0 \mathrm{e}^{-\beta t}\cos(\omega t + \varphi_0) \tag{12-26}$$

其中：

$$\omega = \sqrt{\omega_0^2 - \beta^2} \tag{12-27}$$

式(12-26)为小阻尼时阻尼振动的位移表达式,式中 A_0 和 φ_0 是由初始条件决定的两个积分常数,振动曲线如图12.11中的曲线 a 所示。

从位移表达式可以看出,阻尼振动不是简谐振动,也不是严格的周期运动。在小阻尼的情况下,将式(12-26)中的 $A_0 \mathrm{e}^{-\beta t}$ 看作随时间变化的振幅,这样阻尼振动就可看作振幅按指数规律衰减的准周期振动。把振动物体相继两次通过极大(或极小)位置所经历的时间称为周期,那么阻尼振动的周期为

$$T = \frac{2\pi}{\omega} = \frac{2\pi}{\sqrt{\omega_0^2 - \beta^2}} \qquad (12-28)$$

这就是说,阻尼振动的周期比振动系统的固有周期要长,阻尼作用愈大,振幅衰减得愈快,振动愈慢。

(2) 当阻尼过大,即 $\beta > \omega_0$ 时,方程(12-25)的解为

$$x = C_1 \mathrm{e}^{-(\beta - \sqrt{\beta^2 - \omega_0^2})t} + C_2 \mathrm{e}^{-(\beta + \sqrt{\beta^2 - \omega_0^2})t}$$

其中,C_1 和 C_2 为积分常数。此时物体将缓慢地回到平衡位置,以后便不再运动,这种情况称为过阻尼,如图12.11中的曲线 b 所示。

(3) 当阻尼作用满足 $\beta = \omega_0$ 时,方程(12-25)的解为

$$x = (C_1 + C_2 t)\mathrm{e}^{-\beta t}$$

其中,C_1 和 C_2 为积分常数。此时对应的是小阻尼与过阻尼之间的临界情况。与过阻尼相比,物体从运动到静止在平衡位置所经历的时间最短,故称临界阻尼,如图12.11中的曲线 c 所示。

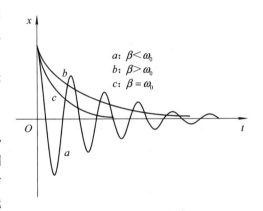

图12.11 阻尼振动

$a: \beta < \omega_0$
$b: \beta > \omega_0$
$c: \beta = \omega_0$

12.5.2 受迫振动和共振

如果对振动系统施加一个周期性的外力,所发生的振动称为受迫振动。这个周期性外力称为策动力。许多实际的振动属于受迫振动,如声波引起耳膜的振动、机器运转时引起基座的振动等。

假设策动力有简单形式 $F = F_0 \cos\omega t$,ω 为策动力的角频率。物体受迫振动的运动方程为

$$m \frac{\mathrm{d}^2 x}{\mathrm{d}t^2} = -kx - \gamma \frac{\mathrm{d}x}{\mathrm{d}t} + F_0 \cos\omega t$$

令 $\omega_0 = \sqrt{\dfrac{k}{m}}$,$\beta = \dfrac{\gamma}{2m}$,$f_0 = \dfrac{F_0}{m}$,则上式可写成

$$\frac{\mathrm{d}^2 x}{\mathrm{d}t^2} + 2\beta \frac{\mathrm{d}x}{\mathrm{d}t} + \omega_0^2 x = f_0 \cos\omega t \qquad (12-29)$$

在阻尼较小的情况下,上述微分方程的解为

$$x = A_0 \mathrm{e}^{-\beta t} \cos\left(\sqrt{\omega_0^2 - \beta^2}\, t + \varphi_0\right) + A \cos(\omega t + \varphi) \qquad (12-30)$$

此解表示,受迫振动是两个振动的合成。解的第一项表示一个减幅振动,它随时间 t

很快衰减；第二项则表示一个稳定的等幅振动。经过一段时间后，第一项衰减到可忽略不计，所以受迫振动稳定时的振动表达式为

$$x = A \cos(\omega t + \varphi) \tag{12-31}$$

将式(12-31)代入式(12-29)可求得

$$A = \frac{f_2}{\sqrt{(\omega_0^2 - \omega^2)^2 + 4\beta^2 \omega^2}} \tag{12-32}$$

$$\varphi = \arctan\left(-\frac{2\beta\omega}{\omega_0^2 - \omega^2}\right) \tag{12-33}$$

必须指出的是，受迫振动的角频率不是振子的固有角频率，而是策动力的角频率；A（稳态受迫振动的振幅）和 φ（稳态受迫振动与策动力的相位差）均与初始条件无关，而与策动力的振幅及频率有关。

由式(12-32)可知，稳态受迫振动的振幅随策动力的频率而改变，其变化情况如图 12.12 所示。当策动力的频率为某一特定值时，振幅达到极大值。由式(12-32)利用求极值的方法，可得振幅达到极大值时对应的角频率为

$$\omega_r = \sqrt{\omega_0^2 - 2\beta^2} \approx \omega_0 \tag{12-34}$$

振幅的最大值为

$$A_r = \frac{f_0}{2\beta \sqrt{\omega_0^2 - \beta^2}} \tag{12-35}$$

可见，在阻尼很小（$\beta \ll \omega_0$）的情况下，若策动力的频率近似等于振动系统的固有频率，位移振幅将达到最大值，这种现象称为位移共振。

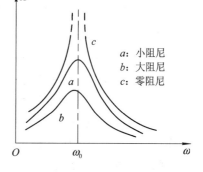

a：小阻尼
b：大阻尼
c：零阻尼

图 12.12　受迫振动的振幅与策动力频率之间的关系

共振有利有弊。有利的例子如利用共振来提高乐器的音响效果，利用核磁共振研究物质结构以及医疗诊断等；有弊的例子如机器在工作过程中由于共振会使某些零部件损坏，大桥会因共振而坍塌等。

12.6　电磁振荡

电磁振荡的物理原理是谐振器、电磁波以及许多电子技术的基础，对今后学习相关课程很有帮助。同时，它也是理解物理学中振荡偶极子这一理想模型的基础。

12.6.1　振荡电路和无阻尼自由电磁振荡

在电路中，电流和电荷以及与之相伴的电场和磁场的振动，就是电磁振荡。本节介绍最简单、最基本的无阻尼自由电磁振荡，它由 LC 电路（即电容 C 和自感 L 组成的电路）产生。如图 12.13 所示，先由电源对电容器充电，使两极板间的电势差 U_0 等于电源的电动势 ε，这时电容器两极板 A、B 上分别带有等量异号的电荷 $+Q_0$ 和 $-Q_0$，然后用转换开关 S 使电容器和自感线圈相连接。在电容器放电之前瞬间，电路中没有电流，电场的能量全部集中在电容器的两极板间（见图 12.14(a)）。

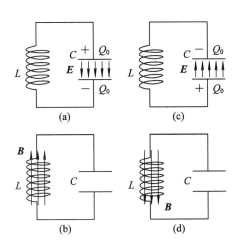

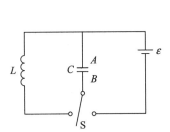

图 12.13　LC 电磁振荡电路　　　　　图 12.14　无阻尼自由电磁振荡

当电容器放电时，电流就在自感线圈中激起磁场，由电磁感应定律可知，在自感线圈中将激起感应电动势，以反抗电流的增大。因此在放电过程中，电路中的电流将逐渐增大到最大值，两极板上的电荷也相应地逐渐减少到零。在放电终了时，电容器两极板间的电场能量全部转换为线圈中的磁场能量(见图 12.14(b))。

在电容器放电完毕时，电路中的电流达到最大值。这是由于线圈的自感作用，对电容器作反向充电。结果使 B 板带正电，A 板带负电。随着电流的逐渐减弱到零，电容器两极板上的电荷也相应地逐渐增加到最大值。这时磁场能量又全部转换为电场能量(见图 12.14(c))。

然后，电容器又通过线圈放电，电路中的电流逐渐增大，不过这时电流的方向与图 12.14(b)中的相反，电场能量又转换成了磁场能量(见图 12.14(d))。

此后，电容器又被充电，恢复到原状态，完成了一个完全的振荡过程。

由上述可知，在只有电容 C 和自感 L 组成的 LC 电路中，电荷和电流都随时间作周期性变化，相应地电场能量和磁场能量也都随时间作周期性变化，而且不断地相互转换着。这种电荷和电流、电场和磁场随时间作周期性变化的现象叫作电磁振荡。如电路中没有任何能量消耗(转换为焦耳热、电磁辐射等)，那么这种变化过程将在电路中一直继续下去，这种电磁振荡叫作无阻尼自由电磁振荡，亦称 LC 电磁振荡。

12.6.2　无阻尼自由电磁振荡的振荡方程

下面来定量讨论 LC 电路中，电荷和电流随时间变化的规律。在图 12.13 中，设某一时刻电路中的电流为 i，根据欧姆定律，在无阻尼的情况下，任一瞬时的自感电动势为

$$-L\frac{\mathrm{d}i}{\mathrm{d}t} = U_A - U_B = \frac{q}{C}$$

由于 $i = \mathrm{d}q/\mathrm{d}t$，上式可写成

$$\frac{\mathrm{d}^2 q}{\mathrm{d}t^2} = -\frac{1}{LC}q \qquad\qquad (12-36)$$

令 $\omega^2 = 1/(LC)$，有

$$\frac{d^2 q}{dt^2} = -\omega^2 q$$

这正是 12.1 节介绍的简谐运动微分方程，其解为

$$q = Q_0 \cos(\omega t + \varphi) \tag{12-37}$$

式中，q 为任一时刻电容器极板上的电荷，Q_0 是其最大值，叫作电荷振幅，φ 是初相，Q_0 和 φ 的数值是由起始条件决定的，ω 是振荡的角频率，而频率和周期分别为

$$\nu = \frac{\omega}{2\pi} = \frac{1}{2\pi\sqrt{LC}}, \; T = 2\pi\sqrt{LC} \tag{12-38}$$

把 q 对时间求导数，可得电路中任意时刻的电流为

$$i = \frac{dq}{dt} = -\omega Q_0 \sin(\omega t + \varphi)$$

令 I_0 为电流的最大值，叫作电流振幅，则 $\omega Q_0 = I_0$，上式为

$$i = -I_0 \sin(\omega t + \varphi) = I_0 \cos\left(\omega t + \varphi + \frac{\pi}{2}\right) \tag{12-39}$$

由式(12-37)和式(12-39)可以看出，在 LC 电磁振荡电路中，电荷和电流都随时间作周期性变化，电流的相位比电荷的相位超前 $\pi/2$。当电容器的两板上所带的电荷最大时，电路中的电流为零；反之，电流最大时，电荷为零。图 12.15 表示电荷和电流随时间变化的情况。

由式(12-38)可以看出，LC 电路电磁振荡的频率 ν 是由振荡电路本身的性质，即由线圈的自感 L 和电容器的电容 C 所决定的。图 12.16 为一简单的半导体收音机调谐电路，改变电路中电容 C 或自感 L，就可得到所需的频率或周期。

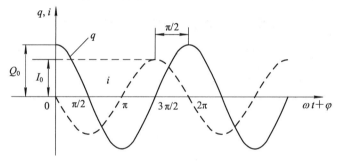

图 12.15 无阻尼自由振荡中的电荷和电流随时间的变化

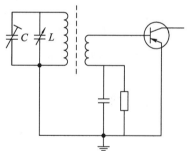

图 12.16 调谐电路

12.6.3 无阻尼自由电磁振荡的能量

下面定量讨论 LC 振荡电路中的电场能量、磁场能量和总能量。

设电容器的极板上带有电荷 q，则电容器中的电场能量为

$$E_e = \frac{q^2}{2C} = \frac{Q_0^2}{2C} \cos^2(\omega t + \varphi) \tag{12-40}$$

式(12-40)表明 LC 振荡电路中电场能量是随时间作周期性变化的。当自感线圈中通过电流 i 时，线圈中的磁场能量为

$$E_m = \frac{1}{2}Li^2 = \frac{1}{2}LI_0^2 \sin^2(\omega t + \varphi) = \frac{Q_0^2}{2C} \sin^2(\omega t + \varphi) \tag{12-41}$$

这表明 LC 振荡电路中的磁场能量也是随时间 t 作周期性变化的,于是 LC 振荡电路中的总能量为

$$E = E_e + E_m = \frac{1}{2}LI_0^2 = \frac{Q_0^2}{2C} \qquad (12-42)$$

可见,在无阻尼自由电磁振荡过程中,电场能量和磁场能量不断地相互转化,但在任何时刻其总和保持不变。在电场能量最大时,磁场能量为零;反之,在磁场能量最大时,电场能量为零。

应当指出的是,LC 振荡电路中的电磁场能量守恒是有条件的。首先,电路中的电阻必须为零,这样在电路中才会避免因电阻产生焦耳热而损耗电磁能;其次,电路中不存在任何电动势,即没有其他形式的能量与电路交换;最后,电磁能不能以电磁波的形式辐射出去。但实际上任何振荡电路都有电阻,电磁能量不断地转换为焦耳热,而且在振荡过程中,电磁能量不可避免地还会以电磁波的形式辐射出去。因此 LC 电磁振荡电路是一个理想化的振荡电路模型。

【例 12.4】 在 LC 电路中,已知 $L = 260~\mu\text{H}$, $C = 120~\text{pF}$,初始时两极板间的电势差 $U_0 = 1~\text{V}$,且电流为零。

(1)求振荡频率;

(2)求最大电流;

(3)求电容器两极板间电场能量随时间变化关系;

(4)求自感线圈中的磁场能量随时间变化关系;

(5)证明在任意时刻电场能量与磁场能量之和总是等于初始时的电场能量。

【解】 (1)振荡频率 $\nu = \dfrac{1}{2\pi \sqrt{LC}}$,将已知数据代入得 $\nu = 9.01 \times 10^5~\text{Hz}$。

(2)由 $t=0$ 时,$i_0 = 0$,$q_0 = CU_0$,可得

$$CU_0 = Q_0 \cos\varphi, \quad -\omega Q_0 \sin\varphi = 0$$

而电流的最大值

$$I_0 = \omega Q_0 = \omega C U_0 = \sqrt{\frac{C}{L}} U_0 = 0.679~\text{mA}$$

(3)电容器两极板间的电场能量为

$$E_e = \frac{1}{2}CU_0^2 \cos^2 \omega t = 0.60 \times 10^{-10} \times \cos^2 \omega t$$

(4)自感线圈中的磁场能量为

$$E_m = \frac{1}{2}LI_0^2 \sin^2 \omega t = 0.60 \times 10^{-10} \times \sin^2 \omega t$$

(5)由以上计算可知

$$E_e + E_m = 0.60 \times 10^{-10}~\text{J} = E_{e0} = \frac{1}{2}CU_0^2$$

所以在任一时刻电场能量与磁场能量之和等于初始电场能量。

本 章 小 结

1. 基本概念和数学表达式

简谐振动

$$x = A\cos(\omega t + \varphi)$$

简谐振动的旋转矢量表示如图 12.3 所示。

简谐振动的动力学特征

$$F = -kx$$

$$a = -\frac{k}{m}x = -\omega^2 x$$

$$\frac{d^2 x}{dt^2} + \omega^2 x = 0$$

单摆：由摆线和摆球组成绕固定轴转动的系统。

复摆：绕固定轴转动的刚体。

在简谐振动中，系统的动能与势能不断地相互转换，而总能量保持恒定。

阻尼振动：阻力作用下的振动，能量逐渐减少。

受迫振动：对振动系统施加一个周期性的外力所发生的振动。

共振：策动力的频率近似等于振动系统的固有频率，位移振幅将达到最大值。

2. 重要结论

两个同方向同频率简谐振动的合成：

$$A = \sqrt{A_1^2 + A_2^2 + 2A_1 A_2 \cos(\varphi_2 - \varphi_1)}, \quad \varphi = \arctan\frac{A_1 \sin\varphi_1 + A_2 \sin\varphi_2}{A_1 \cos\varphi_1 + A_2 \cos\varphi_2}$$

当 $\varphi_2 - \varphi_1 = 2k\pi$，$k = 0, \pm1, \pm2, \cdots$ 时，合振幅最大为 $A = A_1 + A_2$。

当 $\varphi_2 - \varphi_1 = (2k+1)\pi$，$k = 0, \pm1, \pm2, \cdots$ 时，合振幅最小为 $A = |A_1 - A_2|$。

两个同方向不同频率简谐振动的合成：

$$x = 2A\cos2\pi\frac{\nu_2 - \nu_1}{2}t \cos2\pi\frac{\nu_2 + \nu_1}{2}t$$

拍频为

$$\nu = |\nu_2 - \nu_1|$$

习 题

一、思考题

12-1　两个相同的弹簧挂着质量不同的物体，当它们以相同的振幅作简谐振动时，振动的能量是否相同？

12-2　两个同方向、同频率的简谐振动合成时，合振幅最大和最小的条件分别是什么？

12-3 弹簧振子作简谐振动时，如果振幅增为原来的两倍而频率减小为原来的一半，那么它的总能量怎样改变？

12-4 一系统先作无阻尼自由振动，然后作阻尼振动，它的周期将如何变化？

二、选择题

12-5 两个质点各自作简谐振动，它们的振幅相同、周期相同。第一个质点的振动方程为 $x_1 = A\cos(\omega t + \alpha)$。当第一个质点从相对于其平衡位置的正位移处回到平衡位置时，第二个质点正在最大正位移处，则第二个质点的振动方程为（   ）

A. $x_2 = A\cos\left(\omega t + \alpha + \dfrac{1}{2}\pi\right)$　　　　B. $x_2 = A\cos\left(\omega t + \alpha - \dfrac{1}{2}\pi\right)$

C. $x_2 = A\cos\left(\omega t + \alpha - \dfrac{3}{2}\pi\right)$　　　　D. $x_2 = A\cos(\omega t + \alpha + \pi)$

12-6 一质点沿 x 轴作简谐振动，振动方程为 $x = 4 \times 10^{-2} \cos\left(2\pi t + \dfrac{1}{3}\pi\right)$。从 $t = 0$ 时刻起，到质点位置 $x = -2$ cm 处，且向 x 轴正方向运动的最短时间间隔为（   ）。

A. $\dfrac{1}{8}$ s　　　　B. $\dfrac{1}{6}$ s　　　　C. $\dfrac{1}{4}$ s　　　　D. $\dfrac{1}{3}$ s

12-7 一质点作简谐振动，振动方程为 $x = A\cos(\omega t + \varphi)$，当时间 $t = T/4$（T 为周期）时，质点的速度为（   ）。

A. $A\omega\sin\varphi$　　　B. $-A\omega\cos\varphi$　　　C. $A\omega\cos\varphi$　　　D. $-A\omega\sin\varphi$

12-8 弹簧振子在光滑水平面上作简谐振动时，弹性力在半个周期内所作的功为（   ）。

A. kA^2　　　　B. $kA^2/2$　　　　C. $kA^2/4$　　　　D. 0

12-9 把单摆摆球从平衡位置向位移正方向拉开，使摆线与竖直方向成一微小角度 θ，然后由静止放手任其振动，从放手时开始计时，若用余弦函数表示其运动方程，则该单摆振动的初位相为（   ）。

A. θ　　　　B. π　　　　C. 0　　　　D. $\pi/2$

三、计算题

12-10 一简谐振动的运动方程为 $x = 0.02\cos\left(8\pi t + \dfrac{\pi}{4}\right)$，求角频率 ω、频率 ν、周期 T、振幅 A 和初相位 φ。

12-11 若简谐运动方程为 $x = 0.10\cos(20\pi t + 0.25\pi)$，求：

(1) 振幅、频率、角频率、周期和初相；

(2) $t = 2$ s 时的位移、速度和加速度。

12-12 一边长为 a 的正方形木块浮于静水中，其浸入水中部分的高度为 $a/2$，用手轻轻地把木块下压，使之浸入水中部分的高度为 a，然后放手，试证明：如不计水的黏滞阻力，木块将作简谐振动，并求其振动的周期和频率。

12-13 简谐振动的角频率为 10 s^{-1}，初始位移为 7.5 cm，速度为 0.75 m/s。分别求速度方向与初始位移一致和相反时的振动方程。

12-14 一质量为 $m=0.02\ \mathrm{kg}$ 的小球作简谐振动，速度的最大值 $v_{\max}=0.030\ \mathrm{m/s}$，振幅 $A=0.020\ \mathrm{m}$，当 $t=0$ 时，$v=0.030\ \mathrm{m/s}$，试求：

(1) 振动的周期。

(2) 简谐振动方程。

(3) $t=0.5\ \mathrm{s}$ 时物体受力的大小和方向。

12-15 图 12.17 所示为一简谐运动质点的速度与时间的关系曲线，且振幅为 2 cm，求：

(1) 振动周期；

(2) 加速度的最大值；

(3) 运动方程。

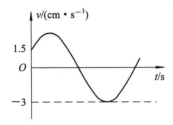

图 12.17 习题 12-15 图

12-16 一放置在水平桌面上的弹簧振子，振幅 $A=2\times10^{-2}\mathrm{m}$，周期 $T=0.50\ \mathrm{s}$。当 $t=0$ 时：

(1) 物体在正方向端点。

(2) 物体在平衡位置，向负方向运动。

(3) 物体在 $x=1.0\times10^{-2}\mathrm{m}$ 处，向负方向运动。

(4) 物体在 $x=-1.0\times10^{-2}\mathrm{m}$ 处，向正方向运动。

求以上各种情况下物体的运动方程。

12-17 简谐振动方程为 $x=0.02\cos\left(\dfrac{\pi}{2}t+\dfrac{\pi}{4}\right)$，求物体由 $-\dfrac{A}{2}$ 运动到 $\dfrac{A}{2}$ 所用的最少时间。

12-18 试证明：

(1) 在一个周期中，简谐运动的动能和势能对时间的平均值都等于 $\dfrac{kA^2}{4}$。

(2) 在一个周期中，简谐运动的动能和势能对位置的平均值分别等于 $\dfrac{kA^2}{3}$ 和 $\dfrac{kA^2}{6}$。

12-19 一物体同时参与两个在同一直线上的简谐振动，其表达式分别为

$$x_1 = 4\cos\left(2t+\frac{\pi}{6}\right)$$

$$x_2 = 3\cos\left(2t-\frac{5}{6}\pi\right)$$

试求合振动的振幅和初相位。

12-20 两个同方向简谐振动方程分别为

$$x_1 = 0.12\cos\left(\pi t+\frac{\pi}{3}\right),\ x_2 = 0.15\cos\left(\pi t+\frac{\pi}{6}\right)$$

求合振动的振动方程。

12-21 某振动质点的 x-t 曲线如图 12.18 所示,试求:

(1) 运动方程;

(2) 点 P 对应的相位;

(3) 到达点 P 相应位置所需时间。

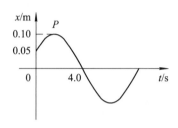

图 12.18 习题 12-21 图

12-22 已知两个同方向同频率的简谐运动方程分别为 $x_1 = 0.05 \cos(10t + 0.75\pi)$, $x_2 = 0.06 \cos(10t + 0.25\pi)$。

(1) 求合振动的振幅及初相;

(2) 若有另一同方向同频率的简谐运动 $x_3 = 0.075 \cos(10t + \varphi_3)$,则 φ_3 是多少时, $x_1 + x_3$ 振幅最大? 又 φ_3 为多少时 $x_1 + x_3$ 的振幅最小?

第*13*章　波　　动

在经典物理学范畴内，振动状态的传播过程称为波动，简称波，它是一种常见的物质运动形式。通常将波动分为两大类：一类是机械振动在介质中的传播，称为机械波，如绳子上的波、空气中的声波和水面波等；另一类是变化电场和变化磁场在空间的传播，称为电磁波，如无线电波、光波及 X 射线等。虽然各类波的本质不同，各有其特殊的性质和规律，但它们都具有波动的共同特征，如都具有一定的传播速度，都伴随着能量的传播，都能产生反射、折射和衍射等现象，而且有相似的数学表述形式。本章主要讨论机械波的一些概念和规律。

13.1　波动的基本概念

13.1.1　机械波的形成

机械振动在弹性介质(固体、液体或气体)内传播就形成了机械波。这是因为在弹性介质中各质点间是以弹性力相互作用着的，若介质中某一质点 A 因受外界扰动而离开其平衡位置，其邻近质点将对它施加弹性恢复力，使它回到平衡位置并在平衡位置附近作振动；与此同时，当 A 偏离其平衡位置时，A 邻近的质点也受到 A 所作用的弹性力，迫使邻近质点也在自己的平衡位置附近振动起来。这样介质中一个质点的振动会引起邻近质点的振动，以此类推，邻近质点的振动又会引起较远质点的振动，于是振动就由近及远地传播出去，形成波动。

由此可见，机械波的产生依赖两个条件：作为激发扰动的波源和能够传播这种机械振动的介质。波动有如下特征：

(1) 波动只是振动状态的传播，介质中各质点仅在各自的平衡位置附近振动。因为振动状态可以用振动的相位来描述，所以也可以说波动是相位的传播。

(2) 波动形成时，介质中各质点将依次振动，这是因为不同位置的两质点在振动的步调上存在一个时间差，即两质点的振动有相位差，离波源较远的点的振动相位要相对滞后。

(3) 振动传播过程中，质点的振动和介质的形变均以一定的速度向前传播，波动伴随着能量的传播。

13.1.2 波动的分类

1. 横波与纵波

按照质点振动方向和波的传播方向之间的关系,机械波可分为横波与纵波两种基本模式。若质点振动方向与波的传播方向相互垂直,这种波称为横波;若质点的振动方向与波的传播方向相互平行,这种波称为纵波。

2. 平面波与球面波

在波动过程中振动相位相同的点组成的面称为波阵面或波面。在某一时刻,最前面的波面称为波前。代表波的传播方向的直线叫作波线。在各向同性的介质中波线总是与波面垂直。

波面为球面的波动称为球面波,波面为平面的波动称为平面波,如图 13.1 所示。在各向同性的均匀介质中,点波源激起球面波。无论何种波源,在离波源较远处,其波面上的某一个局部总可以近似看成是一个平面,因此离波源较远的波一般都可近似认为是平面波。例如太阳发出的光波应该是球面波,但是当照射到地球上时,可以把它近似看作平面波。

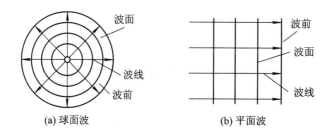

(a) 球面波　　　　　　(b) 平面波

图 13.1　平面波与球面波

3. 简谐波与非简谐波

若波源作简谐振动,则介质中各质点也作简谐振动,这时的波动称为简谐波。简谐波是最简单的波。若波源的振动不是简谐振动,则它产生的波为非简谐波。本章中主要讨论简谐波。非简谐波可看成简谐波的叠加。

13.1.3 描述波动的物理量

1. 波长

在同一波线上两个相邻的、相位差为 2π 的振动质点之间的距离称为波长,用 λ 表示。因为相位差为 2π 的两质点其振动步调完全一致,所以波长就是一个完整波形的长度,反映了波动这一运动形式在空间具备周期性特征。对于简谐横波,波长等于两相邻波峰之间或两相邻波谷之间的距离;对于简谐纵波,波长等于两相邻密部中心之间或两相邻疏部中心之间的距离。

2. 波的周期

波前进一个波长的距离所需的时间称为波的周期,用 T 表示。周期的倒数称为波的频率,用 ν 表示。当波源作一次完全振动时,波动就传播一个波长的距离,所以波的周期

(或频率)等于波源的振动周期(或频率)。一般来说,波的周期(或频率)由波源决定,而与介质性质无关。波在不同介质中传播时频率不变,而波长要改变。

3. 波速

单位时间内某一振动状态传播的距离称为波速,这一速度就是振动相位的传播速度,故也称为相速度,用 u 表示。波速的大小取决于介质的性质,在不同的介质中波速是不同的。波速是振动状态的传播速度,而不是介质中质点的振动速度,两者是截然不同的两个概念。

在一个周期内,波前进一个波长的距离,波速 u 和波长 λ 及周期 T(或频率 ν)的关系为

$$\lambda = uT = \frac{u}{\nu} \tag{13-1}$$

13.2 平面简谐波的波函数

13.2.1 波函数概述

1. 波函数的概念

机械波是弹性介质内大量质点参与的一种集体运动形式,这种运动形式可以用数学函数式来描述。以沿 x 轴方向传播的一维横波为例,若要描述它,就应该知道 x 处的质点在任意时刻 t 的位移 y,而位移 y 显然是空间坐标 x 和时间坐标 t 的函数,即

$$y = y(x, t)$$

这个描述波动的函数称为波函数,又叫波动表达式。

2. 平面简谐波的波函数

当简谐波传播时,介质中的各个质点都作简谐振动,若其波阵面是平面,就称为平面简谐波。在理想的无吸收的均匀无限大介质中,如果有一个平面上的质点都同相位地作同频率且同方向的简谐振动,这种振动就会沿垂直于平面的方向传播而形成空间的行波。因为同一波阵面上各点的振动状态相同,所以在研究平面简谐波传播规律时,只要讨论与波阵面垂直的任意一条波线上波的传播规律即可。

设平面简谐波沿 x 轴正方向传播,波速为 u。取任意一条波线为 x 轴,并取 O 作为坐标原点,如图 13.2 所示。已知原点处(即 $x=0$ 处)质点作简谐振动,其振动表达式为

$$y_0(t) = A \cos(\omega t + \varphi)$$

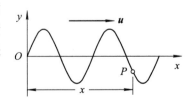

图 13.2 平面简谐波的波函数

式中,y_0 表示 O 点处质点离开其平衡位置的位移。现在考察波线上另一任意点 P 处质点的运动情况,P 点的横坐标为 x。若波在无吸收的均匀无限大介质中传播,则 P 点处的质点将以相同的振幅和频率重复 O 点处质点的振动,但时间要晚一点。振动从 O 点传播到 P 点所需时间 $\Delta t = x/u$,因而 O 点 $t-x/u$ 时刻的振动状态在 t 时刻传播到 P 点。这就是说,P 点处质点在 t 时刻离

开平衡位置的位移 $y(x, t)$，等于 O 点处质点在 $t-x/u$ 时刻离开平衡位置的位移，即有

$$y(x, t) = A \cos\left[\omega\left(t - \frac{x}{u}\right) + \varphi\right] \tag{13-2}$$

式(13-2)给出了波线上任一点 x 处质点的位移随时间的变化规律。这个二元函数就是沿 x 轴正方向传播的平面简谐波的波函数，通常也称为平面简谐波的波动表达式。

利用关系式 $\omega = 2\pi/T$ 和 $u = \lambda/T$，沿 x 轴正方向传播的简谐波的波函数还可以写成下列形式：

$$y(x, t) = A \cos\left[2\pi\left(\frac{t}{T} - \frac{x}{\lambda}\right) + \varphi\right] \tag{13-3}$$

如果简谐波是沿 x 轴负方向传播的，那么 P 点处质点的振动在步调上要超前于 O 点处质点的振动，所以只要将式(13-2)中的负号改为正号即可得到相应的波函数，即

$$y(x, t) = A \cos\left[\omega\left(t + \frac{x}{u}\right) + \varphi\right] \tag{13-4}$$

13.2.2　波函数的物理意义

平面简谐波的波函数是一个余弦函数，含有 x 和 t 两个自变量。从式(13-3)可以看出，波函数在时间上和空间上都具有周期性特征，即满足

$$y(x, t+T) = y(x, t) \tag{13-5(a)}$$
$$y(x+\lambda, t) = y(x, t) \tag{13-5(b)}$$

上面两式可作为平面简谐波的周期和波长的定义式。波的周期 T 和波长 λ 是表征波动的时间周期性和空间周期性的物理量。

如果要知道介质中某一定点 x_0 的振动情况，将定值 x_0 代入波函数式(13-2)，则 y 仅为时间 t 的函数，即得 x_0 点的简谐振动表达式。

若想观察在给定时刻介质中各质点的位移情况，则将给定时刻 $t = t_0$ 代入波函数，得到 y 只是 x 的周期函数，并可得此时($t = t_0$ 时刻)波线上各个不同质点的位移。将这个余弦函数用图表示出来就得到波形图。波形曲线的"周期"为 λ。一峰一谷为一个"完整波形"，其长度就是波长。如果 t 取不同值，则波函数给出不同时刻的波形图。图 13.3 中分别绘出了对应 t_0 时刻和 $t_0 + \Delta t$ 时刻的波形图，它反映了波动过程中波形的传播。

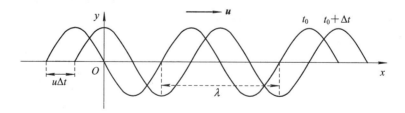

图 13.3　简谐波的波形

【例 13.1】　(1) 有一平面简谐波以波速 $u = 4$ m/s 沿 x 轴正方向传播，已知位于坐标原点处的质点的振动曲线如图 13.4(a)所示，求该平面简谐波函数。

(2) 有一平面简谐波以波速 $u = 4$ m/s 沿 x 轴正方向传播，已知 $t = 0$ 时的波形如图 13.4(b)所示，求该平面简谐波函数。

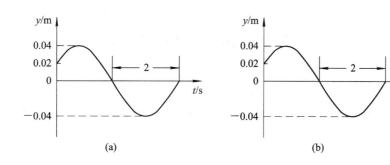

图 13.4　例 13.1 图

【解】　（1）根据图 13.4(a)可知，$A=0.04$，$T=4$，$\omega=2\pi/T=\pi/2$，可设位于坐标原点处的质点的振动表达式为

$$y_0 = 0.04 \cos\left(\frac{\pi}{2}t + \varphi\right)$$

从图 13.4(a)中还可得到 $y_0|_{t=0}=0.02$，$v_0|_{t=0}>0$，即

$$\cos\varphi = \frac{1}{2}, \ \sin\varphi < 0$$

由此可得

$$\varphi = -\frac{\pi}{3}$$

所以位于坐标原点处的质点的振动表达式为

$$y_0 = 0.04 \cos\left(\frac{\pi}{2}t - \frac{\pi}{3}\right)$$

该平面简谐波函数为

$$y = 0.04 \cos\left[\frac{\pi}{2}\left(t - \frac{x}{4}\right) - \frac{\pi}{3}\right]$$

（2）根据图 13.4(b)可知，$A=0.04$，$\lambda=4$，$\nu=u/\lambda=1$，即 $\omega=2\pi\nu=2\pi$，可设位于坐标原点处的质点的振动表达式为

$$y_0 = 0.04 \cos(2\pi t + \varphi)$$

从图 13.4(b)中还可得到 $y_0|_{t=0}=0.02$，$v_0|_{t=0}<0$，即

$$\cos\varphi = \frac{1}{2}, \ \sin\varphi > 0$$

由此可得

$$\varphi = \frac{\pi}{3}$$

所以位于坐标原点处的质点的振动表达式为

$$y_0 = 0.04 \cos\left(2\pi t + \frac{\pi}{3}\right)$$

该平面简谐波函数为

$$y_0 = 0.04 \cos\left[2\pi\left(t - \frac{x}{4}\right) + \frac{\pi}{3}\right]$$

波动传播时,介质中各质点都在各自的平衡位置附近振动,因而具有动能,同时介质要产生形变,所以还具有弹性势能。因此,在振动传播的同时伴随着机械能量的传播,这是波的重要特征之一。

13.3.1 波的能量分布

我们以如图 13.5 所示的简谐纵波在棒内传播为例来进行分析。设介质的密度为 ρ。当平面简谐波

$$y = A \cos\omega\left(t - \frac{x}{u}\right)$$

在介质中传播时,介质中坐标为 x,体积为 dV 的介质元的振动速度为

$$v = \frac{\partial y}{\partial t} = -\omega A \sin\omega\left(t - \frac{x}{u}\right)$$

则介质元的振动功能为

$$dE_k = \frac{1}{2}dmv^2 = \frac{1}{2}\rho A^2\omega^2 \sin^2\omega\left(t - \frac{x}{u}\right)dV \tag{13-6}$$

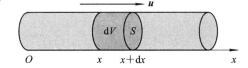

图 13.5 波的能量

可以证明,介质元 dV 的弹性势能

$$dE_p = \frac{1}{2}\rho A^2\omega^2 \sin^2\omega\left(t - \frac{x}{u}\right)dV \tag{13-7}$$

介质元的总机械能为其振动动能与弹性势能之和,即

$$dE = dE_k + dE_p = \rho A^2\omega^2 \sin^2\omega\left(t - \frac{x}{u}\right)dV \tag{13-8}$$

从以上结果可知,波动传播过程中,介质内任何位置介质元的动能、弹性势能和总机械能均随时间 t 作周期性变化,三者变化是同相的,某时刻它们同时达到最大值,另一时刻又同时达到最小值。

简谐振动系统的机械能是守恒的,因为振动系统为孤立的保守系统。波动中的介质元属于开放系统,与相邻的介质元有能量交换,因此它的机械能不守恒。对于某一介质元来说,它不断地从后面的介质获得能量,又不断地把能量传递给前面的介质,这样能量就随着波动向前传播,所以说波动是能量传递的一种方式。

式(13-8)指出,波动中不同位置的质元具有不同的能量。为了描述波动中的能量分布,引入了能量密度的概念,把单位体积介质中波的能量称为波的能量密度,用 w 表示。由式(13-8)可得

$$w = \frac{dE}{dV} = \rho A^2\omega^2 \sin^2\omega\left(t - \frac{x}{u}\right) \tag{13-9}$$

可见,波在空间任一点处的能量密度也是随时间变化的,通常取其在一个周期内的平

均值称为平均能量密度，记做 $\overline{w}$，则

$$\overline{w} = \frac{1}{T}\int_0^T w\,\mathrm{d}t = \frac{1}{T}\int_0^T \rho A^2 \omega^2 \sin^2 \omega\left(t - \frac{x}{u}\right)\mathrm{d}t = \frac{1}{2}\rho A^2 \omega^2 \qquad (13-10)$$

即对于确定的弹性介质，平均能量密度与波的振幅的二次方成正比。这个结论具有普遍意义，它不但对简谐弹性纵波成立，对于其他弹性波也同样适用。

13.3.2　平均能流和能流密度

为了反映波动中能量传播的特点，进一步引入了平均能流的概念。单位时间内垂直通过某一面积的平均能量称为平均能流，用 $\overline{P}$ 表示。如图 13.6 所示，在介质中作一垂直于波传播方向的面积 S，则在 $\mathrm{d}t$ 时间内，通过面积 S 的平均能量就等于体积 $Su\,\mathrm{d}t$ 中的能量。因此单位时间内通过面积 S 的平均能量（即平均能流）为

$$\overline{P} = \overline{w}uS = \frac{1}{2}\rho A^2 \omega^2 uS \qquad (13-11)$$

平均能流的单位为瓦特（W）。波的能流也称为波的功率。

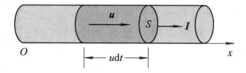

图 13.6　平均能流与能流密度

单位时间内垂直通过单位面积的平均能量，称为能流密度或波的强度，用 I 表示，即

$$\overline{I} = \frac{\overline{P}}{S} = \frac{1}{2}\rho A^2 \omega^2 u \qquad (13-12(a))$$

能流密度的单位是 $\mathrm{W\cdot m^{-2}}$，也可以将能流密度表示为矢量，它的方向代表能量的传播方向，即波速方向。因此能流密度的矢量式可写成

$$\boldsymbol{I} = \overline{w}\boldsymbol{u} = \frac{1}{2}\rho A^2 \omega^2 \boldsymbol{u} \qquad (13-12(b))$$

13.4　波的叠加、干涉和驻波

前面讨论的是一列波在介质中的传播情况，如有几列波同时在同一介质中传播或相遇，它们间遵守什么规律，会产生什么现象呢？

13.4.1　波的叠加原理

当几列波在介质中传播时，无论是否相遇，每列波都保持自己原有的振动特性（如频率、波长、振动方向等），并按自己原来的传播方向继续前进，不受其他波的影响，这叫波传播的独立性原理。

当几列波在介质中某点相遇时，相遇处质点的振动将是各列波所引起的分振动的合成，或者说，相遇处质点振动的位移是各列波单独存在时在该点引起的位移的矢量和，这

叫波的叠加原理。

这一原理可从许多现象中观察到。例如乐队演奏，其中不同的乐器产生不同频率的声波同时传到人的耳膜，引起耳膜的振动，尽管乐器种类很多，人们还是可以辨别出各种乐器的声音。再如，用两根杆的端部打击水面，形成两列水面波，它们在相遇处叠加形成较强烈的起伏，然后两者继续按自己原来的方向传播，好像没有相遇一样。

13.4.2　波的干涉

几列振幅、频率、相位等均不同的波，在空间某一点合成时的情况较为复杂。现在我们考察一种简单而又重要的情况，即两列频率相同、振动方向相同、相位相同或相位差恒定的波在空间传播。满足这些条件的两列波在空间某点相遇时，该点的两个分振动也有恒定的相位差，但是对于空间不同的点，这一相位差不同，因此其合振幅也将逐点不同。

在两列波相遇的区域，有一些点其合成振动始终加强，有一些点其合成振动始终减弱，这种现象叫作波的干涉现象。满足上述条件的两列波称为相干波，其波源称为相干波源。下面我们讨论干涉现象的加强和减弱的条件。

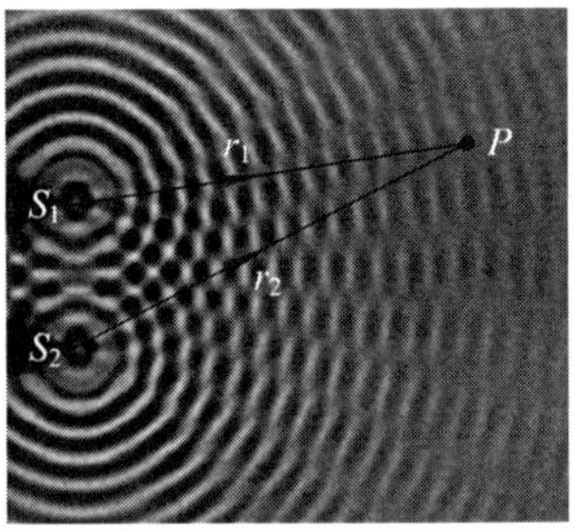

如图 13.7 所示，设有两个振动方向均垂直于纸面的相干波源 S_1 和 S_2，振动方程分别为

$$y_{S_1} = A_1 \cos(\omega t + \varphi_1)$$
$$y_{S_2} = A_2 \cos(\omega t + \varphi_2)$$

图 13.7　波的干涉

式中，ω 为两波源的角频率，A_1 和 A_2 为波源的振幅，φ_1 和 φ_2 分别为两波源的初相。如果这两个波源发出的波在同一介质中传播，它们的波长均为 λ，不考虑介质的能量吸收，设两列相干波分别经过 r_1 和 r_2 的距离后在 P 点相遇，则它们在 P 点的振动表达式分别为

$$y_1 = A_1 \cos\left(\omega t + \varphi_1 - \frac{2\pi r_1}{\lambda}\right)$$
$$y_2 = A_2 \cos\left(\omega t + \varphi_2 - \frac{2\pi r_2}{\lambda}\right)$$

P 点的合成振动为

$$y = y_1 + y_2 = A \cos(\omega t + \varphi) \qquad (13-13)$$

式中，A 为合振动的振幅，φ 为合振动的初相。联系前面学过的同方向同频率振动的合成式(12-19)，合振动的振幅 A 为可表示为

$$A = \sqrt{A_1^2 + A_2^2 + 2A_1 A_2 \cos\Delta\varphi} \qquad (13-14)$$

式中

$$\Delta\varphi = \varphi_2 - \varphi_1 - \frac{2\pi}{\lambda}(r_2 - r_1) \qquad (13-15)$$

为两个相干波在 P 点所引起的两个振动的相位差。

对空间不同的点，若 $\Delta\varphi$ 不同，则合成的结果就不同。当相位差 $\Delta\varphi$ 满足下述条件

$$\Delta\varphi = \varphi_2 - \varphi_1 - \frac{2\pi}{\lambda}(r_2 - r_1) = \pm 2k\pi \quad (k = 1, 2, \cdots) \qquad (13-16)$$

时，合振动加强，合振幅最大，这时 $A = A_1 + A_2$。当 $\Delta\varphi$ 满足

$$\Delta\varphi = \varphi_2 - \varphi_1 - \frac{2\pi}{\lambda}(r_2 - r_1) = \pm(2k+1)\pi \quad (k = 1, 2, \cdots) \tag{13-17}$$

时，合振动减弱，合振幅最小，这时 $A = |A_1 - A_2|$。

如果 $\varphi_1 = \varphi_2$，即对于初相相同的相干波源，则上述条件可简化为

$$\delta = r_2 - r_1 = \begin{cases} \pm k\lambda, & A = A_1 + A_2 \\ \pm\left(k + \dfrac{1}{2}\right)\lambda, & A = |A_1 - A_2| \end{cases} \quad (k = 1, 2, \cdots) \tag{13-18}$$

13.4.3　驻波

两列振幅相同的相干波相向传播时叠加而成的波称为驻波。驻波是波干涉的一种特殊情况，在声学和光学中有着重要的应用。在有限大小介质内向前传播的波，垂直入射到两种介质的分界面时，会发生反射，反射回来的波和原来向前传播的入射波合成的结果，就会形成驻波。

1. 驻波的形成

如图 13.8(a)所示，设有两列振幅相同的相干简谐波，一列向右传播，另一列向左传播。设在 $t = 0$ 时，两波波形相互重叠，合成的波中各点的合位移最大。经过 1/8 周期后，即 $t = T/8$ 时，两波分别向右和向左移动 1/8 波长的距离，这时各点的合振动位移如图 13.8(b)所示。再经 1/8 周期后，即 $t = T/4$ 时，两波合成抵消，如图 13.8(c)所示。接着出现图 13.8(d)、(e)的合成波形，图 13.8(e)中各点合位移又最大，但位移方向和 $t = 0$ 时情况相反，以后依此类推。

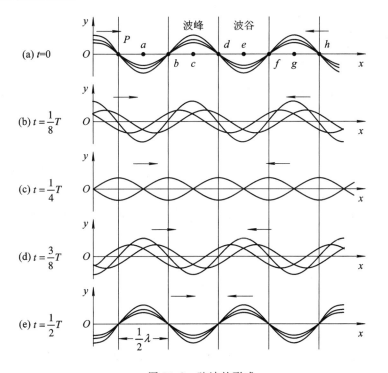

图 13.8　驻波的形成

由图 13.8 可见，上述两波叠加后，波线上某些点始终静止不动，如 b、d、f、h 等，另一些点振幅取最大值，它等于每列波振幅的两倍，如 a、c、e、g 等；其他各点的振幅则在零与最大值之间。始终静止不动的点叫波节，振幅最大的点叫波腹。

驻波可用实验演示。如图 13.9 所示，左边固定一个音叉，音叉末端系一水平的细绳 AB，B 点可以左右移动以变更 AB 间的距离。细绳经滑轮 P 后，末端悬一重物 m，使绳中产生一定的张力。音叉振动时，绳中产生波动向右传播，到达 B 点时，在 B 点反射，产生反射波向左传播。这样入射波和反射波在同一绳子上沿相反方向进行。当 AB 间的距离和重物 m 的重量大小配置得适当时，在绳中就会产生驻波。

图 13.9　驻波实验

2. 驻波的波函数

下面对弦线上形成的驻波作定量分析。选择向 x 轴正向和负向传播的简谐波波形重叠时为计时起点 $(t=0)$，并以此时两列波的波峰为原点 $O(x=0)$，则这两列波的波函数分别为

$$y_1 = A_0 \cos 2\pi \left(\frac{t}{T} - \frac{x}{\lambda} \right)$$

$$y_2 = A_0 \cos 2\pi \left(\frac{t}{T} + \frac{x}{\lambda} \right)$$

两波叠加后，介质中各点的合位移：

$$y = y_1 + y_2 = 2A_0 \cos \frac{2\pi x}{\lambda} \cos \frac{2\pi t}{T} \qquad (13-19)$$

这就是合成后所得的驻波的波函数。它表明，在某一给定的坐标 x 处的质点，作振幅为

$$A = \left| 2A_0 \cos \frac{2\pi x}{\lambda} \right| \qquad (13-20)$$

频率为 ν 的简谐振动。各质点的振动振幅与它们所在的位置 x 有关，而与时间 t 无关；因子 $\cos 2\pi\nu t$ 与质点的位置无关，只与时间 t 有关，即各质点均作同频率但不同振幅的简谐振动，这一频率就是原来的波的频率。

从驻波的波函数式(13-19)可以看出，波函数中 x 和 t 分别出现在两个因子中，这样的波函数不满足

$$y(x, t) = y(x + u\Delta t, t + \Delta t)$$

因而波形不传播。我们把这样一个"驻扎在弦上的波"形象地称为驻波。

由式(13-20)可知，当 x 满足

$$x_k = \pm k \frac{\lambda}{2} \quad (k = 0, 1, 2, \cdots) \qquad (13-21(a))$$

时振幅有极大值 $2A_0$，满足式(13-21(a))的点为波腹的位置。当 x 满足

$$x_k = \pm (2k+1) \frac{\lambda}{4} \quad (k = 0, 1, 2, \cdots) \qquad (13-21(b))$$

时振幅为零，这些点是波节的位置。由式(13－21(a))和式(13－21(b))可知相邻两波节或波腹间的距离

$$\Delta x = x_{k+1} - x_k = \frac{\lambda}{2} \tag{13-21(c)}$$

由式(13－19)还可以看出，当 x 点使得 $\cos(2\pi x/\lambda)>0$ 时，此点振动相位为 $2\pi\nu t$，此时对应 $x'=x+\lambda/2$ 的另一点，必有 $\cos(2\pi x/\lambda)<0$，该点与 x 点反相。因此，若把相邻两个波节之间的各点称为一段，则同一段上各点的振动同相，而相邻两段中各点的振动反相。

3. 半波损失

在如图 13.9 所示的驻波实验中，反射点 B 处的细绳是固定不动的，所以形成波节。这说明入射波与反射波在此处的相位正好时时相反，即反射波在 B 点的相位较之入射波跃变了 π，相当于波在反射时突然损失(或增加)了半个波长的波程。这种现象称为半波损失。若波在自由端反射，则在反射点会形成波腹，即无半波损失。

一般情况下，波在两种介质的分界处反射时，反射波是否存在半波损失，与波的种类、两种介质的性质、入射角等因素有关。对机械波而言，当入射波垂直入射时，它由介质的密度 ρ 和波速 u 所决定。ρu 较大的介质称为波密介质，ρu 较小的介质称为波疏介质。当波从波疏介质垂直入射到波密介质，而在分界面处反射时，反射波有相位 π 的突变，即有半波损失，分界面处形成驻波的波节；反之，当波从波密介质垂直入射到波疏介质时，无半波损失，分界面处形成驻波的波腹。

【**例 13.2**】　如图 13.10 所示，两个相干波源 S_1 和 S_2 相距 $L=9$ m，S_2 的相位比 S_1 超前 $\pi/2$，波源 S_1 和 S_2 发出的两简谐波的波长 $\lambda=4$ m，在 S_1 和 S_2 连线上的各点(包括 S_1 左侧、S_2 右侧以及 S_1 和 S_2 之间各点)，哪些点两简谐波的振动相互加强？哪些点两简谐波的振动相互减弱？

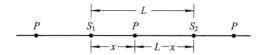

图 13.10　例 13.2 图

【**解**】　S_1 和 S_2 发出的两列波在任意相遇点 P 的相位差：

$$\Delta\varphi = \varphi_2 - \varphi_1 - \frac{2\pi}{\lambda}(r_2 - r_1) = \frac{\pi}{2} - \frac{\pi}{2}(r_2 - r_1)$$

式中，r_1 和 r_2 分别为 S_1 和 S_2 到 P 点的距离。

(1) 若 P 点在包括 S_1 的左侧，则 $r_2 - r_1 = 9$ m，因此

$$\Delta\varphi = -4\pi$$

即 S_1 左侧各点，两简谐波的振动均相互加强。

(2) 若 P 点在包括 S_2 的右侧，则 $r_2 - r_1 = -9$ m，因此

$$\Delta\varphi = 5\pi$$

即 S_2 右侧各点，两简谐波的振动均相互减弱。

(3) 若 P 点在 S_1 和 S_2 之间，设 P 点离 S_1 为 x，则 $r_2 - r_1 = L - 2x = 9 - 2x$，因此

$$\Delta\varphi = \frac{\pi}{2} - \frac{(9-2x)\pi}{2} = -4\pi + \pi x$$

当 $\Delta\varphi = \pm 2k\pi$，即

$$x = \pm 2k + 4 \quad (k = 0, 1, 2)$$

时在 P 点两简谐波的振动均相互加强；当 $\Delta\varphi = \pm(2k+1)\pi$，即

$$x = \pm 2k + 5 \quad (k = 0, 1, 2)$$

时在 P 点两简谐波的振动均相互减弱。

13.5　惠更斯原理和波的衍射

13.5.1　惠更斯原理

波在各向同性的均匀介质中以直线传播时，有一个很有趣的现象：当波在传播过程中遇到障碍物时，会绕过障碍物继续传播。图 13.11 表示一列平面水波在通过一狭缝时绕过了两侧的障碍，继续向前沿各个方向传播。波绕过障碍物继续传播的现象称为衍射。

如何解释波的衍射现象呢？荷兰物理学家惠更斯(C. Huygens)于 1690 年提出了以他的名字命名的惠更斯原理后，这个问题才得到初步的解释。惠更斯原理可表述为：某一时刻，同一波面上的各点，都可以看作发射子波的波源，在其后的任一时刻，这些子波源发出的子波波面的包迹(包络面)就是该时刻的新波面。

设在各向同性均匀介质中有一个点波源 O，波在此介质中的传播速度为 u，如图 13.12 (a)所示。已知时刻 t 的波面是半径为 $R_1 = ut$ 的球面 S_1。惠更斯认为：S_1 上的各点都可以看作发射子波的点波源，子波的波面是以 S_1 上各点为中心，以 $r = u\Delta t$ 为半径的球面，再作公切于这些子波波面的包络面，就得到 $t + \Delta t$ 时刻的新的波面 S_2。显然，波面 S_2 是以 O 为中心，以 $R_2 = u(t + \Delta t)$ 为半径的球面，它仍以球面波的形式向前传播。

图 13.11　水波的衍射现象

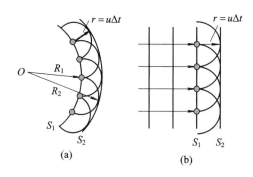

图 13.12　惠更斯原理

如果波面在 t 时刻为平面 S_1，如图 13.12(b)所示。同样平面 S_1 的各点可以看作发射子波的波源，在下一个时刻 $t + \Delta t$，这些子波波面的包络面就是新的波面 S_2，显然 S_2 仍为平面，只是向前移动了一段距离 $r = u\Delta t$，仍然以平面波的形式向前传播。

13.5.2　用惠更斯原理解释波的衍射现象

下面用惠更斯原理来解释波的衍射现象。如图 13.13 所示，在水中用一块挡板把水分为

两个区域,挡板上开有一个口子。当水波传播到挡板位置时,根据惠更斯原理,开口处的各点可以作为新的子波源,由这些子波源发出球面子波,继续向前面各个方向传播。这些子波的包迹即为下一个时刻的新波面。显然,新波面的形状以及波的传播方向都发生了很大的变化,这就是衍射现象。

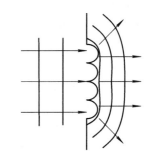

惠更斯原理适用于任何形式的波动,无论是机械波还是电磁波,无论波是在均匀介质或非均匀介质中传播,只要知道某一时刻的波前,就可以根据这一原理用几何作图法确定下一时刻的波前。

图 13.13　用惠更斯原理解释波的衍射

与干涉一样,衍射现象也是波动的一个重要特征。但是,衍射现象显著与否与障碍物的大小有关,当波长远大于障碍物的线度时,衍射现象很不明显,仅当障碍物的线度与波长差不多时,才会出现明显的衍射现象。

13.6　多普勒效应

迄今为止,我们所讨论的都是波源与观察者相对于介质静止的情况,所以观察者接收到的频率与波源发出的频率是相同的。如果波源、观察者或两者都相对于介质运动,那么观察者接收到的频率与波源发出的频率就不相同了,这种现象叫作多普勒效应。在日常生活中可以发现,当高速行驶的火车鸣笛而来时,人们听到的汽笛音调变高,即频率变大;反之,当火车鸣笛离去时,人们听到的音调变低,即频率变小。这就是声波的多普勒效应。

首先要把波源的频率、观察者接收到的频率和波的频率分清楚:波源的频率 ν 是波源在单位时间内振动的次数,或在单位时间内发出完整波的数目;观察者接收到的频率 ν' 是观察者在单位时间内接收到的振动次数或完整波数;波的频率 ν_b 则是介质内质点在单位时间内振动的次数,或单位时间内通过介质中某点的完整波数,并且 $\nu_b = u/\lambda_b$,其中 u 为介质中的波速,λ_b 为介质中的波长。这三个频率可能互不相同,下面分几种情况进行讨论。为简单起见,只讨论波源和观察者沿着它们的连线相对于介质运动的情况。

(1)波源不动,观察者相对于介质以速度 v_0 运动。

若观察者在 P 点向着波源(S 点)运动。如图 13.14 所示,先假定观察者不动,波以速度 u 向着 P' 传播,dt 时间内波传播距离为 $u\,dt$,观察者接收到的完整波数即为分布在距离 $u\,dt$ 中的波数。现在观察者是以 v_0 迎着波的传播方向运动的,dt 时间内移动的距离是 $v_0\,dt$,因而分布在距离 $v_0\,dt$ 中的波也应被观察者接收到。总体来看,在 $(v_0+u)\,dt$ 距离内的波都被观察者接收到了,所以观察者接收到的频率为

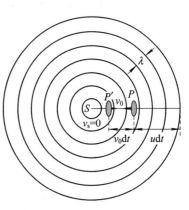

$$\nu' = \frac{v_0 + u}{\lambda_b}$$

图 13.14　水波的衍射现象

式中，λ_b 为介质中的波长，且 $\lambda_b = u/v_b$。由于波源是在介质中静止的，所以波的频率 v_b 等于波源的频率 v。这样，上式可写为

$$v' = \frac{v_0 + u}{u} v \tag{13-22}$$

这表明当观察者向着静止波源运动时，观察者接收到的频率为波源频率的 $(1 + v_0/u)$ 倍，即 v' 高于 v。

当观察者远离波源运动时，通过类似的分析，不难求得观察者接收到的频率为

$$v' = \frac{v_0 - u}{u} v \tag{13-23}$$

即此时接收到的频率低于波源的频率。

（2）观察者不动，波源相对介质以速度 v_s 运动。

当波源运动时，介质中的波长将发生变化。图 13.15 是波源在水中向右运动时所激起的水面波照片，它显示出沿着波源运动的方向，波长变短了，而背离运动的方向，波长变长了。众所周知，波长是介质中相位差为 2π 的两个振动状态之间的距离，而由于波源是运动的，因此它所发出的这两个相位差为 2π 的振动状态就是在不同的地点发出的。如图 13.16 所示，假设波源以速度 v_s 向着观察者运动，则当波源从 S 发出的某振动状态经过一个周期 T 的时间传到位置 A 时，波源已经运动到了 $S'(SS' = v_s T)$，此时才发出与该振动状态相位差为 2π 的下一个振动状态，可见 S' 与 A 之间的距离即为此情况下介质中的波长 λ_b。若波源静止时的波长为 $\lambda(= uT)$，则从图 13.16 可见，此时介质中的波长为

$$\lambda_b = \lambda - v_s T = (u - v_s)T = \frac{u - v_s}{v}$$

图 13.15　波源运动时的多普勒效应

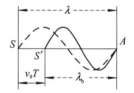

图 13.16　波源运动的前方波长变短

或者说，现在波的频率为

$$v_b = \frac{u}{\lambda_b} = \frac{u}{u - v_s} v$$

由于观察者静止，所以他接收到的频率就是波的频率，即 $v' = v_b$，因此，观察者接收到的频率为

$$v' = \frac{u}{u - v_s} v \tag{13-24}$$

这表明，当波源向着静止的观察者运动时，观察者接收到的频率高于波源的频率。

如果波源远离观察者运动，通过类似的分析，可求得观察者接收到的频率为

$$\nu' = \frac{u}{u + v_s}\nu \qquad (13-25)$$

此时接收到的频率低于波源的频率。

（3）波源与观察者同时相对介质运动。

综合以上两种情况，可得当波源与观察者同时相对于介质运动时，观察者所接收到的频率为

$$\nu' = \frac{u \pm v_0}{u \mp v_s}\nu \qquad (13-26)$$

式中，观察者向着波源运动时，v_0 前取正号，远离时取负号；波源向着观察者运动时，v_s 前取负号，远离时取正号。

综上可知，不论是波源运动，还是观察者运动，或者两者同时运动，定性地说，只要两者互相接近，接收到的频率就高于原来波源的频率，两者互相远离，接收到的频率就低于原来波源的频率。

需要指出的是，即使波源与观察者并非沿着它们的连线运动，以上所得各式仍然适用，只是其中 v_s 和 v_0 为运动速度沿连线方向的分量，而垂直于连线方向的分量是不产生多普勒效应的。

不仅机械波有多普勒效应，电磁波也有多普勒效应。由于电磁波传播的速度为光速，所以要运用相对论来处理这个问题，且观察者接收频率的公式将与式（13-26）有所不同。然而波源与观察者互相接近时频率变大，互相远离时频率变小的结论，仍然是相同的。

多普勒效应有着很多实际的应用，可参阅有关书籍。

【例 13.3】 利用多普勒效应监测车速，固定波源发出频率为 $\nu = 100\ \text{kHz}$ 的超声波，当汽车向波源行驶时，与波源安装在一起的接收器接收到从汽车反射回来的波的频率为 $110\ \text{kHz}$。已知空气中的声速为 $330\ \text{m/s}$，求汽车的行驶速度。

第一步：波向着汽车传播并被汽车接收，此时波源是静止的。汽车作为观察者迎着波源运动。设汽车的行驶速度为 v_0，则接收到的频率为

$$\nu' = \frac{v_0 + u}{u}\nu$$

第二步：波从汽车表面反射回来，此时汽车作为波源向着接收器运动，汽车发出的波的频率即是它接收到的频率 ν'，而接收器此时是观察者，它接收到的频率为

$$\nu'' = \frac{u}{u - v_0}\nu' = \frac{u + v_0}{u - v_0}\nu$$

由此解得汽车行驶的速度为

$$v_0 = \frac{\nu'' - \nu}{\nu'' + \nu}u = 56.8\ \text{km/h}$$

【例 13.4】 利用多普勒效应测飞行的高度。飞机在上空以速度 $v_s = 200\ \text{m} \cdot \text{s}^{-1}$ 沿水平直线飞行，发出频率为 $\nu_0 = 2000\ \text{Hz}$ 的声波。当飞机越过静止于地面的观察者上空时，观察者在 4 s 内测出的频率由 $\nu_1 = 2400\ \text{Hz}$ 降为 $\nu_2 = 1600\ \text{Hz}$。已知声波在空气中的速度为 $u = 330\ \text{m} \cdot \text{s}^{-1}$。试求飞机的飞行高度 h。

【解】 如图 13.17 所示，飞机在 4 s 内经过的距离 AB 为

$$AB = v_s t = h(\cot\alpha + \cot\beta) \qquad (1)$$

声源沿 AC、BC 方向的速度分别为

$$v_{AC} = v_s \cos\alpha$$

$$v_{BC} = v_s \cos\beta$$

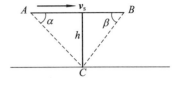

图 13.17 例 13.4 图

由式(13 - 24)和式(13 - 25)可得

$$\nu_1 = \frac{u}{u - v_{AC}}\nu_0 = \frac{u}{u - v_s \cos\alpha}\nu_0 \qquad (2)$$

$$\nu_2 = \frac{u}{u + v_{BC}}\nu_0 = \frac{u}{u + v_s \cos\beta}\nu_0 \qquad (3)$$

由式(2)、式(3)分别求出

$$\cos\alpha = \frac{\nu_1 - \nu_0}{\nu_1 v_s}u = 0.275$$

$$\cos\beta = \frac{\nu_0 - \nu_2}{\nu_2 v_s}u = 0.825$$

代入式(1)得

$$h = \frac{v_s t}{\cot\alpha + \cot\beta} = \frac{v_s t}{\dfrac{\cos\alpha}{\sqrt{1 - \cos^2\alpha}} + \dfrac{\cos\beta}{\sqrt{1 - \cos^2\beta}}} = 0.46 \times 10^3 \text{ m}$$

13.7 平面电磁波

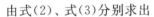

在第 12.6 节中看到，磁场能量和电场能量在封闭的 LC 电路中可以互相转换，形成电磁振荡。那么当电路敞开后情况会怎样呢？研究表明，在敞开的 LC 电路中，电场和磁场的变化将向空间传播，形成电磁波。本节将讨论电磁波在自由空间中传播时的各种特性。

13.7.1 电磁波的产生与传播

欲产生电磁波，敞开的 LC 振荡电路是适当的波源之一。理论上已经证明，电磁波在单位时间内辐射的能量与频率的四次方成正比，即振荡电路的固有频率越高，越能有效地把能量辐射出去。但在第 10.6 节的封闭 LC 振荡电路中，因 L 和 C 都比较大，即其固有频率$\left(\nu = \dfrac{1}{2\pi\sqrt{LC}}\right)$很低，故不适于作辐射电磁波的波源。为了提高电路的固有频率，必须减小 L 和 C 的数值。此外，在 LC 电路中，电场能量和磁场能量还局限在电容器 C 和线圈 L 内，不利于把电磁能辐射出去。为了把电磁能辐射出去，就必须改变振荡电路的形状，以提高电路的固有频率，将电磁能更好地分散到空间。

我们可以把电容器极板面积缩小，并把两极板间的距离拉大，同时减少线圈的匝数并逐渐拉直，最后简化成一根直导线，如图 13.18 所示。这样敞开的 LC 振荡电路可以使电场和磁场分散到周围的空间。同时，由于 L 和 C 的减小，也提高了电路的振荡频率，所以只要在直线型电路上引起电磁振荡，直线型电路的两端就会出现交替的等量异号电荷，这种改造后的 LC 振荡电路叫作振荡电偶极子。振荡电偶极子可以作为发射电磁波的天线，其发射电路如图 13.19 所示。

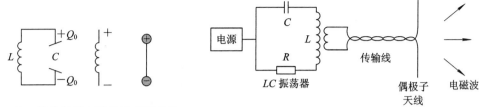

图 13.18 提高振荡电路的固有频率并
开放电磁场的方法

图 13.19 发射无线电短波的电路示意图

下面我们以上述振荡电偶极子为例说明电磁波的产生与传播。设振荡电偶极子的电偶极矩 p 可表示为

$$p = p_0 \cos\omega t \qquad (13-27)$$

式中，p_0 是电距的振幅，ω 是角频率。

由于振荡电偶极子的正负电荷间距不断地交替变化，因而电场和磁场也随着时间不断变化。如果我们把振荡电偶极子的运动简化为正、负电荷相对于它们的公共中心作简谐运动，则其电场线的变化如图 13.20 所示。设 $t=0$ 时，正、负电荷都在图 13.20(a) 的原点处。然后正、负电荷分别向上、下移动至某一距离时，两电荷间的某一条电场线形状如图 13.20 (b) 所示。接着，两电荷逐渐向中心靠近，电场线的形状也随之变化，如图 13.20(c) 所示。之后它们又回到中心处重合(完成前半个周期的简谐运动)，其电场线便成闭合状，而随着两电荷互易位置，新的电场线出现了，如图 13.20(d) 所示。显然，在后半个周期中，形成了一条与上述回转方向相反的闭合电场线，如图 13.20(e) 所示。由闭合电场线的形成表明，振荡电偶极子所激发的电场是涡旋电场。

以上只分析了振荡电偶极子附近电场线的形成过程，而磁场线则是与图相垂直的闭合曲线。图 13.21 画出了某时刻振荡电偶极子周围电磁场的大致分布情况。图中曲线代表电场线，$\times$ 和 $\cdot$ 分别表示穿入纸面和由纸面穿出的磁场线。这些磁场线是环绕偶极子轴线的同心圆。

随着时间的推移，电场线和磁场线便以波的传播速度向外扩张，由近及远地辐射出去。

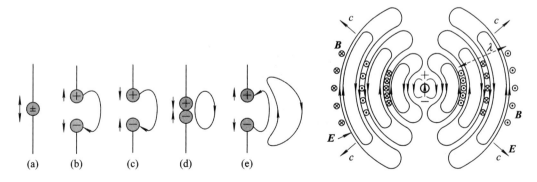

图 13.20 不同时刻振荡电偶极子附近的电场线

图 13.21 振荡电偶极子周围的电磁场

振荡电偶极子所激发的电场和磁场的波函数需由麦克斯韦方程求解得出(从略)。下面直接给出结果。

采用如图 13.22 所示的极坐标系，振荡电偶极子位于原点 O，其电矩 $\boldsymbol{p}_0$ 的方向沿图中极轴的方向。在半径为 r 的球面上取任意点 Q，其径矢 r 沿波的传播方向与极轴方向成 θ 角。计算结果表明：点 Q 处的电场强度 E、磁场强度 H 和矢径 r 三个矢量互相垂直，并形成右手螺旋系，E 和 H 的值分别为

$$E(r, t) = \frac{\mu p_0 \omega^2 \sin\theta}{4\pi r} \cos\omega\left(t - \frac{r}{u}\right) \tag{13-28}$$

$$H(r, t) = \frac{\sqrt{\varepsilon\mu}\, p_0 \omega^2 \sin\theta}{4\pi r} \cos\omega\left(t - \frac{r}{u}\right) \tag{13-29}$$

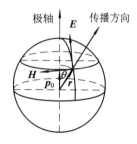

图 13.22　远离振荡电偶极子处的 E 和 H 的方向

式中，u 为电磁波的传播速度，它与介质的电容率 ε 和磁导率 μ 的关系为

$$u = \frac{1}{\sqrt{\varepsilon\mu}} \tag{13-30}$$

式(13-28)和式(13-29)就是距离振荡电偶极子足够远处的球面电磁波的波函数。

在离开偶极子很远的地方，小范围内 θ 和 r 的变化很小，E 和 H 的振幅可以看作常量，于是式(13-28)和式(13-29)可分别写成

$$E = E_0 \cos\omega\left(t - \frac{x}{u}\right) = E_0 \cos(\omega t - kx) \tag{13-31}$$

$$H = H_0 \cos\omega\left(t - \frac{x}{u}\right) = H_0 \cos(\omega t - kx) \tag{13-32}$$

这就是平面电磁波的波函数，波沿 Ox 轴的正向传播。可见，在离偶极子很远的区域，电磁波已呈现为平面波。图 13.23 是平面电磁波的示意图。

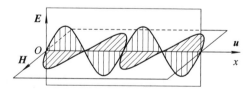

图 13.23　远离振荡电偶极子处 E 和 H 的方向

13.7.2　平面电磁波的特性

根据以上论述，可将电磁波的特性归纳如下：

(1) 电磁波是横波。由于电场强度 E 和磁场强度 H 都垂直于波的传播方向 u，所以电磁波是横波，E、H 和 u 三者互相垂直，构成右手螺旋系(见图 13.23)。应当指出，E 和 H 只在各自所处的平面内振动这一特性，称为横波的偏振性。所以，电磁波具有偏振性。

（2）E 和 H 同相位。这在式（13-28）、式（13-29）、式（13-31）、式（13-32）中已经表述清楚，即在任何时刻、任何地点 E 和 H 都是同步变化的。

（3）E 和 H 的数值成比例。将式（13-28）和式（13-29）相除，即得

$$\sqrt{\mu}\,H = \sqrt{\varepsilon}\,E \tag{13-33}$$

（4）真空中电磁波的传播速度等于真空中的光速。由式（13-30）可见，电磁波传播速度 u 的大小取决于介质的性质。对于真空，$\varepsilon_r = 1$，$\mu_r = 1$，所以电磁波在真空中的速度为

$$u = \frac{1}{\sqrt{\varepsilon_0 \mu_0}} \tag{13-34}$$

将 ε_0、μ_0 的数值带入式（13-34），得电磁波在真空中的速度

$$u = c = 2.998 \times 10^8 \ \mathrm{m \cdot s^{-1}}$$

这个数值与光在真空中的速度完全相等。在空气中，由于 ε_r 和 μ_r 都近似等于 1，所以电磁波在空气中的速度近似等于真空中的光速。

以上结论虽然是从振荡电偶极子得出的，但它具有普遍性，适用于任何作加速运动的微观带点粒子所辐射的电磁波。例如，分子和原子中运动的带电粒子、加速器中被加速的带电粒子等所发射的电磁波（或所发的光）都具有这些性质。

13.7.3 电磁波的能量

电场和磁场都具有能量，随着电磁波的传播，就有能量的传播，这种以电磁波形式传播出去的能量叫作辐射能。显然，辐射能传播的速度和方向就是电磁波传播的速度和方向。

按照 13.3 节中引入的能流密度的概念，弱电磁场的能量密度为 w，则在介质不吸收电磁能量的条件下，单位时间内通过单位截面积的能量（即电磁波的能流密度），用符号 S 可为

$$S = wu \tag{13-35}$$

已知电场和磁场的能量密度分别为

$$w_e = \frac{1}{2}\varepsilon E^2, \ w_m = \frac{1}{2}\mu H^2$$

故电磁场的能量密度

$$w = w_e + w_m = \frac{1}{2}(\varepsilon E^2 + \mu H^2)$$

于是式（13-35）为

$$S = \frac{u}{2}(\varepsilon E^2 + \mu H^2)$$

将 $u = 1/\sqrt{\varepsilon\mu}$ 及 $\sqrt{\mu}\,H = \sqrt{\varepsilon}\,E$ 代入，并简化得

$$S = EH \tag{13-36}$$

由于 E、H 和电磁波的传播方向三者互相垂直，并成一右手螺旋系，而辐射能的传播方向就是电磁波的传播方向，故式（13-36）可用矢量表示为

$$\boldsymbol{S} = \boldsymbol{E} \times \boldsymbol{H}$$

式中，$\boldsymbol{S}$ 为电磁波的能流密度矢量，也叫作坡印廷矢量。

不难证明，对平面电磁波，能流密度的平均值为

$$\bar{S} = \frac{1}{2}E_0 H_0 \tag{13-37}$$

式中，E_0 和 H_0 分别是电场强度和磁场强度的振幅。

把式(13-28)和式(13-29)代入式(13-36)，得振荡偶极子辐射的电磁波的能流密度

$$S = EH = \frac{\sqrt{\varepsilon} \sqrt{\mu^3} p_0^2 \omega^4 \sin\theta}{16\pi^2 r^2} \cos^2\omega\left(t - \frac{r}{u}\right)$$

振荡偶极子在单位时间内辐射出去的能量，叫作辐射功率，用 P 表示。如果把上式在以振荡偶极子为中心，半径为 r 的球面上积分，并把所得结果取时间平均值，则得振荡偶极子的平均辐射功率为

$$\bar{p} = \frac{\mu p_0^2 \omega^4}{12\pi u} \tag{13-38}$$

式中，p_0 为振荡偶极子电矩的振幅。式(13-38)说明平均辐射功率与振荡偶极子频率的四次方成正比。因此，振荡偶极子的辐射功率随着频率的增高而迅速增大。

13.7.4 电磁波谱

实验表明，电磁波的范围很广，波长没有上下限的限制，从无线电波、红外线、可见光、紫外线到 X 射线和 γ 射线等都是电磁波。它们的本质完全相同，只是波长（或频率）有很大差异。由于波长不同，因此它们就有不同的特性，而且产生的方式也各不相同。为了便于比较，人们按照它们的波长大小依次排列成表，叫作电磁波谱（见图 13.24）。

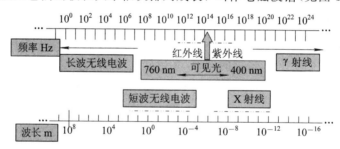

图 13.24　电磁波谱

在电磁波谱中，波长最长的是无线电波（有人已在地球表面探测到频率 $\nu = 10^{-2}$ Hz 的电磁波，其周期约 100 s，波长是地球半径的 5000 倍）。无线电波又因波长的不同（从几千米到几毫米）而分为长波、中波、短波、超短波和微波等。长波在介质中传播时损耗很小，故常用于远距离通信和导航；中波多用于航海和航空定向及无线电广播；短波多用于无线电广播、电报、通信等；超短波、微波多用于电视、雷达、无线电导航以及其他专门用途。

红外线的波长在 600 μm 到 0.76 μm 之间，由于它处于可见红光的外侧，故叫红外线，它可用于红外雷达、红外照相和夜视仪上。因为红外线有显著的热效应（也叫热波），故可用来取暖，在工农业生产上常用作红外烘干等。波长在 760 nm 到 400 nm 之间的波可为人眼感知，叫可见光（一般简称为光波）。波长在 400 nm 到 5 nm 之间的叫紫外线，它能引起化学反应和荧光效应。医学上常用紫外线杀菌，农业上可用紫外线诱杀害虫。红外线、可见光和紫外线这三部分电磁波合称为光辐射。

X 射线（亦称伦琴射线）的波长在 5 nm 到 0.04 nm 之间，它的能量很大，具有很强的穿透能力，是医疗透视、检查金属部件内部损伤和分析物质晶体结构的有力工具。

波长最短的是 γ 射线，波长在 0.04 nm 以下。γ 射线的能量比 X 射线还大，穿透能力

也比 X 射线强,可用来进行放射性实验,产生高能粒子,还可借助它研究天体、认识宇宙。

需要指出的是,电磁波谱中上述各波段主要是按照产生方式或探测方法的不同来划分的、随着科学技术的发展,不同方式生产的波会有一些共同的波段,从而出现不同波段相重叠的情形。

本 章 小 结

1. 基本概念和公式

横波:质点的振动方向与波的传播方向垂直的波。

纵波:质点的振动方向与波的传播方向平行的波。

波线:代表波传播方向的直线。

波面:相同振动相位的点所组成的平面。

波前:在波的传播方向上最前面的波面。

平面波:波面为平面的波。

球面波:波面为球面的波。

简谐波:波源作简谐振动的波。

非简谐波:波源不作简谐振动的波。

波长:在同一波线上两个相邻的、相位差为 2π 的振动质点之间的距离。

波的周期:波前进一个波长的距离所需要的时间。

波速:单位时间内某一振动状态传播的距离。

平面简谐波的波函数: $y(x, t) = A \cos\left[\omega\left(t - \dfrac{x}{u}\right) + \varphi\right]$。

波函数的物理意义:在波的传播过程中,介质中任意质点 x 在任意时刻 t 偏离平衡位置的位移。

平均能流: $\overline{P} = \dfrac{1}{2}\rho A^2 \omega^2 u S$。

能流密度: $\overline{I} = \dfrac{1}{2}\rho A^2 \omega^2 u$。

波的叠加:当几列波在介质中某点相遇时,相遇处质点的振动将是各列波所引起的分振动的合成。

干涉:在两列波相遇的区域,有一些点其合成振动始终加强,有一些点其合成振动始终减弱的现象。

驻波:两列振幅相同的相干波相向传播时叠加而成的波。

波节:驻波中振幅始终为零的点。

波腹:驻波中振幅最大的点。

半波损失:反射波与入射波相比相位增加了 π。

惠更斯原理:某一时刻,同一波面上的各点都可以看作发射子波的波源,在其后的任一时刻,这些子波源发出的子波波面的包迹(包络面)就是该时刻的新波面。

波的衍射：波绕过障碍物继续传播的现象。

2. 重要结论

干涉加强的条件：

$$\Delta\varphi = \varphi_2 - \varphi_1 - \frac{2\pi}{\lambda}(r_2 - r_1) = \pm 2k\pi \qquad (k = 0, 1, 2, \cdots)$$

干涉减弱的条件：

$$\Delta\varphi = \varphi_2 - \varphi_1 - \frac{2\pi}{\lambda}(r_2 - r_1) = \pm(2k+1)\pi \qquad (k = 0, 1, 2, \cdots)$$

习　　题

一、思考题

13-1　当简谐波在介质中传播时：

(1) 波源振动的周期(或频率)与波动的周期(或频率)数值是否相同？

(2) 波源振动的速度与波速是否相同？

13-2　说明波动方程的物理意义。

13-3　波动的能量与哪些物理量有关？比较波动的能量与简谐振动的能量。

13-4　怎样应用惠更斯原理来说明波的传播？

13-5　为什么在日常生活中容易感觉到声的衍射现象，而不容易观察到光的衍射现象？

13-6　两相干波源的振动相位差为 π，它们发出的波经相同的距离相遇，干涉的结果如何？

13-7　说出驻波的特点。

二、选择题

13-8　把一根十分长的绳子拉成水平，用手握其一端，维持拉力恒定，使绳端在垂直于绳子的方向上作简谐振动，则(　　)。

A. 振动频率越高，波长越长　　　　　　B. 振动频率越低，波长越长

C. 振动频率越高，波速越大　　　　　　D. 振动频率越低，波速越大

13-9　在下面几种说法中，正确的说法是(　　)。

A. 波源不动时，波源的振动周期与波动周期在数值上是不同的

B. 波源振动的速度与波速相同

C. 在波传播方向上的任一质点的振动相位总是比波源的相位滞后(按差值不大于 p 计)

D. 在波传播方向上的任一质点的振动相位总是比波源的相位超前(按差值不大于 p 计)

13-10　一个平面简谐波在弹性介质中传播，介质质元从最大位置回到平衡位置的过程中，(　　)

A. 它的势能转化成动能

B. 它的动能转化成势能

C. 它从相邻的介质质元获得能量，其能量逐渐增加

D. 把自己的能量传给相邻的介质质元，其能量逐渐减小

13-11　S_1 和 S_2 为两相干波源，它们的振动方向均垂直于图面，发出波长为 λ 的简谐波，P 点是两列波相遇区域中的一点，已知 $S_1P=2\lambda$，$S_2P=2.2\lambda$，两列波在 P 点发生相消干涉。若 S_1 的振动方程为 $y_1=A\cos(2\pi t+0.5\pi)$，则 S_2 的振动方程为（　　）。

A. $y_2=A\cos(2\pi t-0.5\pi)$　　　　　　B. $y_2=A\cos(2\pi t-\pi)$

C. $y_2=A\cos(2\pi t+0.5\pi)$　　　　　　D. $y_2=A\cos(2\pi t-0.1\pi)$

13-12　驻波中，两个相邻波节间各质点的振动（　　）。

A. 振幅相同，相位相同　　　　　　　B. 振幅相同，相位不同

C. 振幅不同，相位相同　　　　　　　D. 振幅不同，相位不同

三、计算题

13-13　一平面简谐波的波动方程为 $y=0.25\cos(125t-0.37x)$，求它的振幅、角频率、频率、周期、波速与波长。

13-14　平面简谐波的振幅为 5.0 cm，频率为 100 Hz，波速为 400 m·s^{-1}，沿 x 轴正方向传播，以波源（设在坐标原点 O 处的质点在平衡位置且沿 y 轴正方向运动时作为计时起点，求：

（1）波源的振动方程。

（2）波动方程。

13-15　图 13.25 所示为平面简谐波在 $t=0$ 时的波形图，设此简谐波的频率为 250 Hz，且此时图中点 P 的运动方向向上。求：

（1）该波的波动方程；

（2）在距原点右侧 7.5 m 处质点的运动方程。

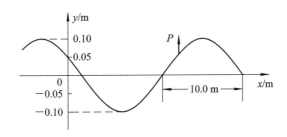

图 13.25　习题 13-15 图

13-16　一平面简谐波沿 x 轴正向传播，波速 $v=5$ m·s^{-1}，波源位于 x 轴原点处，波源的振动曲线如图 13.26 所示，求：

（1）波源的振动方程。

（2）波动方程。

13-17　为了保持波源的振动不变，需要消耗 4.0 W 的功率。若波源发出的是球面波（设介质不吸收波的能量）。求距离波源 5.0 m 和 10.0 m 处的能流密度。

13-18　一平面简谐波的频率为 500 Hz，在空气 $\rho=1.3$ kg·m^{-3} 中以 $v=340$ m·s^{-1} 的速度传播，达到人耳时振幅约为 $A=1.0\times10^6$ m。试求波在耳中的平均能量密度和声强。

13-19　两相干波源位于同一介质中的 A、B 两点,如图 13.27 所示,其振幅相等、频率均为 100 Hz,B 比 A 的相位超前 π。若 A、B 相距 30.0 m,波速为 400 m·s^{-1}。试求 AB 连线上因干涉而静止的各点的位置。

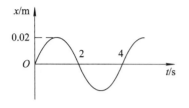

图 13.26　习题 13-16 图

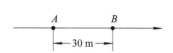

图 13.27　习题 13-19 图

13-20　一平面简谐波,波长为 12 m,沿 x 轴负向传播。图 13.28 为 $x=1.0$ m 处质点的振动曲线,求此波的波动方程。

13-21　如图 13.29 所示,两振动方向相同的平面简谐波波源分别位于 A、B 点。设它们相位相同,且频率 $\nu=30$ Hz,波速 $u=0.50$ m·s^{-1}。求点 P 处两列波的相位差。

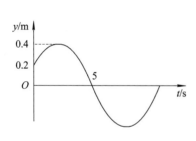

图 13.28　习题 13-20 图

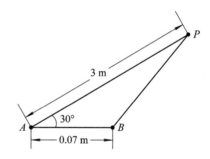

图 13.29　习题 13-21 图

第14章 光　学

　　光学是物理学的一个重要组成部分。人类对光的研究至少已有两千多年的历史，世界上最早的关于光学知识的文字记载，见于我国的《墨经》（公元前四百多年），研究最早的内容是几何光学，它以光的直线传播性质和折射、反射定律为基础，研究光在透明介质中的传播规律。17 世纪和 18 世纪是光学发展史上的一个重要时期，在这段时间内，科学家们不仅开始从实验上对光学进行研究，而且也着手进行已有光学知识的系统化、理论化。17 世纪初，李普希、伽利略和开普勒等人发明了用于天象观测的望远镜。1621 年，斯涅耳发现了光在穿过两种介质的界面时，传播方向发生变化的折射定律。过后不久，笛卡儿导出了用正弦函数表达的折射定律。关于光的本性的认识，长期以来就存在着争论。牛顿支持光的微粒说，利用微粒说不仅可以说明光的直线传播，而且可以说明光的反射和折射，只不过在说明折射时，认为光在水中的速度要大于空气中的速度。与此同时，惠更斯提出波动说，指出利用波动说也能说明反射和折射现象，而且还解释了方解石的双折射现象，但认为光在水中的速度要小于在空气中的速度。此外，在说明光的直线传播时，波动说也遇到了困难。

　　1801 年，英国人杨提出波的干涉原理，从而正确地解释了薄膜的彩色条纹。十几年以后，法国人菲涅耳在阿喇戈的支持和合作下，系统地用光的波动说和干涉原理研究了光通过障碍物和小孔时所产生的衍射图样，并对光的直线传播做出了满意的解释。后来，马吕斯、杨、菲涅耳和阿喇戈等人对光的偏振现象做了进一步的研究，从而确认光具有横波性。关于光在水和空气中的速度问题，直到 1850 年，也就是牛顿提出微粒说之后 200 年，才分别由傅科和斐索解决，他们各自用自己的实验测出了光在水中的速度比在空气中要小。至此，支持光的微粒说的人就很少了，光的波动说取得了决定性的胜利。在 19 世纪中期，麦克斯韦和赫兹等找到了光和电磁波之间的联系，奠定了光的电磁理论的基础。

　　到 19 世纪末期和 20 世纪初期，人们通过对黑体辐射、光电效应和康普顿效应的研究，又无可怀疑地证实了光的量子性，形成了一种具有崭新内涵的微粒学说。面对这两种各有坚实实验基础的波动说和微粒说，人们对光的本性的认识又向前迈进了一大步，即承认光具有波粒二象性。由于光具有波粒二象性，所以对光的全面描述需运用量子力学的理论。根据光的量子性从微观过程方面研究光与物质相互作用的学科叫作量子光学。

　　20 世纪 60 年代激光的发现，使光学的发展又获得了新的活力。激光技术与相关学科相结合，促进了光全息技术、光信息处理技术、光纤技术等的飞速发展，非线性光学、傅里叶光学等现代光学分支逐渐形成，带动了物理学及其相关学科的不断发展。

14.1　几何光学简介

光是电磁波的一种，干涉和衍射等现象显示了光的波动性。很多光学现象都可以用波动理论来解释。但有些现象，如光的直线传播、光的反射和折射成像等问题，不涉及波长、相位等波动概念，借用光线和波面等概念，并且用几何方法来研究将更为方便，这就是几何光学研究的内容。

14.1.1　光的传播规律

1. 三条实验定律

光在传播过程中遵从三条实验定律：

（1）光的直线传播定律：光在均匀介质中沿直线传播。

（2）光的独立传播定律：光在传播过程中与其他光束相遇时，光束都各自独立传播，不改变其性质和传播方向。

（3）光的反射定律和折射定律：光入射到两种介质分界面时，其传播方向发生改变，一部分反射，另一部分折射，如图 14.1 所示。

实验表明：

① 反射光线和折射光线都在入射光线和界面法线所组成的入射面内。

② 反射角等于入射角，即

$$i' = i \qquad (14-1)$$

③ 入射角 i 与折射角 r 的正弦之比与入射角无关，而与介质的相对折射率有关，即

$$\frac{\sin i}{\sin r} = \frac{n_2}{n_1} = n_{21}$$

或

$$n_1 \sin i = n_2 \sin r \qquad (14-2)$$

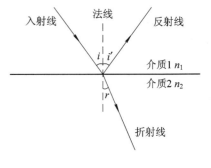

图 14.1　光的反射和折射

比例系数 n_{21} 称为第二种介质相对于第一种介质的折射率。

2. 光路可逆原理

对于光在两种介质的分界面上的反射和折射，如果光线逆着原来的反射线的方向或折射线的方向到界面，就可以逆着原来的入射光线方向反射和折射，即当光线的方向反转时，光将沿同一路径逆向传播，这称为光路的可逆原理。

3. 费马原理

光从空间的一点到另一点是沿着光程最短的路径传播的。这是费马于 1657 年首先提出的，称为费马原理，也称光程最短定律。所谓光程，是折射率 n 与几何路程 l 的乘积。因此，费马原理的一般表达式为

$$\int_A^B n\,\mathrm{d}l = 极值 \qquad\qquad (14-3)$$

即光线在实际路径上的光程的变分为零。

费马原理比上述实验定律具有更高的概括性,由它可以推导出光的直线传播定律和反射、折射定律。

直线是两点间的最短的线,如果光从均匀介质中的 A 点传播到 B 点,那么光的直线传播定律是费马原理的简单推论。

如图 14.2 所示,A 与 B 是折射率为 n 的均匀介质中的两点,设有一光线 APB 从 A 点经界面反射后射向 B 点,则其光程为

$$l = n\sqrt{a^2 + x^2} + n\sqrt{b^2 + (d-x)^2}$$

根据费马原理,该光程应为极小值,所以

$$\frac{\mathrm{d}l}{\mathrm{d}x} = n\frac{1}{2}(a^2+x^2)^{-1/2}(2x) + n\frac{1}{2}\left[b^2+(d-x)^2\right]^{-1/2}2(d-x)(-1) = 0$$

上式可写成

$$\frac{x}{\sqrt{a^2+x^2}} = \frac{d-x}{\sqrt{b^2+(d-x)^2}}$$

从图 14.2 上可以看出,上式即为

$$\sin i = \sin i'$$

即

$$i = i'$$

这就是反射定律。

如图 14.3 所示,光线从折射率为 n_1 的介质中的 A 点,经 P 点射到折射率为 n_2 的介质中的 B 点,其光程为

$$l = n_1\sqrt{a^2+x^2} + n_2\sqrt{b^2+(d-x)^2}$$

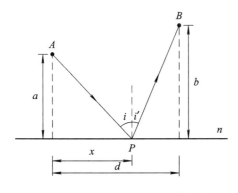

图 14.2　由费马原理推导反射定律

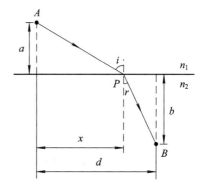

图 14.3　由费马定理推导折射定律

根据费马原理,光程最小的条件是

$$\frac{\mathrm{d}l}{\mathrm{d}x} = n_1\left(\frac{1}{2}\right)(a^2+x^2)^{-1/2}(2x) + n_2\left(\frac{1}{2}\right)\left[b^2+(d-x)^2\right]^{-1/2}2(d-x)(-1) = 0$$

上式可写成

$$n_1 \frac{x}{\sqrt{a^2 + x^2}} = n_2 \frac{d - x}{\sqrt{b^2 + (d - x)^2}}$$

从图 14.3 中可以看出,上式可改写为

$$n_1 \sin i = n_2 \sin r$$

这就是折射定律。

14.1.2 全反射

光束从折射率大的介质射到折射率小的介质时,折射角大于入射角。当入射角 $i = i_c$ 时,折射角 $r = 90°$,因而当入射角 $i \geqslant i_c$ 时,光线就不再折射而全部被反射,如图 14.4 所示,这种现象称为全反射,入射角 i_c 称为全反射临界角。由折射定律可得

$$i_c = \arcsin \frac{n_2}{n_1} \tag{14-4}$$

由水到空气的全反射临界角约为 $49°$,由各种玻璃到空气的临界角在 $30°\sim42°$ 之间。

根据波动理论,光产生全反射时,仍有光波进入第二介质,它沿着两介质的分界面传播,其振幅随离开分界面的距离按指数衰减。一般来说,进入第二介质的深度约为一个波长,人们把这样的波称为隐失波。进入第二介质的光波的瞬时能流不为零,而平均能流为零。因而,光在全反射时,入射波的能量不是在分界面上全部反射的,而是穿透到第二介质内一定深度后逐渐全部反射的。

全反射的应用很广,光导纤维就是利用全反射规律使光线沿着弯曲路径传播的光学元件(见图 14.5)。一般的光导纤维是由直径约几微米的玻璃(或透明塑料)纤维组成,每根纤维分内外两层,内层材料的折射率为 1.8 左右,外层材料的折射率为 1.4 左右。这样,入射角大于临界角的光线,由于全反射,在两层界面上经历多次反射后从一端传到另一端。

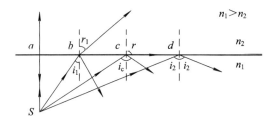

图 14.4 光的全反射

图 14.5 光导纤维

目前光导纤维已发展成一门新的学科分支——纤维光学,光导纤维可应用于医疗上的内窥镜、光导通信等领域。

14.1.3 光在平面上的反射和折射

1. 平面镜

从任一发光点 P 发出的光束,经平面镜反射后,其反射光线的反向延长线相交于 P' 点,如图 14.6 所示。由于实际光线并没有通过 P' 点,所以 P' 点就是 P 点的虚像,它位于镜后,在通过 P 点向平面所作的垂直线上,且

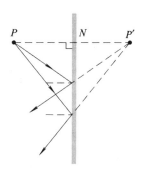

图 14.6 平面镜成像

$$P'N = PN$$

即 P' 点与 P 点成镜面对称。

2. 三棱镜

截面呈三角形的透明棱柱称为三棱镜,与其棱边垂直的平面称为主截面。光线在棱镜主截面内的折射如图 14.7 所示。出射光线与入射光线间的夹角称为偏向角,用 δ 表示。从图上可以看出,偏向角 δ 与入射角 i、i' 和折射角 r、r' 以及棱镜顶角 α 之间有如下关系

$$\delta = (i - r) + (r' - i') = (i + r') - (r + i')$$

又

$$\alpha = i' + r$$

所以

$$\delta = i + r' - \alpha$$

对于给定的棱镜顶角 α,偏向角 δ 随入射角 i 变化。由实验得知,对于某一 i 值,偏向角有最小值 $\delta_{\min}$,称为最小偏向角。由计算可以得到,产生最小偏向角的条件是

$$i = r' \quad 或 \quad i' = r$$

由此可得

$$n = \frac{\sin\left(\dfrac{\alpha + \delta_{\min}}{2}\right)}{\sin\dfrac{\alpha}{2}} \tag{14-5}$$

在棱镜顶角 α 已知的条件下,通过最小偏向角的测定,可以得到棱镜材料的折射率。

不同波长的光对介质有不同的折射率,这一现象称为色散。一束白光射入棱镜后,由于各种波长的光有不同的折射率,偏向角也不同,从而出射的方向不同,紫光偏折最大,红光偏折最小,形成由紫到红的光谱,如图 14.8 所示。因此棱镜常用于光谱分析。

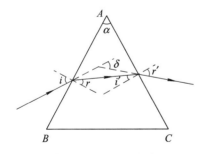

图 14.7　光在三棱镜内的折射

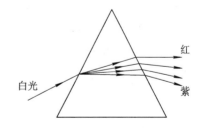

图 14.8　棱镜的色散

14.1.4　光在球面上的反射和折射

如图 14.9 所示,AOB 表示球面的一部分,这部分球面的中心点 O 称为顶点,球面的球心 C 称为曲率中心,球面半径称为曲率半径,以 r 表示。连接顶点和曲率中心的直线 CO 称为主光轴。从轴上的一物点 S 发出光线经球面反射后相交于主光轴上 I 点,I 点为物点 S 的像。从顶点 O 到物点 S 的距离称为物距,以 p 表示,从顶点 O 到像点 I 的距离称为像距,以 p' 表示。

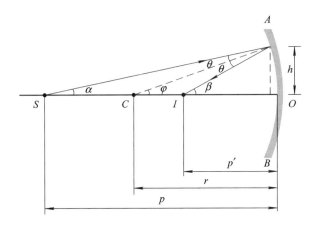

图 14.9　正负号法则的标示

1. 正负号法则

研究球面反射、折射以及薄透镜等成像问题时，对于不同的情况，需要考虑各量的正负号。各种不同教材或参考书所规定的法则不尽相同。本书作如下规定，对球面反射和折射以及薄透镜都适用。

(1) 以反射(或折射)面为界，将空间分为两个区：

A 区：光线发出的区。

B 区：光线通过的区。

对于反射镜，B 区和 A 区重合；对于折射面和透镜，两区分别在表面的两侧。

(2) 由 A 区决定的量：

物距 p：物体在 A 区为正(实物)；物体在 A 区的对面为负(虚物)。

(3) 由 B 区决定的量：

像距 p：像在 B 区为正(实像)；像在 B 区的对面为负(虚像)。

曲率半径 r：曲率中心在 B 区为正；曲率中心在 B 区的对面为负。

焦距 f：焦距在 B 区为正；焦距在 B 区的对面为负。

2. 球面反射的物像公式

从图 14.10 中可以看出：

$$\beta = \varphi + \theta$$
$$\varphi = \alpha + \theta$$

两式消去 θ，得

$$\alpha + \beta = 2\varphi \qquad (14-6)$$

又

$$\tan\alpha = \frac{h}{p-\delta}$$

$$\tan\beta = \frac{h}{p'-\delta}$$

$$\tan\varphi = \frac{h}{r-\delta}$$

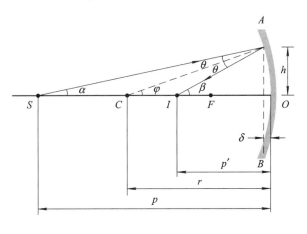

图 14.10　球面反射的物像公式的推导

当 α、β 很小时，这样的光线与主光轴靠得很近，称为傍轴光线。在这种情况下，有

$$\alpha = \frac{h}{p}, \ \beta = \frac{h}{p'}, \ \varphi = \frac{h}{r}$$

代入式(14-6)得

$$\frac{1}{p} + \frac{1}{p'} = \frac{2}{r} \tag{14-7}$$

当 $p \to \infty$ 时，$p' = r/2$，即平行主光轴的光束经球面反射后，将在光轴上会聚成一点，如图 14.11(a)所示，该像点称为反射球面的焦点，以 F 表示。从顶点 O 到焦点 F 的距离称为焦距，以 f 表示。对于凸球面，反射的焦点在镜后，如图 14.11(b)所示，这个焦点为虚焦点。如果入射光与主光轴成很小的角度，光线将会聚在垂直于主光轴且通过焦点的一个平面上的 F' 点，如图 14.11(c)所示，这个平面称为焦平面。

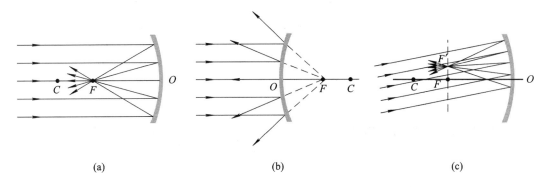

(a)   (b)   (c)

图 14.11　焦点和焦平面

由式(14-7)可知

$$f = \frac{r}{2} \tag{14-8}$$

于是式(14-7)可写成

$$\frac{1}{p} + \frac{1}{p'} = \frac{1}{f} \tag{14-9}$$

式(14-7)和式(14-9)都称为在傍轴光线条件下球面反射的物像公式。该公式虽是用凹面镜导出的，但也适用于凸面镜，不过需注意正负号法则。

物距为 p、高为 h 的物 SS'，经球面反射后成像，像距为 p'，像高为 h'（见图 14.12）。像高与物高之比定义为横向放大率。根据 $\triangle SOS'$ 和 $\triangle IOI'$ 相似，可得放大率的大小

$$|m| = \frac{|II'|}{|SS'|} = \left|\frac{p'}{p}\right|$$

为了表达像的正倒，把上式改写为

$$m = -\frac{p'}{p} \tag{14-10}$$

如果计算所得 m 是正值，表示像是

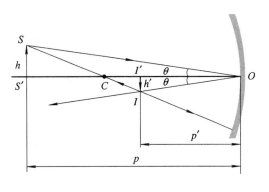

图 14.12　像的横向放大率

正立的；如果 m 是负值，表示像是倒的。$|m|>1$ 表示像是放大的，$|m|<1$ 表示像是缩小的。

3. 作图法

作图法可以直观地了解系统成像的位置、大小和虚实情况。作图法还能发现在应用物像公式计算时所发生的正负号选择错误或运算错误。作图时可选择下列三条特殊光线。

(1) 平行于主光轴的光线：它的反射线必通过焦点(凹球面)或其反射线的延长线通过焦点(凸球面)。

(2) 通过曲率中心的光线：它的反射线和入射线是同一条直线而方向相反。

(3) 通过焦点的光线或入射光的延长线通过焦点的光线：它的反射线平行于主光轴。

作图时任意选取两条光线就可以得到物像关系。图 14.13 画出了不同位置的物体经球面反射时的光路图，并注明了三条特殊光线。从图中可以看出，凸面镜总是成虚像，而且是正立的、缩小的。对于凹面镜，像一般是倒立的实像，只有当 $p<f$ 时，才成正立的虚像。

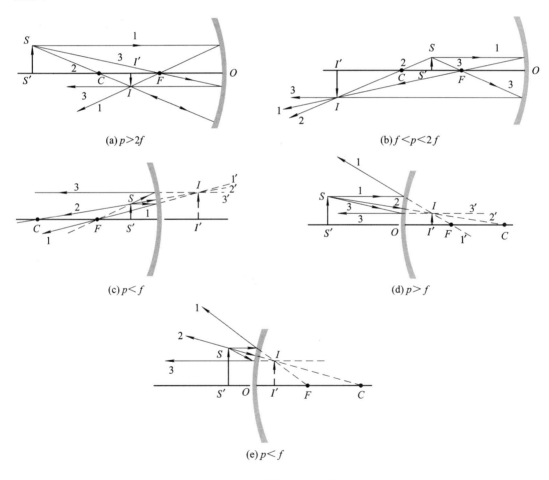

图 14.13　反射球面的光路图

【例 14.1】　一曲率半径为 20.0 cm 的凸面镜(见图 14.14)，产生一大小为物体 1/4 的像，求物体与像间的距离。

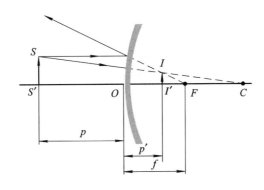

图 14.14 例 14.1 图

【解】 由式(14-8)得 $f=\dfrac{r}{2}=\dfrac{-20.0}{2}$ cm$=-10.0$ cm(因为凸面镜的 A 区和 B 区重合,而凸面镜的焦距在 B 区的对面,所以取负值),$m=\dfrac{1}{4}$(因为像是正立的,故 m 为正值),根据

$$\frac{1}{p}+\frac{1}{p'}=\frac{1}{f}$$

$$m=-\frac{p'}{p}=\frac{1}{4}$$

消去 p',可得

$$p=f\left(1-\frac{1}{m}\right)=30.0 \text{ cm}$$

$$p'=-pm=-7.5 \text{ cm}$$

像距的负号表示像是虚像,在物体的另一区。

因此,物体和像间的距离

$$l=p-p'=37.5 \text{ cm}$$

4. 光在球面上的折射

如图 14.15 所示,AOB 为折射率分别为 n_1 和 n_2 两种介质的球面界面,设 $n_2>n_1$。光线从物点 S 发出,经球面折射后与主光轴相交于 I 点,则 I 点为像点。由三角形 SAC 和 IAC 有

$$\theta_1 = \alpha + \varphi, \quad \varphi = \theta_2 + \beta$$

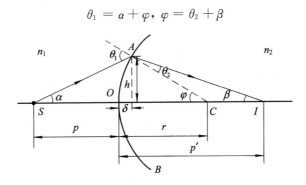

图 14.15 光在球面上的折射

根据折射定律

$$n_1 \sin\theta_1 = n_2 \sin\theta_2$$

考虑傍轴光线，α、β、φ、θ_1、θ_2 都很小，有

$$n_1 \theta_1 = n_2 \theta_2$$

将 θ_1 和 θ_2 代入上式得

$$n_1 \alpha + n_2 \beta = (n_2 - n_1)\varphi$$

在傍轴光线条件下，有

$$\alpha \approx \tan\alpha \approx \frac{h}{p}, \quad \beta \approx \tan\beta \approx \frac{h}{p'}, \quad \varphi \approx \tan\varphi \approx \frac{h}{r}$$

于是可得

$$\frac{n_1}{p} + \frac{n_2}{p'} = \frac{n_2 - n_1}{r} \tag{14-11}$$

这就是在傍轴光线条件下球面折射的物像公式。

折射球面的横向放大率(推导从略)为

$$m = \frac{n_1 p'}{n_2 p} \tag{14-12}$$

式(14-11)和式(14-12)虽是用凸折射球面导出的，但同样适用于凹折射球面，需注意正负号法则。

平行于主光轴的入射光线，经球面折射后，与主光轴的交点称为像方焦点，以 F' 表示；从球面顶点到像方焦点的距离称为像方焦距，以 f' 表示(见图14.16)。由式(14-11)可知，当 $p \to -\infty$ 时，即得

$$f' = \frac{n_2}{n_2 - n_1} r \tag{14-13(a)}$$

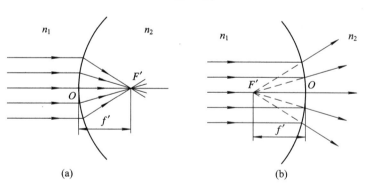

图 14.16 像方焦点和焦距

如果把物点放在主轴上某一点，则发出的光经球面折射后将产生平行于主轴的平行光束，这一物点所在点称为物方焦点，以 F 表示。从球面顶点到物方焦点的距离称为物方焦距，以 f 表示(见图14.17)。由式(14-11)可知，当 $p' \to \infty$ 时，即得

$$f = \frac{n_1}{n_2 - n_1} r \tag{14-13(b)}$$

由式(14-13(a))和式(14-13(b))可知，f 和 f' 之间的关系为

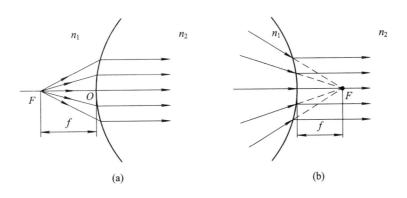

图 14.17 物方焦点和焦距

$$\frac{f'}{f} = \frac{n_2}{n_1} \tag{14-14}$$

即物像两方焦距之比等于两方介质折射率之比。由于 n_1 和 n_2 永远不相等，所以 $f \neq f'$。

5. 共轴球面系统成像

多个单球面组成的共轴球面系统，其物像关系可以对每一个球面逐次用成像公式计算。但需注意，第一个球面所成的像将作为第二个球面的物，以此类推。对于每一个球面应用物像公式时，都要重新考虑各量的正负号法则。特别要注意这样的情况，光从前一个球面出射后是会聚的，应该是实像，但光束尚未到达会聚点时，就遇到下一个球面，如图 14.18 中的第 4 个球面，这种会聚光对下一个球面来说，就是入射光束，故仍应将这个实像看作物，该物称为虚物。例如，图中的 P_3 点对球面 4 来说就是虚物。对于虚物，其物距应取负值。

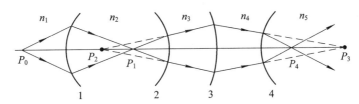

图 14.18 共轴球面系统成像

共轴球面系统的横向放大率等于各个球面放大率的乘积，即

$$m = m_1 m_2 m_3 \cdots \tag{14-15}$$

【例 14.2】 一个折射率为 1.6 的玻璃圆柱，长 20 cm，两端为半球面，曲率半径为 2 cm，如图 14.19 所示。若在离圆柱一端 5 cm 处的轴上有一光点，试求像的位置和性质。

【解】 设光点在圆柱的左端，对于圆柱左端的折射面相当于凸球面。根据正负号法则有：$p_1 = 5$ cm，$r_1 = 2$ cm，并且 $n_1 = 1.0$，$n_2 = 1.6$，代入式(14-11)可得

$$\frac{1.0}{p_1} + \frac{1.6}{p_1'} = \frac{1.6 - 1.0}{2}$$

$$p_1' = 16 \text{ cm}$$

因为 p_1' 是正的，像和物在折射球面的两侧，所以 I_1 点是实像。

对于圆柱右端的折射面相当于凹球面，左端折射面所成的像点 I_1 对右端折射面来说

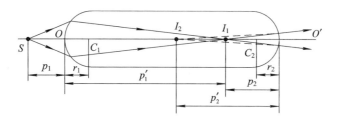

图 14.19 例 14.2 图

则为物点。根据正负号法则有：$p_2 = 20 - 16 = 4$ cm，$r_2 = -2$ cm，$n'_1 = n_2 = 1.6$，$n'_2 = n_1 = 1.0$，代入式(14-11)可得

$$\frac{1.6}{4} + \frac{1.0}{p'_2} = \frac{1.0 - 1.6}{-2}$$

$$p'_2 = -10 \text{ cm}$$

p'_2 为负值，表示最后成像于右侧折射面的左侧，即在圆柱内，且为虚像。

【例 14.3】　一玻璃圆球，半径为 10 cm，折射率为 1.50，放在空气中，沿直径的轴上有一物点，离球面距离为 100 cm(见图 14.20)。求像的位置。

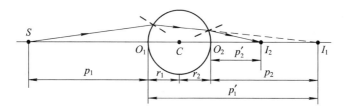

图 14.20 例 14.3 图

【解】　设物点在球的左侧，则根据正负号法则有

$$p_1 = 100 \text{ cm}, \quad r = 10 \text{ cm}, \quad n_1 = 1.0, \quad n_2 = 1.50$$

代入式(14-11)得

$$\frac{1.0}{100} + \frac{1.5}{p'_1} = \frac{1.50 - 1.0}{10}$$

$$p'_1 = 37.5 \text{ cm}$$

对右侧球面来说，像点 I_1 为虚物，根据正负号法则有

$$p_2 = -(37.5 - 20) = -17.5 \text{ cm}, \quad r_2 = -10 \text{ cm}, \quad n'_1 = 1.50, \quad n'_2 = 1.0$$

代入式(14-11)得

$$\frac{1.50}{-17.5} + \frac{1.0}{p'_2} = \frac{1.0 - 1.50}{-10}$$

$$p'_2 = 7.35 \text{ cm}$$

最后成像处距物点的距离为

$$l = p_1 + 2r + p'_2 = 127.35 \text{ cm}$$

14.1.5　薄透镜

由两个折射曲面为界面组成的透明光具组称为透镜，其中透明材料通常是玻璃。最常

用的透镜界面是球面，另外也有一个界面是球面，另一个界面是平面，中央部分比边缘部分厚的透镜，称为凸透镜，也称会聚透镜。凸透镜按其截面形状不同可分双凸透镜、平凸透镜和凹凸透镜三种，如图 14.21(a)所示。中央部分比边缘部分薄的透镜，称为凹透镜，也称发散透镜，也可分为双凹透镜、平凹透镜和凸凹透镜三种，如图 14.21(b)所示。

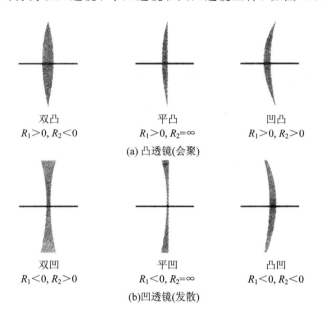

图 14.21　各种形状的透镜

如果透镜的厚度比两球面的曲率半径小得多，这样的透镜叫作薄透镜。现在一般所用的透镜都是薄透镜。为作图简便起见，分别用图 14.22(a)和(b)表示薄凸透镜和薄凹透镜。

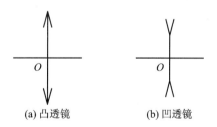

图 14.22　各种形状的透镜

1. 傍轴光线条件下的薄透镜的物像公式

在薄透镜中，两球面的主光轴重合，两顶点 O_1 和 O_2 可视为重合在一点 O，称为薄透镜的光心。

如图 14.23 所示，设轴上一物点 S 离薄透镜光心 O 的距离为 p_1，对第一折射面，应用球面折射公式有

$$\frac{n_1}{p_1} + \frac{n}{p_1'} = \frac{n - n_1}{r_1}$$

式中，n 为透镜材料的折射率。对第二折射球面，有

$$\frac{n}{p_2} + \frac{n_2}{p_2'} = \frac{n_2 - n}{r_2}$$

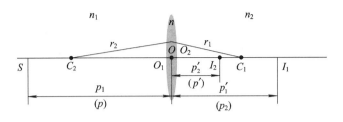

图 14.23　透镜的物像关系

由于第一折射球面所成的像就是第二折射球面的物，所以 $p_2 = p_1'$。将以上两式相加并代入上述关系，得

$$\frac{n_1}{p_1} + \frac{n_2}{p_2'} = \frac{n - n_1}{r_1} + \frac{n_2 - n}{r_2}$$

若以 p 表示物对薄透镜的物距，即 $p_1 = p$，以 p' 表示像对薄透镜的像距，即 $p_2' = p'$，于是上式可写成

$$\frac{n_1}{p} + \frac{n_2}{p'} = \frac{n - n_1}{r_1} + \frac{n_2 - n}{r_2} \tag{14-16}$$

这就是在傍轴条件下薄透镜物像公式的一般形式。

同样地，当 $p \to \infty$ 时，平行光束将会聚成像方焦点 F'（见图 14.24），其像方焦距为

$$f' = \frac{n_2}{\dfrac{n - n_1}{r_1} + \dfrac{n_2 - n}{r_2}} \tag{14-17(a)}$$

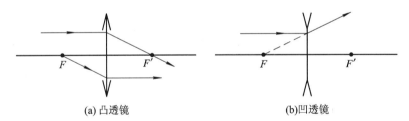

(a) 凸透镜　　　　　　　　(b)凹透镜

图 14.24　薄透镜的焦点

当 $p' \to \infty$ 时，物点所在点为物方焦点 F，其物方焦距为

$$f = \frac{n_1}{\dfrac{n - n_1}{r_1} + \dfrac{n_2 - n}{r_2}} \tag{14-17(b)}$$

若薄透镜处于空气中，则 $n_1 = n_2 = 1$，可得焦距

$$f = f' = \frac{1}{(n-1)\left(\dfrac{1}{r_1} - \dfrac{1}{r_2}\right)} \tag{14-18}$$

式(14-18)给出了薄透镜焦距与折射率、曲率半径的关系，称为磨镜者公式。薄透镜的物像公式可进一步写成

$$\frac{1}{p} + \frac{1}{p'} = (n-1)\left(\frac{1}{r_1} - \frac{1}{r_2}\right) \tag{14-19(a)}$$

$$\frac{1}{p} + \frac{1}{p'} = \frac{1}{f} \tag{14-19(b)}$$

这就是薄透镜在空气中的物像公式。

薄透镜的放大率：

$$m = m_1 m_2 = -\frac{p'}{p}$$

如同球面镜一样，若 m 为正则为正立的像，若 m 为负则为倒像。

薄透镜焦距的倒数通常称为透镜的光焦度，它的单位是屈光度(记作 D，这是非法定计量单位，$1\,\mathrm{D}=1\,\mathrm{m}^{-1}$)。若透镜焦距以 m 为单位，则其倒数的单位便是 D，例如 $f=50\,\mathrm{cm}$ 的凹透镜的光焦度 $p=\dfrac{1}{0.500}=2.00\,\mathrm{D}$。应该注意，通常眼镜的度数是屈光度的 100 倍。例如，用上述透镜做成的眼镜的度数就是 200°。

2. 薄透镜成像的作图法

对于薄透镜，作图时可选择下列三条光线：

(1) 平行于光轴的光线，经透镜后通过像方焦点 F'。

(2) 通过物方焦点 F 的光线，经透镜后平行于光轴。

(3) 若物像两方折射率相等，则通过光心 O 的光线经透镜后方向不变。

从以上三条光线中任选两条作图，出射线的交点即为像点 I。

图 14.25 画出了透镜成像的部分光路图。

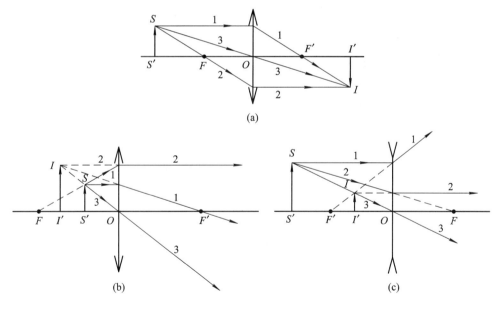

图 14.25　透镜成像光路图

【例 14.4】　一块聚透镜其两表面的曲率半径 $r_1=80\,\mathrm{cm}$，$r_2=36\,\mathrm{cm}$，玻璃的折射率 $n=1.63$。一高为 $2.0\,\mathrm{cm}$ 的物体放在透镜的左侧 $15\,\mathrm{cm}$ 处，求像的位置及其大小。

【解】　先求透镜的焦距，根据式(14-19(a))、式(14-19(b))及正负号法则，第一表面的曲率半径是正的，第二表面的曲率半径是负的，即 $r_1=80\,\mathrm{cm}$，$r_2=-36\,\mathrm{cm}$，则

$$\frac{1}{f} = (n-1)\left(\frac{1}{r_1} - \frac{1}{r_2}\right) = 0.025\,\mathrm{cm}$$

物距是正的，即 $p=15$ cm，代入透镜成像公式得

$$\frac{1}{15} + \frac{1}{p'} = \frac{1}{f} = 0.025$$

$$p' = -24 \text{ cm}$$

负号表示像是在光源同一侧的虚像。放大倍数

$$m = -\frac{p'}{p} = 1.6$$

像高

$$h' = mh = 3.2 \text{ cm}$$

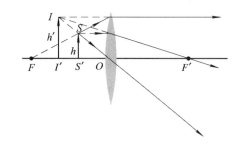

图 14.26　例 14.4 图

放大倍数正值表示像是正立的。图 14.26 表示成像的光路。

【例 14.5】　如图 14.27(a)所示，透镜 L_1 是一会聚透镜，焦距为 22 cm，一物体放在其左侧 32 cm 处。透镜 L_2 是一发散透镜，焦距为 57 cm，位于透镜 L_1 的右侧 41 cm 处。求最后成像的位置并讨论像的性质。

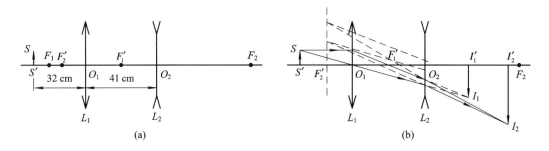

图 14.27　例 14.5 图

【解】　先求透镜 L_1 所成的像，根据正负号法则，$p_1=32$ cm，$f_1=22$ cm，代入透镜的物像公式，得

$$\frac{1}{32} + \frac{1}{p'_1} = \frac{1}{22}$$

$$p'_1 = 70 \text{ cm}$$

由于透镜 L_2 的存在，透镜 L_1 所成的实像并不真实形成。

对于透镜 L_2，$f_2=-57$ cm，透镜 L_1 所成的像就是透镜 L_2 的物，位于透镜 L_2 的右侧 $(70-41)$cm$=29$ cm 处，此物位于光线通过的 B 区，故为虚物，物距 $p_2=-29$ cm，代入透镜的物像公式得

$$\frac{1}{-29} + \frac{1}{p'_2} = \frac{1}{-57}$$

$$p'_2 = 59 \text{ cm}$$

最后的像位于透镜 L_2 的右侧 59 cm 处。

放大倍数

$$m = m_1 m_2 = \left(-\frac{p'_1}{p_1}\right)\left(-\frac{p'_2}{p_2}\right) = -4.5$$

最后的像是倒像，是物体大小的 4.5 倍。图 14.27(b)为成像的光路图。

14.1.6　光学仪器

人们利用几何光学原理制造了各种各样的成像光学仪器，其中主要有望远镜、显微镜、照相机等。由于任何光学仪器都是人眼功能的扩展，因而有必要了解一下人眼的构造。

1. 眼睛

人眼的结构非常复杂，图 14.28(a)为人眼的水平剖面图。为了讨论问题简便，常把人眼简化为一个单球系统，如图 14.28(b)所示，其中主要部分是晶状体，它的曲率通过睫状肌来调节。正常视力的眼睛，当睫状肌完全松弛的时候，无穷远处的物体成像在视网膜上，如图 14.29(a)所示。为了观察较近的物体，睫状肌压缩晶状体，使它的曲率增大，焦距缩短，因而眼睛有调焦的能力。眼睛睫状肌完全松弛和最紧张时所能清楚看到的点，分别称为调焦范围的远点和近点。一般人眼对 25 cm 处的物体看得清楚而又不感到疲劳，因而定义 25 cm 为人眼的明视距离。患有近视眼的人，当睫状肌完全松弛时，无穷远处的物体成像在视网膜之前，它的远点在有限远的位置。矫正的方法是戴镜片为凹透镜的眼镜。凹透镜的作用是将无限远处的物体先在近视眼的远点处成一虚像，然后由晶状体成像在视网膜上，如图 14.29(b)所示。患有远视眼的人，无穷远处的物体成像在视网膜之后，它的近点一般离眼较远。矫正的方法是戴镜片为凸透镜的眼镜。凸透镜的作用是将近点以内一定范围的物体先在近点处成一虚像，然后由晶状体成像在视网膜上，如图 14.29(c)所示。

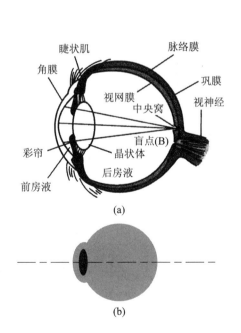

图 14.28　眼睛的结构和简化眼

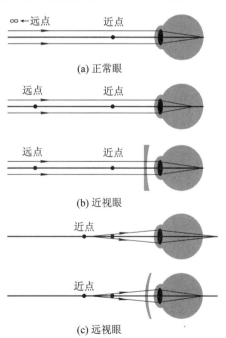

图 14.29　眼睛的缺陷与矫正

物体在视网膜上成像的大小正比于它对眼睛所张的角度——视角。所以物体愈近，它在视网膜上的像也就愈大，愈容易分辨它的细节。在到达明视距离后，再前移，视角虽增大，但眼睛看起来可能费力，甚至看不清。

2. 放大镜

最简单的放大镜是一个焦距很短的会聚透镜，$f \leqslant l_0$（明视距离）。物体 PQ 放在明视距离处，眼睛直接观察时，视角 θ_0（如图 14.30（b）所示）近似等于

$$\theta_0 \approx \frac{h}{l_0}$$

式中，h 为物体的长度。使用放大镜时，物体放在薄透镜和物方焦点之间靠近焦点处，则在明视距离附近成一正立、放大的虚像，此放大虚像对眼所张的视角 θ（见图 14.30（a））近似等于

$$\theta \approx \frac{h}{f}$$

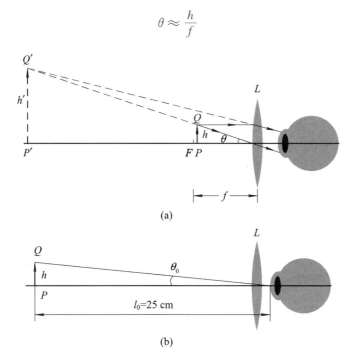

(a)

(b)

图 14.30　放大镜光路图

由于放大镜的作用是放大视角，所以引入视角放大率 M 的概念以区别于像的横向放大率，其定义为

$$M = \frac{\theta}{\theta_0} = \frac{l_0}{f} = \frac{25 \text{ cm}}{f} \tag{14-20}$$

由式（14-20）可知，f 愈小，放大镜的视角放大率 M 愈大。实际上 f 太小时，球面的曲率太大，眼睛所能观察的范围（视场）很小，观察不方便，并且曲率愈大，透镜的像差现象也愈显著。所以一般情况下放大镜的放大率只有几倍。如果要获得更高的放大倍数，则需要采用复合透镜。显微镜和望远镜中的目镜就是复合透镜组合的放大镜。

3. 显微镜

显微镜的原理光路如图 14.31 所示，物镜 L_0 和目镜 L_E 是两个短焦距的会聚透镜，物体放在物镜的物方焦点外侧附近，其所成的像位于目镜的物方焦点邻近并靠近目镜一侧，通过目镜最后成一放大倒立的虚像。

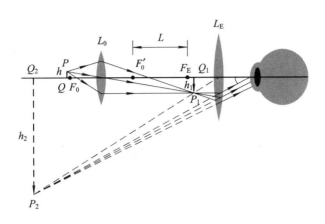

图 14.31　显微镜光路图

显微镜的放大率(视角放大率)可分为两部分。对于物镜,其放大率为

$$M_1 = \frac{L}{f_0}$$

式中,L 为物镜的像方焦点与目镜的物方焦点之间的距离,常称为显微镜的光学筒长;f_0 为物镜的焦距。对于目镜,其放大率为

$$M_2 = \frac{l_0}{f_E}$$

显微镜的放大率为两者的乘积,即

$$M = M_1 M_2 = \frac{l_0 L}{f_0 f_E} \tag{14-21}$$

式(14-21)表明,物镜和目镜的焦距愈短,光学筒长愈长,显微镜的放大倍数愈大。为此,在显微镜的物镜和目镜上分别刻上"10×""20×"等字样,以便我们由其乘积得知所用显微镜的放大倍数。

4. 望远镜

望远镜的原理光路如图 14.32 所示。从远处物体上一点射出的平行光束经物镜成像于 Q 点,此点同时也在目镜的物方焦平面上,所以 Q 点发出的光线经目镜后又成为平行光束。使用望远镜时,眼睛靠近目镜,接收目镜出射的平行光并将其成像于视网膜上。

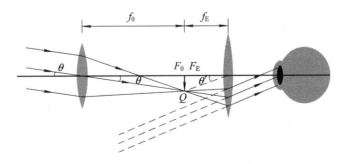

图 14.32　望远镜光路图

望远镜的放大率定义为最后像对目镜所张的视角 θ' 与物体本身对目镜所张视角 θ 之比,即

$$M = \frac{\theta'}{\theta} = \frac{f_0}{f_E} \qquad (14-22)$$

由此可见,望远镜的放大率与物镜的焦距 f_0 成正比,与目镜的焦距 f_E 成反比。一般民用望远镜的物镜直径不大于 25 mm,其放大率为 10 倍左右;哈勃望远镜的物镜直径为 5 m,其放大率为 2000 倍以上。

14.2　光源与光的相干性

14.2.1　光源、光的颜色、光谱和光强

能发射光的物体称为光源。常用的光源有两类:普通光源和激光光源。普通光源有热光源(由热能激发,如白炽灯、太阳)、冷光源(由化学能、电能或光能激发,如日光灯、气体放电管)等。各种光源的激发方式不同,辐射机制也不相同。在热光源中,大量分子和原子在热能的激发下处于高能量的激发态,当它从激发态返回到较低能量状态时,就把多余的能量以光波的形式辐射出来,这便是热光源的发光。这些分子或原子,间歇地向外发光,发光时间极短,仅持续大约 10^{-8} s,因而它们发出的光波是在时间上很短、在空间中为有限长的一串串波列(如图 14.33 所示)。由于各个分子或原子的发光参差不齐,

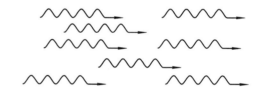

图 14.33　普通光源的各原子或分子所发出的光波是
持续时间约为 10^{-8} s 的波列,彼此完全对立

彼此独立,互不相关,因而在同一时刻,各个分子或原子发出波列的频率、振动方向和相位都不相同。即使是同一个分子或原子,在不同时刻所发出的波列的频率、振动方向和相位也不尽相同。

光源发出的可见光是频率在 $3.9 \times 10^{14} \sim 7.5 \times 10^{14}$ Hz 之间可以引起视觉的电磁波,可见光在真空中的波长范围是 $400 \sim 760$ nm。在可见光范围内,不同频率的光将引起不同的颜色感觉。表 14.1 是各光色与频率及真空中波长的对照。由表 14.1 可见,波长从小到大呈现出从紫到红等各种颜色。

表 14.1　光的颜色与频率、波长对照表

光色	波长范围/nm	频率范围/Hz
红	$760 \sim 622$	$3.9 \times 10^{14} \sim 4.7 \times 10^{14}$
橙	$622 \sim 597$	$4.7 \times 10^{14} \sim 5.0 \times 10^{14}$
黄	$597 \sim 577$	$5.0 \times 10^{14} \sim 5.5 \times 10^{14}$
绿	$577 \sim 492$	$5.5 \times 10^{14} \sim 6.3 \times 10^{14}$
青	$492 \sim 450$	$6.3 \times 10^{14} \sim 6.7 \times 10^{14}$
蓝	$450 \sim 435$	$6.7 \times 10^{14} \sim 6.9 \times 10^{14}$
紫	$435 \sim 400$	$6.9 \times 10^{14} \sim 7.5 \times 10^{14}$

只含单一波长的光，称为单色光。然而，严格的单色光在实际中是不存在的。一般光源的发光是由大量分子或原子在同一时刻发出的，它包含了各种不同的波长成分，称为复色光。如果光波中包含的波长范围很窄，则这种光称为准单色光，也就是通常所说的单色光。波长范围 $\Delta\lambda$ 越窄，其单色性越好。例如，用滤光片从白光中得到的色光，其波长范围相当宽，$\Delta\lambda\approx10\ \text{nm}$；在气体原子发出的光中，每一种成分的光的波长范围为 $\Delta\lambda\approx10^{-2}\sim10^{-4}\ \text{nm}$；即使是单色性很好的激光，也有一定的波长范围，例如 $\Delta\lambda\approx10^{-9}\ \text{nm}$。利用光谱仪可以把光源所发出的光中波长不同的成分彼此分开，所有的

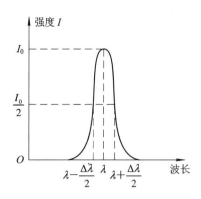

图 14.34　谱线及其宽度

波长成分就组成了光谱。光谱中每一波长成分所对应的亮线或暗线，称为光谱线，它们都有一定的宽度，如图 14.34 所示。每种光源都有自己特定的光谱结构，利用它可以对化学元素进行分析，或对原子和分子的内部结构进行研究。

可见光是能激起人视觉的电磁波，是变化电磁场在空间的传播。实验表明，能引起眼睛视觉效应和照相底片感光作用的是光波中的电场，所以光学中常用电场强度 E 代表光振动，并把 E 矢量称为光矢量。光振动指的是电场强度随时间周期性地变化。

人眼或感光仪器所检测到的光的强弱是由平均能流密度决定的，平均能流密度正比于电场强度振幅 E_0 的平方，所以光的强度（即平均能流密度）

$$I\propto E_0^2$$

通常我们关心的是光强度的相对分布，可设比例系数为 1，故在传播光的空间内任一点光的强度，可用该点光矢量振幅的平方表示，即

$$I=E_0^2$$

14.2.2　光的相干性

波动具有叠加性，两个相干波源发出的两列相干波，在相遇的区间将产生干涉现象，如机械波、无线电波的干涉现象。对于两列光波，在它们的相遇区域满足什么条件才能观察到干涉现象呢？

设两个频率相同、光矢量 E 方向相同的光源所发出的光振幅和光强分别为 E_{10}、E_{20} 和 I_1、I_2，它们在空间某处 P 相遇，P 点合成矢量的振幅 E、光强 I 可分别表示为

$$E^2=E_{10}^2+E_{20}^2+2E_{10}E_{20}\cos\Delta\varphi \qquad (14-23)$$

$$I=I_1+I_2+2\sqrt{I_1I_2}\ \cos\Delta\varphi \qquad (14-24)$$

式中，$\Delta\varphi$ 为两光振动在 P 点的相位差。由于分子或原子每次发光持续的时间极短（约为 $10^{-8}\ \text{s}$），人眼和感光仪器还不可能在这极短的时间内对两波列之间的干涉做出响应，因此我们所观察到的光强是在较长时间 τ 内的平均值，即

$$I=\frac{1}{\tau}\int_0^\tau(I_1+I_2+2\sqrt{I_1I_2}\ \cos\Delta\varphi)\mathrm{d}t$$

$$=I_1+I_2+2\sqrt{I_1I_2}\ \frac{1}{\tau}\int_0^\tau\cos\Delta\varphi\mathrm{d}t \qquad (14-25)$$

对于上式分两种情况讨论。

(1) 非相干叠加：由于分子或原子发光的间歇性和随机性，在 τ 时间内，在叠加处随着光波列的大量更替，来自两个独立光源的两束光或同一光源的不同部位所发出的光的相位差 $\Delta\varphi$ 可以取 0 到 2π 之间的一切数值，且机会均等，因而 $\cos\Delta\varphi$ 对时间的平均值为零，故

$$I = I_1 + I_2 \tag{14-26}$$

式(14-26)表明来自两个独立光源的两束光或同一光源不同部位所发出的光，叠加后的光强等于两光束单独照射时的光强 I_1 和 I_2 之和，故观察不到干涉现象。

(2) 相干叠加：如果利用某些方法使得两束相干光在光场中各指定点的 $\Delta\varphi(=\varphi_2-\varphi_1)$ 各有恒定值，则在相遇空间的 P 点处合成后的光强为

$$I = I_1 + I_2 + 2\sqrt{I_1 I_2}\ \cos\Delta\varphi$$

因相位差 $\Delta\varphi$ 恒定，所以 P 点的光强始终不变，对于两波相遇区域的不同位置，其光强的大小将由这些位置的相位差决定，即空间各处光强分布将由干涉项 $2\sqrt{I_1 I_2}\ \cos\Delta\varphi$ 决定，将会出现有些地方始终加强($I>I_1+I_2$)，有些地方始终减弱($I<I_1+I_2$)。若 $I_1 = I_2$，则合成后光强为

$$I = 2I_1(1 + \cos\Delta\varphi) = 4I_1 \cos^2 \frac{\Delta\varphi}{2} \tag{14-27}$$

当 $\Delta\varphi = \pm 2k\pi$ 时，这些位置的光强最大($I=4I_1$)，称为干涉相长，即亮纹中心；当 $\Delta\varphi = \pm(2k+1)\pi$ 时，这些位置的光强最小($I=0$)，称为干涉相消。光强 I 随相位差 $\Delta\varphi$ 变化的情况如图 14.35 所示。

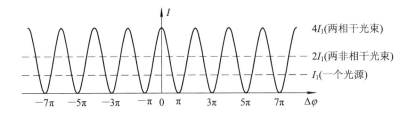

图 14.35　两光叠加时的光强分布

14.2.3　相干光的获得方法

综上所述，只有两束相干光叠加才能观察到光的干涉现象。怎样才能获得两束相干光呢？原则上可以将光源上同一发光点发出的光波分成两束，使之经历不同的路径再会合叠加。由于这两束光是出自同一发光原子或分子的同一次发光，所以它们的频率和初相位必然完全相同，在相遇点，这两光束的相位差是恒定的，而振动方向一般总有相互平行的振动分量，从而满足相干条件，可以产生干涉现象。获得相干光的具体方法有两种：分波阵面法和分振幅法。前者是从同一波阵面上的不同部分产生两束光，如下面将要讨论的双缝干涉；后者是利用光在透明介质薄膜表面的反射和折射将同一光束分割成振幅较小的两束相干光，如后面要介绍的薄膜干涉。

另外，单频激光器可以发射出具有相干性的单色光，能够方便地观察到光的干涉现象。光学实验中经常将单频激光器用作光源。

14.3 双缝干涉

14.3.1 杨氏双缝实验

杨(T. Youg)在 1801 年首先用实验方法研究了光的干涉现象。他先让阳光通过一针孔,再通过离该针孔一段距离的两个针孔,在两针孔后面的屏幕上得到干涉图样。他继而发现,用相互平行的狭缝代替针孔,会得到明亮得多的干涉条纹。这些干涉实验统称为杨氏实验。杨氏干涉实验的成功为光的波动理论奠定了实验基础。

杨氏双缝实验的装置如图 14.36(a)所示。在普通单色光源后放一狭缝 S,相当于一个线光源。S 后又放有与 S 平行而且等距离的两平行狭缝 S_1 和 S_2,两缝之间的距离很小。这时 S_1 和 S_2 构成一对相干光源。从 S_1 和 S_2 发出的光波在屏幕上形成干涉条纹,如图 14.36(b)所示。

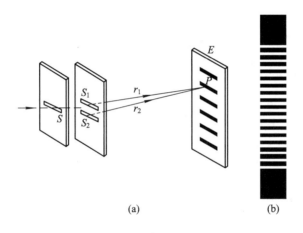

(a)   (b)

图 14.36 杨氏双缝干涉

下面定量分析屏幕上形成干涉明、暗条纹所应满足的条件。如图 14.37 所示,设 S_1 和 S_2 间的距离为 d,双缝所在平面与屏幕 P 平行,两者之间的距离为 d'。在屏幕上任取一点 B,它到双缝的距离分别为 r_1 和 r_2,取 O_1 为 S_1 和 S_2 的中点,O 与 O_1 正对,点 B 与点 O 的距离为 x。在通常情况下,双缝到屏幕间的垂直距离远大于双缝间的距离,即 $d' \gg d$。这时,由 S_1、S_2 发出的光到达屏上点 B 的波程差 Δr 为

$$\Delta r = r_2 - r_1 \approx d \sin\theta$$

此处 θ 也是 O_1O 和 O_1B 所成之角,如图 14.37 所示。

若 Δr 满足条件

$$d \sin\theta = \pm k\lambda \quad (k = 0, 1, 2, \cdots) \tag{14-28}$$

则点 B 处为一明条纹的中心。式中,正负号表明干涉条纹在点 O 两边是对称分布的。对于点 O,$\theta = 0$,$\Delta r = 0$,$k = 0$,因此点 O 处也为一明条纹的中心,此明条纹叫作中央明纹。在点 O 两侧,与 $k = 1, 2, \cdots$ 相应的 x_k 处,Δr 分别为 $\pm\lambda$,$\pm 2\lambda$,$\cdots$,这些明条纹分别叫第一级、第二级……明条纹,它们对称地分布在中央明纹的两侧。

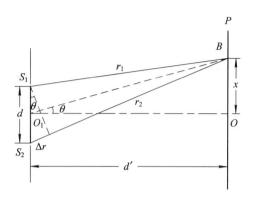

图 14.37　杨氏双缝干涉条纹的计算

因为 $d' \gg d$，所以 $\sin\theta \approx \tan\theta = \dfrac{x}{d'}$，于是式(14−28)的干涉加强条件可改写为

$$d\,\frac{x}{d'} = \pm k\lambda \qquad (k = 0,1,2,\cdots)$$

即在屏上

$$x = \pm k\,\frac{d'\lambda}{d} \qquad (k = 0,1,2,\cdots) \qquad (14-29)$$

的各处，都是明条纹的中心。

当点 B 处满足

$$\Delta r = \frac{dx}{d'} = \pm(2k+1)\,\frac{\lambda}{2}$$

即

$$x = \pm\frac{d'}{d}(2k+1)\,\frac{\lambda}{2} \qquad (k = 0,1,2,\cdots) \qquad (14-30)$$

时，两束光相互减弱(最弱)，则此处为暗条纹中心。这样，与 $k=0,1,\cdots$ 相应的 x 为 $\pm\dfrac{d'}{2d}\lambda$，$\pm\dfrac{3d'}{2d}\lambda$，…处均为暗条纹。若 S_1 和 S_2 在点 B 的波程差既不满足式(14−29)，也不满足式(14−30)，则点 B 处既不是最明，也不是最暗。

综上所述，在干涉区域内，我们可以从屏幕上看到，在中央明纹两侧，对称地分布着明、暗相间的干涉条纹。如果已知 d、d'、λ，则可由式(14−29)或式(14−30)算出相邻明纹(或暗纹)间的距离为

$$\Delta x = x_{k+1} - x_k = \frac{d'}{d}\lambda$$

即干涉明、暗条纹是等距离分布的。若已知 d、d'，又测出 Δx，则由上式可以算出单色光的波长 λ。由上式还可以看到，若 d 与 d' 的值一定，则相邻明纹间的距离 Δx 与入射光的波长 λ 成正比，波长越小，条纹间距越小。若用白光照射，则在中央明纹(白色)的两侧将出现彩色条纹。

14.3.2　杨氏双缝干涉的光强分布

设图 14.37 中狭缝 S_1、S_2 发出的光波单独到达屏上任一点 B 处的振幅分别为 A_1、

A_2，光强分别为 I_1、I_2，则根据式(14-23)，两光波叠加后的振幅为

$$A = \sqrt{A_1^2 + A_2^2 + 2A_1 A_2 \cos(\varphi_2 - \varphi_1)} \tag{14-31(a)}$$

其中，$\varphi_2 - \varphi_1 = 2\pi \dfrac{\Delta r}{\lambda}$。叠加后的光强为

$$I = I_1 + I_2 + 2\sqrt{I_1 I_2} \cos(\varphi_2 - \varphi_1) \tag{14-31(b)}$$

假定 $A_1 = A_2 = A_0$，则 $I_1 = I_2 = I_0$，于是式(14-31(b))可化简成

$$I = 4I_0 \cos^2 \left(\pi \frac{\Delta r}{\lambda} \right) \tag{14-31(c)}$$

由此可知，在 $\Delta r = \pm k\lambda (k=0, 1, 2, \cdots)$ 的地方，光强 $I = 4I_0$ 是明条纹的最亮处；对应于 $\Delta r = \pm(2k+1)\dfrac{\lambda}{2}(k=0, 1, 2, \cdots)$ 的各处，光强 $I = 0$，是暗条纹的最暗处(见图 14.38)。也就是说，从能量的观点看，干涉使光的能量进行了重新分布，而光的能量总值仍是守恒的。

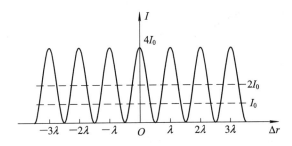

图 14.38 杨氏双缝干涉光强分布

14.3.3 缝宽对干涉条纹的影响与空间相干性

在双缝干涉实验中，如果逐渐增加光源狭缝 S 的宽度，则屏幕 P 上的条纹就会变得逐渐模糊，最后干涉条纹完全消失。这是因为 S 内所包含的各小部分 S'、S'' 等(见图 14.39)是非相干波源，它们互不相干，且 S' 发出的光与 S'' 发出的光通过双缝到达点 B 的波程差并不相等，即 S'、S'' 发出的光将各自满足不同的干涉条件。比如，当 S' 发出的光经过双缝后恰在点 B 形成干涉极大的光强时，S'' 发出的光可能在点 B 形成干涉较小的光强。由于 S'、S'' 是非相干光源，因此它们在点 B 形成的合光强只是上述结果的简单相加，即非相干叠加，而不会出现"亮＋亮＝暗"的干涉叠加结果。所以，缝 S 愈宽，所包含的非相干子波源愈多，合光强的分布就愈偏离图 14.38 的样式，结果是最暗的光强不为零，使最亮和最暗的差别缩小，从而造成干涉条纹模糊甚至消失。只有当光源 S 的线度较小时，才能获得较清晰的干涉条纹。这一特性称为光场的空间相干性。

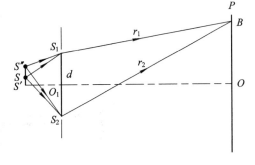

图 14.39 空间相干性

对于激光光源，不存在空间相干性问题，因为激光光源输出的光波各部分都是相干

的。这是激光光源所具有的优越性。

14.3.4 双镜

图 14.40(a)是双镜实验的示意图。M_1、M_2 是两个平面镜,它们的交点为 C,夹角 θ 很小。为使点光源 S 的光不直接照射屏幕 P,用遮光板 L 将 S 和 P 隔开。S 发出的光,一部分在 M_1 上反射,另一部分在 M_2 上反射,分别形成虚像 S_1 和 S_2,于是经过 M_1 和 M_2 反射到达屏 P 的两束光可以看成是分别由虚光源 S_1 和 S_2 发出的,而这两束光来自同一点光源,所以它们是相干光,在它们相遇的区域将产生干涉现象。把屏幕 P 放到这个区域中,就可观察到明暗相间的干涉条纹,如图 14.40(b)所示。

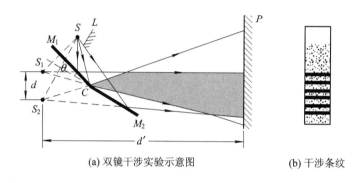

(a) 双镜干涉实验示意图　　　　　　(b) 干涉条纹

图 14.40　双镜干涉

运用几何方法可以求出 S_1 和 S_2 之间的距离 d 以及 S_1 和 S_2 到屏 P 的距离 d',进而对干涉条纹作出计算。

14.3.5 洛埃镜

洛埃镜实验不但显示了光的干涉现象,而且还显示了当光由光速较大(折射率较小)的介质射向光速较小(折射率较大)的介质时,反射光的相位发生了跃变。图 14.41 中,M 为一反射镜。从狭缝 S_1 射出的光,一部分(以①表示的光)直接射到屏幕 P 上,另一部分掠射到反射镜 M 上,反射后(以②表示的光)到达屏幕 P 上。反射光可看成是由虚光源 S_2 发出的。S_1、S_2 构成一对相干光源。图 14.41 中阴影的区域表示叠加的区域,这时在屏幕上可以观察到明、暗相间的干涉条纹。

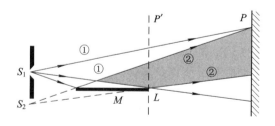

图 14.41　洛埃镜实验示意图

若把屏幕放到和镜面相接触的 P' 位置,此时从 S_1、S_2 发出的光到达接触点 L 的路程相等,在 L 处似乎应出现明纹,但是实验结果是在接触处为一暗纹。这表明,直接射到屏幕上的光与由镜面反射出来的光在 L 处的相位相反,即相位差为 π。由于入射光的相位没有变化，所以只能是反射光(从空气射向玻璃并反射)的相位跃变了 π。

进一步实验表明，光从光速较大(折射率较小)的介质射向光速较小(折射率较大)的介质时，反射光的相位较之入射光的相位跃变了 π。由于这一相位跃变，相当于反射光与入射光之间附加了半个波长 $\left(\dfrac{\lambda}{2}\right)$ 的波程差，故常称为半波损失。

在双镜干涉实验中的 M_1 和 M_2 两平面镜上反射的两束光，虽然都发生了 π 的相位跃变，但两者的光程差(或相位差)是不变的。

【例 14.6】 以单色光照射到相距为 0.2 mm 的双缝上，双缝与屏幕的垂直距离为 1 m。

(1) 从第一级明纹到同侧的第四级明纹间的距离为 7.5 mm，求单色光的波长。

(2) 若入射光的波长为 600 nm，求相邻两明纹间的距离。

【解】 (1) 根据双缝干涉明纹的条件

$$x_k = \pm \frac{d'}{d} k\lambda \qquad (k = 0, 1, 2, \cdots)$$

将 $k=1$ 和 $k=4$ 代入上式，得

$$\Delta x_{14} = x_4 - x_1 = \frac{d'}{d}(k_4 - k_1)\lambda$$

所以

$$\lambda = \frac{d}{d'} \frac{\Delta x_{14}}{k_4 - k_1}$$

已知 $d=0.2$ mm，$\Delta x_{14}=7.5$ mm，$d'=1000$ mm，代入上式，得

$$\lambda = \frac{0.2 \text{ mm} \times 7.5 \text{ mm}}{1000 \text{ mm} \times (4-1)} = 500 \text{ nm}$$

(2) 当 $\lambda=600$ nm 时，相邻两明纹间的距离为

$$\Delta x = \frac{d'}{d}\lambda = \frac{1000 \text{ mm}}{0.2 \text{ mm}} \times 6 \times 10^{-4} \text{ mm}$$

$$= 3.0 \text{ mm}$$

【例 14.7】 射电信号的接收。如图 14.42 所示，湖面上 $h=0.5$ m 处有一电磁波接收器位于 C 处。当一射电星从地平面渐渐升起时，接收器断续地检测到一系列极大值。已知射电星所发射的电磁波的波长为 20.0 cm，求第一次测到极大值时，射电星的方位与湖面所成的角度。

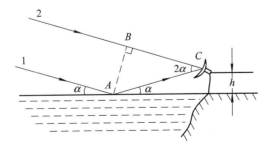

图 14.42　例 14.7 图

【解】 接收器测得的电磁波是射电星发射的信号直接到达接收器的部分与经湖面反射的部分相互干涉的结果。因此，可以用类似洛埃镜的方法分析和计算。

若射电星所在的位置与湖面成 α 角，则反射波与入射波之间的夹角为 2α。设点 A 是湖面上的反射点，且 $AB \perp BC$，则两相干波的波程差为

$$\Delta r = AC - BC + \frac{\lambda}{2}$$

$$= AC(1 - \cos 2\alpha) + \frac{\lambda}{2}$$

式中，$\frac{\lambda}{2}$ 是附加波程差，它是由电磁波在湖面上反射时相位跃变 π 引起的。接收器测到极大值时，波程差 Δr 等于波长的整数倍，即

$$\frac{h}{\sin\alpha}(1 - \cos 2\alpha) + \frac{\lambda}{2} = k\lambda \qquad (k = 1, 2, \cdots)$$

由上式解得

$$\sin\alpha = \frac{(2k-1)\lambda}{4h}$$

第一次测得极大值时，$k=l$，所以

$$\alpha_1 = \arcsin\frac{\lambda}{4h} = \arcsin\frac{20.0 \times 10^{-2}}{4 \times 0.5} = 5.74°$$

需要说明的是，在具体计算附加波程差时，取 $+\frac{\lambda}{2}$ 或 $-\frac{\lambda}{2}$ 都是合理的，但这两种取法应与所取干涉条纹的级数 k 相协调，才会保证答案的确定性。比如，上面计算中取 $+\frac{\lambda}{2}$，k 取 1；若改取 $-\frac{\lambda}{2}$，则 k 应取 0，使得答案相同。也就是说，上题的第一次测量，是指 k 应是诸可能值中最小的一个。总之，取 $\pm\frac{\lambda}{2}$ 只会影响 k 的取值，而对问题的实质并无影响。

14.3.6　光源的相干长度

我们知道，普通光源发光的微观过程是间歇的，每个原子的持续发光时间是有限的，这就决定了光源发射的每个波列有一定的长度。当光波在干涉装置中分成两束光时，每个波列都被分成两部分，如图 14.43 中的 a_1、a_2、b_1、b_2 等。当两光路的波程差不太大时，由同一波列分解出来的两波列(如 a_1 和 a_2，b_1 和 b_2 等)可以相遇叠加，这时能够发生干涉，如图 14.43(a)所示。若两光路的波程差太大，则由同一波列分解出来的两波列不能叠加，而相互叠加的可能是由前后两波列分解出来的波列(譬如说 b_1 和 a_2)，这时就不能发生干涉，如图 14.43(b)所示。这就是说，两光路之间的波程差超过了波列长度时，就不再发生干涉，因此最大波程差 $\delta_{\max}$ 称为相干长度。根据理论计算，相干长度

$$L = \delta_{\max} = \frac{\lambda^2}{\Delta\lambda} \tag{14-32}$$

式(14-32)表明最大波程差与谱线宽度成反比，光源的单色性越好，则产生干涉条纹的最大波程差越大，即光源的相干长度越大。

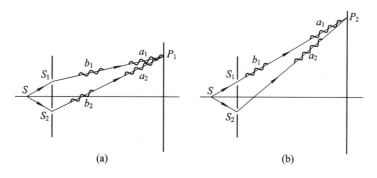

图 14.43　说明相干长度用图

14.4　光程与光程差

14.4.1　光程

在前面讨论的干涉现象中,两相干光束始终在同一介质中传播,它们到达某一点叠加时,两光振动的相位差取决于两相干光束间的波程差。讨论一束光在几种不同介质中传播,或者比较两束经过不同介质的光时,常引入光程的概念,这给分析相位关系带来了很大的方便。

我们知道,给定单色光的振动频率 ν 在不同介质中是相同的。在折射率为 n 的介质中,光速 v 是真空中光速 c 的 $\dfrac{1}{n}$。所以在这个介质中,单色光的波长 λ' 将是真空中波长 λ 的 $\dfrac{1}{n}$,如图 14.44 所示,即

$$\lambda' = \frac{v}{\nu} = \frac{c}{n\nu} = \frac{\lambda}{n} \tag{14-33}$$

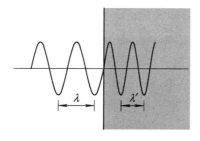

图 14.44　光在真空中的波长和在介质中的波长

因此,在折射率为 n 的某一介质中,如果光波通过的波程即几何路程为 L,亦即其间的波数为 $\dfrac{L}{\lambda'}$,那么同样波数的光波在真空中通过的几何路程将是

$$\frac{L}{\lambda'}\lambda = nL$$

由此可见,光波在介质中的路程 L 相当于在真空中的路程 nL,即光波在某一介质中

所经历光程等于它的几何路程 L 与此介质的折射率 n 的乘积 nL，称为光程。

14.4.2 光程差

下面举一个简单的例子，进一步了解引入光程的意义。

假设 S_1 和 S_2 为频率 ν 的相干光源，它们的初相位相同，经路程 r_1 和 r_2 到达空间某点 P 相遇(见图 14.45)。若 S_1P 和 S_2P 分别在折射率为 n_1 和 n_2 的介质中传播，则这两个波在 P 点引起的振动为

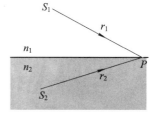

$$E_1 = E_{10} \cos 2\pi \left(\nu t - \frac{r_1}{\lambda_1} \right)$$

$$E_2 = E_{20} \cos 2\pi \left(\nu t - \frac{r_2}{\lambda_2} \right)$$

图 14.45 光程差的计算

两者在 P 的相位差为

$$\Delta \varphi = \frac{2\pi r_2}{\lambda_2} - \frac{2\pi r_1}{\lambda_1}$$

利用式(14-33)折算到真空中的波长 λ_0，得

$$\Delta \varphi = \frac{2\pi n_2 r_2}{\lambda_0} - \frac{2\pi n_1 r_1}{\lambda_0} = \frac{2\pi}{\lambda_0}(n_2 r_2 - n_1 r_1)$$

由此可见，两相干光波在相遇点的相位差不是取决于它们的几何路程 r_2 与 r_1 之差，而是取决于它们的光程差 $n_2 r_2 - n_1 r_1$，常用 Δ 来表示光程差。

采用了光程的概念之后，相当于把光在不同介质中的传播都折算为光在真空中的传播，这样相位差可用光程差来表示，它们的关系是

$$\Delta \varphi = \frac{2\pi \Delta}{\lambda_0} \tag{14-34}$$

式中，λ_0 为光在真空中的波长。

14.4.3 物像之间的等光程性

在干涉和衍射实验中，常常需用薄透镜将平行光线会聚成一点，那么使用透镜后会不会使平行光的光程变化呢？下面对这个问题作简单分析。

几何光学告诉我们，从实物发出的不同光线，经不同路径通过凸透镜，可以会聚成一个明亮的实像。如图 14.46 所示，S 是放在透镜 L 主轴上的点光源，S' 是透镜对 S 所成的实像。经过透镜中心与边缘的两条光线的几何路程是不同的，例如 $SABS'$ 的几何路程比 $SMNS'$ 短，但其在透镜内的那部分较长，即 $AB > MN$。而透镜的材料的折射率大于

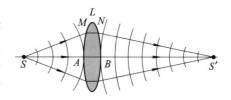

图 14.46 透镜的等光程性

1，如果折算成光程，根据费马原理可以导出两者的光程是相等的。这就是薄透镜主轴上物点和像点之间的等光程性。从光的波动观点来看，S 发出的球面波其波阵面如图 14.46 中圆弧线所示，通过透镜后，球面波的波阵面又逐渐会聚到达像点 S'。因为波阵面上各点具有相同的相位，所以从物点到像点的各光线经历相同的相位差，也就是经历相等的光程。

我们知道,平行光束通过透镜后,会聚于焦平面上,相互加强成一亮点 F,如图14.47、图 14.48 所示。这是由于在垂直于平行光的某一波阵面上的 A_1,A_2,A_3,…点的相位相同,到达焦平面后相位仍然相同,因而互相加强。可见,从 A_1,A_2,A_3,…点到 F 点的各光线的光程都相等。由上述说明可知,使用透镜只能改变光波的传播情况,对物、像间各光线不会引起附加的光程差。

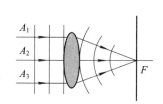

图 14.47 平行于主光轴的光经透镜会聚时的等光程性

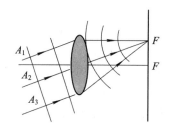

图 14.48 与主光轴成 θ 角的光经透镜会聚时的等光程性

14.4.4 反射光的相位突变和附加光程差

在讨论洛埃镜实验时已经指出,光从光疏介质射到光密介质界面反射时,反射光有相位突变 π,即有半波损失。事实上,反射光的相位变化与入射角的关系是很复杂的,这需用菲涅耳公式进行分析,超出了本书的教学要求。可是在讨论干涉问题时经常遇到比较两束反射光的相位问题。例如,比较从薄膜的不同表面反射的两束光相位突变引起额外的相位差(见图 14.49)。理论和实验表明:如果两束光都是从光疏到光密界面反射(即 $n_1 < n < n_2$ 的情况)或都是从光密到光疏界面反射(即 $n_1 > n > n_2$ 的

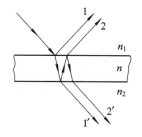

图 14.49 薄膜两界面反射光的附加相位差

情况),则两束反射光之间无附加的相位差。如果一束光从光疏到光密界面反射,而另一束从光密到光疏界面反射(即 $n > n_1$ 且 $n > n_2$ 或 $n < n_1$ 且 $n < n_2$ 的情形),则两束反射光之间有附加的相位差 π,或者说有附加光程差 $\lambda/2$。对于折射光,任何情况下都不会有相位突变。

14.5 薄 膜 干 涉

在日常生活中,我们常见到在阳光的照射下,肥皂膜、水面上的油膜以及许多昆虫(如蜻蜓、蝉、甲虫等)的翅膀上呈现彩色的花纹,这是一种光波经薄膜两表面反射后相互叠加所形成的干涉现象,称为薄膜干涉。在高温下金属表面被氧化而形成的氧化层也能产生干涉现象。例如,在从车床上切削下来的钢铁碎屑上能看到因薄膜干涉而呈现美丽的蓝色。由于反射波和透射波的能量是由入射波的能量分出来的,因此形象地说,入射波的振幅被

"分割"成若干部分，这样获得相干光的方法常称为分振幅法。

对薄膜干涉现象的详细分析比较复杂，但在实际中，比较简单而应用较多的是厚度不均匀薄膜表面上的等厚干涉条纹和厚度均匀的薄膜在无穷远处形成的等倾干涉条纹。

14.5.1　等倾干涉

如图 14.50 所示，在折射率为 n_1 的均匀介质中，有一折射率为 n_2 的薄膜，且 $n_2 > n_1$。M_1 和 M_2 分别为薄膜的上、下两界面。设由单色光源 S 上一点发出的光线 1，以入射角 i 投射到界面 M_1 上的点 A，一部分由点 A 反射（图中的光线 2），另一部分射进薄膜并在界面 M_2 上反射，再经界面 M_1 折射而出（图中的光线 3）。显然，光线 2、3 是两条平行光线，经透镜 L 会聚于屏幕 P。由于光线 2、3 是同一入射光的两部分，因经历了不同的路径而有恒定的相位差，因此它们是相干光。

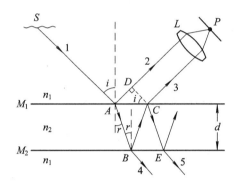

图 14.50　薄膜干涉

接下来计算光线 2 和 3 的光程差。设 $CD \perp AD$，则 CP 和 DP 的光程相等。由图 14.50 可知，光线 3 在折射率为 n_2 的介质中的光程为 $n_2(AB+BC)$；光线 2 在折射率为 n_1 的介质中的光程为 $n_1 AD$。因此，它们的光程差为

$$\Delta' = n_2(AB+BC) - n_1 AD \tag{14-35}$$

设薄膜的厚度为 d，由图可得

$$AB = BC = \frac{d}{\cos r}$$

$$AD = AC \sin i = 2d \tan r \sin i$$

把以上两式代入式(14-35)，得

$$\Delta' = \frac{2d}{\cos r}(n_2 - n_1 \sin r \sin i)$$

根据折射定律 $n_1 \sin i = n_2 \sin r$，上式可写成

$$\Delta' = \frac{2d}{\cos r} n_2 (1 - \sin^2 r) = 2n_2 d \cos r \tag{14-36}$$

或

$$\Delta' = 2n_2 d \sqrt{1 - \sin^2 r} = 2d \sqrt{n_2^2 - n_1^2 \sin^2 i} \tag{14-37}$$

此外，由于两介质的折射率不同，还必须考虑光在界面反射时有 π 的相位跃变，或附加光程差 $\pm \frac{\lambda}{2}$。我们在此取 $+\frac{\lambda}{2}$，则两反射光的总光程差为

$$\Delta_r = 2d \sqrt{n_2^2 - n_1^2 \sin^2 i} + \frac{\lambda}{2} \tag{14-38}$$

于是，干涉条件为

$$\Delta_r = 2d \sqrt{n_2^2 - n_1^2 \sin^2 i} + \frac{\lambda}{2} = \begin{cases} k\lambda & (k=1, 2, \cdots)（加强）\\ (2k+1)\dfrac{\lambda}{2} & (k=0, 1, 2, \cdots)（减弱） \end{cases} \tag{14-39}$$

当光垂直入射（即 $i=0$）时，有

$$\Delta_r = 2n_2 d + \frac{\lambda}{2} = \begin{cases} k\lambda & (k=1, 2, \cdots)（加强）\\ (2k+1)\dfrac{\lambda}{2} & (k=0, 1, 2, \cdots)（减弱） \end{cases} \tag{14-40}$$

透射光也有干涉现象。在图 14.50 中，不难看出，光线 AB 到达点 B 处时，一部分直接经界面 M_2 折射而出（光线 4），还有一部分经点 B 和点 C 两次反射后在点 E 处折射而出（光线 5）。因此，两透射光线 4、5 的总光程差为

$$\Delta_t = 2d \sqrt{n_2^2 - n_1^2 \sin^2 i}$$

上式与式（14-38）相比较，Δ_t 与 Δ_r 相差 $\dfrac{\lambda}{2}$，即当反射光的干涉相互加强时，透射光的干涉相互减弱。显然，这是符合能量守恒定律的要求的。

由上式可知，入射角 i 越大，光程差 Δ 越小，干涉级越低。在等倾环纹中，半径越大的圆环对应的 i 也越大，所以中心处的干涉级最高，圆环纹由中心向外其干涉级逐渐降低。此外，从中央向外各相邻明环或相邻暗环间的距离也不相同。中央的环纹间的距离较大，环纹较稀疏，越向外，环纹间的距离越小，环纹越密集，如图 14.51 所示。

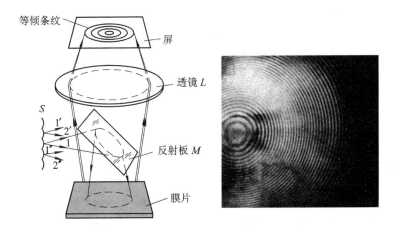

图 14.51　观察薄膜干涉等倾条纹的实验装置及条纹

【例 14.8】　一油轮漏出的油（折射率 $n_1 = 1.20$）污染了某海域，在海水（$n_2 = 1.30$）表面形成了一层薄薄的油污。

（1）如果太阳正位于海域上空，一直升机的驾驶员从机上向下观察，他所正对的油层厚度为 460 nm，则他将观察到油层呈什么颜色？

（2）如果一潜水员潜入该区域水下，又将观察到油层呈什么颜色？

【解】　这是一个薄膜干涉的问题。太阳垂直照射在海面上，驾驶员和潜水员所看到的

分别是反射光的干涉结果和透射光的干涉结果。

(1) 由于油层的折射率 n_1 小于海水的折射率 n_2，但大于空气的折射率，所以在油层上、下表面反射的太阳光均发生 π 的相位跃变。两反射光之间的光程差为

$$\Delta_r = 2n_1 d$$

当 $\Delta_r = k\lambda$，即 $\lambda = \dfrac{2n_1 d}{k}$，$k = 1, 2, \cdots$ 时，反射光干涉形成，把 $n_1 = 1.20$，$d = 460$ nm 代入，得干涉加强的光波波长为

$$k = 1, \lambda_1 = 2n_1 d = 1104 \text{ nm}$$
$$k = 2, \lambda_2 = n_1 d = 552 \text{ nm}$$
$$k = 3, \lambda_3 = \frac{2}{3}n_1 d = 368 \text{ nm}$$

其中，波长为 $\lambda_2 = 552$ nm 的绿光在可见范围内，而 λ_1 和 λ_3 则分别在红外线和紫外线的波长范围内，所以驾驶员将看到油膜呈绿色。

(2) 此题中透射光的光程差为

$$\Delta_t = 2n_1 d + \frac{\lambda}{2}$$

令 $\Delta_t = k\lambda$，$k = 1, 2, 3, \cdots$，得

$$k = 1, \lambda_1 = \frac{2n_1 d}{1 - \dfrac{1}{2}} = 2208 \text{ nm}$$

$$k = 2, \lambda_2 = \frac{2n_1 d}{2 - \dfrac{1}{2}} = 736 \text{ nm}$$

$$k = 3, \lambda_3 = \frac{2n_1 d}{3 - \dfrac{1}{2}} = 441.6 \text{ nm}$$

$$k = 4, \lambda_4 = \frac{2n_1 d}{4 - \dfrac{1}{2}} = 315.4 \text{ nm}$$

其中，波长为 $\lambda_2 = 736$ nm 的红光和 $\lambda_3 = 441.6$ nm 的蓝光在可见范围内，而 λ_1 是红外线，λ_4 是紫外线，由于同时看到红色和蓝色时大脑会反应为紫色，所以潜水员看到的油膜呈紫色。

14.5.2　增透膜与增反膜

利用薄膜干涉不仅可以测定波长或薄膜的厚度，还可以提高或降低光学器件的透射率。光在两介质分界面上的反射，将减少透射光的强度。例如，照相机镜头或其他光学元件常采用组合透镜；对于一个具有四个玻璃-空气界面的组合透镜，由于反射而损失的光能约为入射光能的 20%。随着界面数目的增加，损失的光能还会增多。为了减小因反射而损失的光能，常在透镜表面上镀一层薄膜。如图 14.52 所示，在玻璃表面上镀一层厚度为 d 的氟化镁(MgF_2)薄膜，它的折射率 $n_2 = 1.38$，比玻璃的折射率小，比空气的折射率大，所以在氟化镁薄膜上下两界面的反射光 2 和 3 都具有 π 的相位跃变，从而可不再计入附加光程差。所以光 2、3 的光程差 $\Delta = 2n_2 d$。若氟化镁的厚度 d 为 0.10 μm，则对应的光程差

$$\Delta = 2n_2 d = 2 \times 1.38 \times 0.10 \ \mu m = 0.276 \ \mu m = 276 \ nm$$

为 552 nm 的一半。所以波长为 552 nm 的黄绿光在薄膜的两界面上反射时由于干涉减弱而无反射光。根据能量守恒定律，反射光减少，透射光就增强了。这种能减少反射光强度而增加透射光强度的薄膜，称为增透膜。

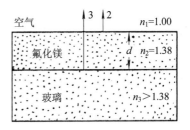

图 14.52　增透膜示意图

　　有些光学器件则需要减少其透射率，以增加反射光的强度。利用薄膜干涉也可制成增反射膜（或高反射膜），在如图 14.52 所示的薄膜中，若使 $n_1 < n_2$，$n_2 > n_3$，则这时仅薄膜上界面的反射光 2 有相位跃变。反射光由于干涉而增强。由能量守恒定律可知，反射光增强了，透射光就将减弱，这就是增反膜的原理。

14.5.3　等厚干涉条纹

　　上面我们介绍了平行光束入射在厚度均匀的薄膜上所产生的干涉现象，现在介绍在厚薄不均匀的薄膜上所产生的干涉现象。在实验室中常用劈尖膜和牛顿环来观察这种干涉现象。

1. 劈尖膜

　　如图 14.53 所示，两块平面玻璃片，一端互相叠合，另一端夹一薄纸片（为了便于说明问题和易于作图，图中纸片的厚度特别予以放大），这时在两玻璃片之间形成的空气薄膜称为空气劈尖。两玻璃片的交线称为棱边，在平行于棱边的线上，劈尖的厚度是相等的。

　　当平行单色光垂直（$i = 0$）入射于这样的两玻璃片时，在空气劈尖（$n=1$）的上下两表面所引起的反射光线将形成相干光。如图 14.54 所示，劈尖在 C 点处的厚度为 d，在劈尖上下表面反射的两光线之间的光程差是

$$\Delta = 2d + \frac{\lambda}{2} \tag{14-41}$$

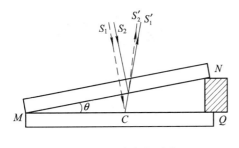

图 14.53　劈尖的干涉

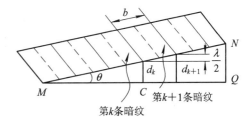

图 14.54　等厚干涉条纹

　　由于从空气劈尖的上表面（即玻璃-空气分界面）和从空气劈尖的下表面（即空气-玻璃分界面）反射的情况不同，所以在式中仍有附加的半波长光程差。

　　因此：

$$\begin{cases} \Delta = 2d + \dfrac{\lambda}{2} = k\lambda & (k = 1, 2, 3, \cdots, \text{明纹}) \\[2mm] \Delta = 2d + \dfrac{\lambda}{2} = (2k+1)\dfrac{\lambda}{2} & (k = 0, 1, 2, \cdots, \text{暗纹}) \end{cases} \tag{14-42}$$

干涉条纹为平行于劈尖棱边的直线条纹。每一明、暗条纹都与一定的 k 值相当，也就是与劈尖的一定厚度 d 相当。所以，这些干涉条纹称为等厚干涉条纹。观察劈尖干涉的实验装置如图 14.55 所示。

在两块玻璃片相接触处，$d = 0$，光程差等于 $\frac{\lambda}{2}$，所以应看到暗条纹，而事实正是这样的。这是"相位突变"的又一个有力证据。

如图 14.54 所示，任何两个相邻的明纹或暗纹之间的距离 b 由下式决定：

$$b \sin\theta = d_{k+1} - d_k = \frac{1}{2}(k+1)\lambda - \frac{1}{2}k\lambda = \frac{\lambda}{2}$$

$$(14-43)$$

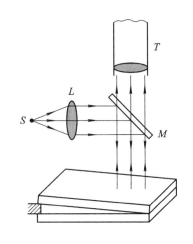

图 14.55　观察劈尖干涉的实验装置

式中，θ 为劈尖的夹角。显然，干涉条纹是等间距的，而且 θ 愈小，干涉条纹愈疏；θ 愈大，干涉条纹愈密。如果劈尖的夹角 θ 相当大，则干涉条纹就将密得无法分开。因此，干涉条纹只能在很尖的劈尖上看到。

由此可见，如果已知劈尖的夹角，那么测出干涉条纹的间距 l，就可以测出单色光的波长；反过来，如果单色光的波长是已知的，那么就可以测出微小的角度。利用这个原理，工程技术上常用来测定细丝的直径或薄片的厚度。例如，把金属丝夹在两块光学平面玻璃片之间，这样形成空气劈尖。如果用波长已知的单色光垂直地照射，即可由等厚干涉条纹测出细丝的直径。制造半导体元件时，常常需要精确地测量硅片上的二氧化硅（SiO_2）薄膜的厚度，这时可用化学方法把二氧化硅薄膜的一部分腐蚀掉，使它成为劈尖形状，如图 14.56 所示，用已知波长的单色光垂直地照射到二氧化硅的劈尖上，在显微镜里数出干涉条纹的数目，就可求出二氧化硅薄膜的厚度 h。

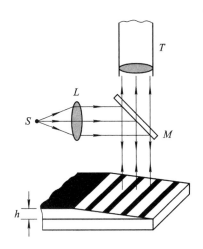

图 14.56　二氧化硅薄膜厚度的测定

从劈尖的等厚条纹的讨论可知，如果劈尖的上下两个表面都是光学平面，等厚条纹将是一系列平行的、间距相等的明暗条纹。生产上，常利用这一现象来检查工件的平整度。取一块光学平面的标准玻璃块，叫作平晶，放在另一块待检验的玻璃片或金属磨光面上，观察干涉条纹是否等距的、平行的直线，就可以判断工件的平整度，如图 14.57 所示。因为相邻两条明纹之间的空气层厚度相差 $\lambda/2$，所以从条纹的几何形状就可以测得表面上凹凸缺陷或沟纹的情况。这种方法很精密，能检查出约 $\lambda/4$ 的凹凸缺陷，即精密度可达 $0.1~\mu m$。

图 14.57　检验平面质量的干涉条纹

【例 14.9】　为了测量金属细丝的直径，把金属丝夹在两块平玻璃之间，使空气层形成劈尖，如图 14.58 所示。如用单色光垂直照射，就得到等厚干涉条纹。测出干涉条纹间的距离，就可以算出金属丝的直径。某次的测量结果为：单色光的波长 $\lambda = 589.3$ nm，金属丝与劈尖顶点间的距离 $L = 28.880$ mm，30 条明纹间的距离为 4.295 mm，求金属丝的直径 D。

【解】　相邻两条明纹之间的距离 $b = \dfrac{4.295}{29}$ mm，其间空气层的厚度相差 $\dfrac{\lambda}{2}$，于是

$$b \sin\theta \approx \frac{\lambda}{2}$$

式中，θ 为劈尖的夹角。因为 θ 角很小，所以

$$\sin\theta \approx \frac{D}{L}$$

于是得到

$$b \frac{D}{L} = \frac{\lambda}{2}$$

所以

$$D = \frac{L}{b} \frac{\lambda}{2}$$

代入数据，求得金属丝的直径为

$$D = \frac{28.880 \times 10^{-3}}{\dfrac{4.295}{29} \times 10^{-3}} \times \frac{1}{2} \times 589.3 \times 10^{-6} \text{m}$$

$$= 0.057\ 46 \text{ mm}$$

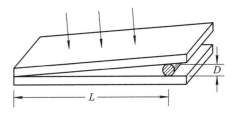

图 14.58　利用等厚干涉条纹测量
细金属丝的直径

用干涉膨胀仪可测定固体的线胀系数，其构造如图 14.59 所示。在平台 D 上放置一上表面磨成稍微倾斜的待测样品 W，W 外套一个热膨胀系数很小的石英制成的圆环 C，环顶上放一平板玻璃 A，它与样品的上表面构成一空气劈尖。以波长为 λ 的单色光自 A 板垂直入射在这个空气劈尖上，将产生等厚干涉条纹。当样品受热膨胀（不计石英环的膨胀）时，劈尖的下表面位置上升，使干涉条纹移动。在此过程中，通过视场某

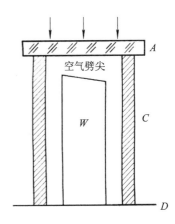

图 14.59　用干涉膨胀仪测定固体的
线胀系数示意图

一刻线的条纹数目为 N，进而可求出样品的热膨胀系数 β。

【例 14.10】 由两玻璃片构成一空气劈尖，其夹角为 $\theta=5.0\times10^{-5}$ rad，用波长 $\lambda=0.5\ \mu m$ 的平行单色光垂直照射，在空气劈尖的上方观察劈尖表面上的等厚条纹。若将下面的玻璃片向下平移，看到有 15 条条纹移过，求玻璃片下移的距离。

【解】 利用劈尖干涉的光程差、干涉条纹(即膜的等厚线)及其性质、明纹条件求解。

劈尖下面的玻璃片下移，但劈尖角保持不变，形成在劈尖表面上的等厚干涉条纹(平行于劈尖棱边的一些等间距的直线段)整个向棱边方向移动(条纹间距不变)。

设原来第 k 级明纹处劈尖的厚度为 d_1，光垂直入射时，劈尖干涉明纹条件(有半波损失)为

$$2d_1+\frac{\lambda}{2}=k\lambda$$

下面的玻璃片下移后，原来的第 k 级明纹处变成第 $k+15$ 级明纹处，该处的厚度 d_1 变成 d_2，由干涉条件有

$$2d_2+\frac{\lambda}{2}=(k+15)\lambda$$

上面两式相减，得到

$$d_2-d_1=\frac{15\lambda}{2}=\frac{15\times5\times10^{-1}}{2}=3.75\ \mu m$$

即为玻璃片下移的距离。

2. 牛顿环

在一块光学平整的玻璃片 B 上，放一曲率半径 R 很大的平凸透镜 A，如图 14.60(a)所示，在 A、B 之间形成一劈尖形空气薄层。当平行光束垂直地射向平凸透镜时，可以观察到在透镜表面出现一组干涉条纹，这些干涉条纹是以接触点 O 为中心的同心圆环，称为牛顿环，如图 14.60(b)所示。

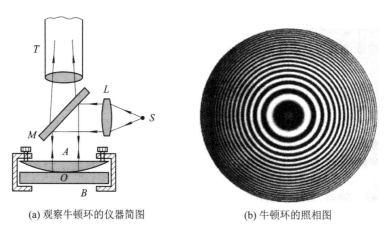

(a) 观察牛顿环的仪器简图　　　　　　(b) 牛顿环的照相图

图 14.60　牛顿环

牛顿环是由透镜下表面反射的光和平面玻璃上表面反射的光发生干涉而形成的，这也是一种等厚条纹。明暗条纹处所对应的空气层厚度 d 应满足：

$$\begin{cases} 2d + \dfrac{\lambda}{2} = k\lambda & (k = 1, 2, 3, \cdots, \text{明环}) \\[2mm] 2d + \dfrac{\lambda}{2} = (2k+1)\dfrac{\lambda}{2} & (k = 0, 1, 2, \cdots, \text{暗环}) \end{cases}$$

由图 14.61 所示的直角三角形得

$$r^2 = R^2 - (R-d)^2 = 2Rd - d^2$$

因为 $R \gg d$，所以 $d^2 \ll 2Rd$，可以将 d^2 从式中略去，于是

$$d = \frac{r^2}{2R}$$

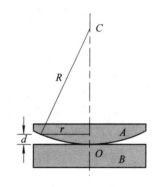

上式说明 d 与 r 的平方成正比，所以离开中心愈远，光程差增加愈快，所看到的牛顿环也变得愈来愈密。由以上两式可求得在反射光中的明环和暗环的半径分别为

图 14.61　牛顿环的半径计算用图

$$r = \sqrt{\frac{(2k-1)R\lambda}{2}} \quad (k = 1, 2, 3, \cdots, \text{明环})$$

$$r = \sqrt{kR\lambda} \quad (k = 0, 1, 2, \cdots, \text{暗环})$$

随着级数 k 的增大，干涉条纹变密。对于第 k 级和第 $k+m$ 级的暗环：

$$r_k^2 = kR\lambda, \quad r_{k+m}^2 = (k+m)R\lambda$$

$$r_{k+m}^2 - r_k^2 = mR\lambda$$

由此得透镜的曲率半径为

$$R = \frac{1}{m\lambda}(r_{k+m}^2 - r_k^2)$$

$$= \frac{1}{m\lambda}(r_{k+m} - r_k)(r_{k+m} + r_k)$$

牛顿环中心处相应的空气层厚度 $d = 0$，而实验观察到的是一暗斑，这是因为光从光疏介质到光密介质界面反射时有相位突变。

14.6　迈克尔逊干涉仪

干涉仪是根据光的干涉原理制成的，是近代精密仪器之一，在科学技术方面有着广泛而重要的应用。干涉仪具有各种形式，迈克尔逊干涉仪是一种比较典型的干涉仪，它是很多近代干涉仪的原型，在物理学发展史上也起过重要作用。本节将介绍迈克尔逊干涉仪的原理。

迈克尔逊(A. A. Michelson)干涉仪的构造略图如图 14.62 所示。M_1 与 M_2 是两片精密磨光的平面反射镜，其中 M_2 是固定的，M_1 用螺旋控制，可以前后移动。G_1 和 G_2 是两块材料相同、厚薄均匀而且相等的平行玻璃片。在 G_1 的一个表面上镀有半透明的薄银层，使照射在 G_1 上的光强一半反射，另一半透射。G_1、G_2 这两块平行玻璃片与 M_1 和 M_2 倾斜成

45°角。

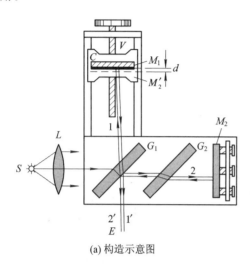

(a) 构造示意图   (b) 实物图

图 14.62 迈克尔逊干涉仪

来自光源的光线射入 G_1 后，一部分在薄银层上反射，向 M_1 传播，如图中光线 1 所示，经 M_1 反射后，再穿过 G_1 向 E 处传播，如图中光线 $1'$ 所示；另一部分穿过薄银层及 G_2，向 M_2 传播，如图中的光线 2 所示，经 M_2 反射后，再穿过 G_2，经薄银层反射，也向 E 处传播，如图中的光线 $2'$ 所示。显然，$1'$、$2'$ 是两束相干光，在 E 处可以看到干涉条纹。玻璃片 G_2 起补偿光程的作用，由于光线 1 前后共通过玻璃片 G_1 三次，而光线 2 只通过一次，有了玻璃片 G_2，使光线 1 和 2 分别三次穿过等厚的玻璃片，从而保证了光线 1、2 经过玻璃片的光程相等，因此玻璃片 G_2 叫作补偿片。

平面镜 M_2 经 G_1 薄银层形成的虚像为 M_2'，因为虚像 M_2' 和实物 M_2 相对于镀银层的位置是对称的，所以虚像 M_2' 应在 M_1 的附近。来自 M_2 的反射光线 $2'$ 可看作是从 M_2' 处反射的。如果 M_1 与 M_2 严格地相互垂直，那么相应地，M_2' 与 M_1 严格地相互平行，因而 M_2' 与 M_1 形成一等厚的空气层。来自 M_1 和 M_2' 的光线 $1'$ 和 $2'$ 与在空气层两表面上反射的光线相类似。结果，在视场 M_2' 中的干涉条纹将为环形的等倾条纹，如图 14.63(a)～(e)所示。

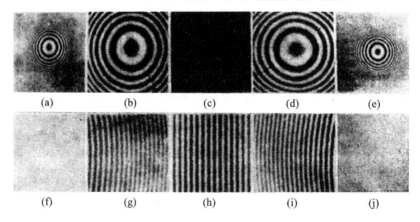

    (a)   (b)   (c)   (d)   (e)

    (f)   (g)   (h)   (i)   (j)

图 14.63 迈克尔逊干涉仪中观察到的几种典型条纹

如果 M_1 与 M_2 并不严格地相互垂直，则 M_1 和 M_2' 有微小夹角而形成一空气劈尖。我们可以在视场中看到光束 1′ 和 2′ 产生的如图 14.63(f)～(j) 所示的等厚条纹。与各干涉条纹相对应的 M_1 和 M_2' 的位置如图 14.64 所示。

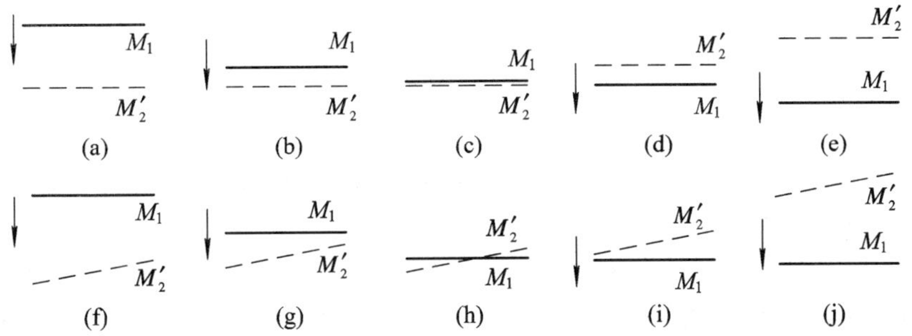

图 14.64　与各干涉条纹相对应的 M_1 和 M_2' 的位置

干涉条纹的位置取决于光程差。只要光程差有微小的变化，即使变化的数量级为光波波长的 1/10，干涉条纹也将发生可鉴别的移动。当 M_1 每平移 $\lambda/2$ 的距离时，视场中就有一条明纹移过，所以数出视场中移过的明纹条数 N，就可算出 M_1 平移的距离为

$$d = N\frac{\lambda}{2}$$

上式指出，用已知波长的光波可以测定长度，也可用已知的长度来测定波长。1892 年，迈克尔逊接受巴黎计量局的邀请，用他自己的干涉仪测定了镉红线的波长，同时也用镉红线的波长作为单位，测出标准尺"米"的长度。1907 年，在巴黎举行的国际太阳协会会议上确定，在温度 $t = 15℃$ 和压强 $p = 1.013\times10^5$ Pa 时，镉红线在干燥空气中的波长是

$$\lambda_1 = 634.846\ 96\ \text{nm}$$

因此

$$1\ \text{m} = 1\ 553\ 164.13\lambda_1$$

1960 年，第 11 届国际计量大会规定将 ^{86}Kr 发射的橙色线在真空中的波长 λ_1' 作为标准。

$$\lambda_1' = 605.780\ 210\ 5\ \text{nm}$$
$$1\ \text{m} = 1\ 650\ 763.73\lambda_1'$$

随着科学技术的日益发展，人们对长度测量的准确度要求愈来愈高，上述"米"的定义的准确度已不再需要。又由于激光技术的进展，在激光频率的测量上，可以达到很高的准确度。1983 年 10 月在巴黎召开的国际计量大会决定，1 m 的长度确定为真空中的光速在 1/299 792 458 s 内通过的距离。根据这个定义，光速的这个数值是个确定值，而不再是一个测量值。

迈克尔逊干涉仪既可以用来观察各种干涉现象及其条纹变动的情况，也可以用来对长度及光谱线的波长和精细结构等进行精密的测量，同时，它还是许多近代干涉仪的原型。为此，迈克尔逊获得了 1907 年诺贝尔物理学奖。

14.7　光 的 衍 射

14.7.1　光的衍射现象

机械波和电磁波都有衍射现象。光作为一种电磁波,在传播中若遇到尺寸比光的波长大得不多的障碍物,它就不再遵循直线传播的规律,而会传到障碍物的阴影区并形成明暗相间的条纹,这就是光的衍射现象。

例如,在图 14.65(a)中,一束平行光通过狭缝 K 以后,由于缝宽比波长大得多,屏幕 P 上的光斑 E 和狭缝形状几乎完全一致,这时光可看成是沿直线传播的。若缩小缝宽使它可与光波波长相比较,在屏幕上就会出现如图 14.65(b)所示的明暗相间的衍射条纹。

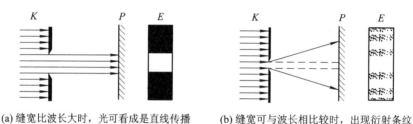

(a) 缝宽比波长大时,光可看成是直线传播　　　　(b) 缝宽可与波长相比较时,出现衍射条纹

图 14.65　光通过狭缝

类似的衍射现象还有很多。图 14.66 为一束光线遇到一细小的圆形障碍物时,在障碍物后方所形成的衍射图样,通常称为圆盘衍射图样。在障碍物阴影的中央呈现为一个亮斑,叫菲涅耳斑或阿喇戈斑。

图 14.66　圆盘衍射图样

14.7.2　惠更斯-菲涅耳原理

前面曾用惠更斯原理定性地解释了波的衍射,但是惠更斯原理不能定量地给出衍射波在各个方向上的强度。

菲涅耳根据波的叠加和干涉原理,提出了"子波相干叠加"的概念,从而对惠更斯原理做了物理性的补充。他认为,从同一波面上各点发出的子波是相干波,在传播到空间某一点时,各子波进行相干叠加的结果,决定了该处的波振幅。这个发展了的惠更斯原理,叫作惠更斯-菲涅耳原理。

在图 14.67 中，dS 为某波阵面 S 的任一面元，是发出球面子波的子波源，而空间任一点 P 的光振动，则取决于波阵面 S 上所有面元发出的子波在该点相互干涉的总效应。菲涅耳具体提出，球面子波在点 P 的振幅正比于面元的面积 dS，反比于面元到点 P 的距离 r，与 r 和 dS 的法线方向之间的夹角 θ 有关，θ 越大，在 P 处的振幅越小，当 $\theta \geqslant \frac{\pi}{2}$ 时，振幅为零。至于点 P 处光振动的相位，则仍由 dS 到点 P 的光程确定。由此可知，点 P 处的光矢量 $\boldsymbol{E}$ 的大小应由下述积分决定，即

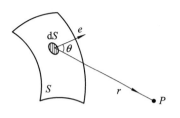

图 14.67　子波相干叠加

$$E = C \int \frac{K(\theta)}{r} \cos\left[2\pi\left(\frac{t}{T} - \frac{r}{\lambda}\right)\right] dS \qquad (14-44)$$

式中，C 是比例常数，$K(\theta)$ 是随 θ 增大而减小的倾斜因数，T 和 λ 分别是光波的周期和波长。

式(14-44)的积分是比较复杂的，只对少数简单情况可求得解析解。不过，现在可利用计算机进行数值运算求解。

14.7.3　菲涅耳衍射和夫琅禾费衍射

依照光源、衍射孔(或障碍物)、屏三者的相互位置，可把衍射分成两种。

图 14.68(a)所示为菲涅耳衍射。在这种衍射中，光源 S 或显示衍射图样的屏 P 与衍射孔(或障碍物)R 之间的距离是有限的。当把光源和屏都移到无限远处时，这种衍射叫作夫琅禾费衍射。这时，光到达衍射孔(或障碍物)和到达屏幕时的波前都是平面，如图 14.68(b)所示。在实验室中，常把光源放在透镜 L_1 的焦点上，并把屏幕 P 放在透镜 L_2 的焦面上，如图 14.68(c)所示，这样到达孔(或障碍物)的光和衍射光也满足夫琅禾费衍射的条件。本书只讨论夫琅禾费衍射，不仅因为这种衍射在理论上比较简单，而且夫琅禾费衍射也是大多数实用场合需要考虑的情形。

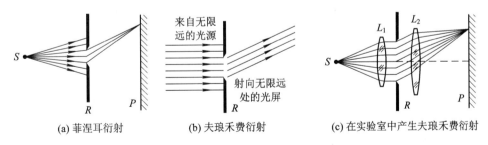

(a) 菲涅耳衍射　　　　(b) 夫琅禾费衍射　　　　(c) 在实验室中产生夫琅禾费衍射

图 14.68　两类衍射

14.8　单缝衍射

如图 14.69(a)所示，当一束平行光垂直照射宽度可与光的波长相比较的狭缝时，会绕过缝的边缘向阴影区衍射，衍射光经透镜 L 会聚到焦平面处的屏幕 P 上，形成衍射条纹。

这种条纹叫作单缝衍射条纹,如图 14.69(b)所示。分析这种条纹形成的原因,不仅有助于理解夫琅禾费衍射的规律,而且也是理解其他衍射现象的基础。

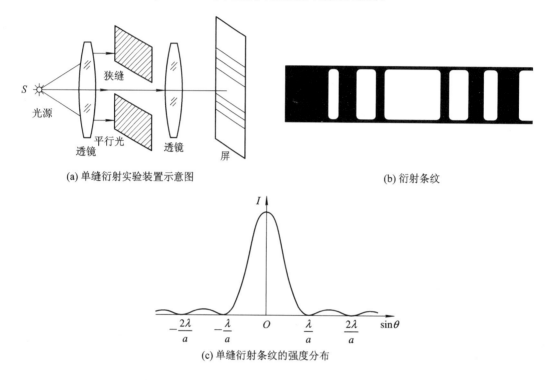

(a) 单缝衍射实验装置示意图　　　　　　　　　　(b) 衍射条纹

(c) 单缝衍射条纹的强度分布

图 14.69　单缝衍射

图 14.70 是单缝衍射的示意图,AB 为单缝的截面,其宽度为 a。按照惠更斯-菲涅耳原理,波面 AB 上的各点都是相干的子波源。先考虑沿入射方向传播的各子波射线(见图 14.70 中的光束①),它们被透镜 L 会聚于焦点 O。由于 AB 是同相面,而透镜又不会引起附加的光程差,所以它们到达点 O 时仍保持相同的相位而互相加强。这样,在正对狭缝中心的 O 处将是一条明纹,这条明纹叫作中央明纹。

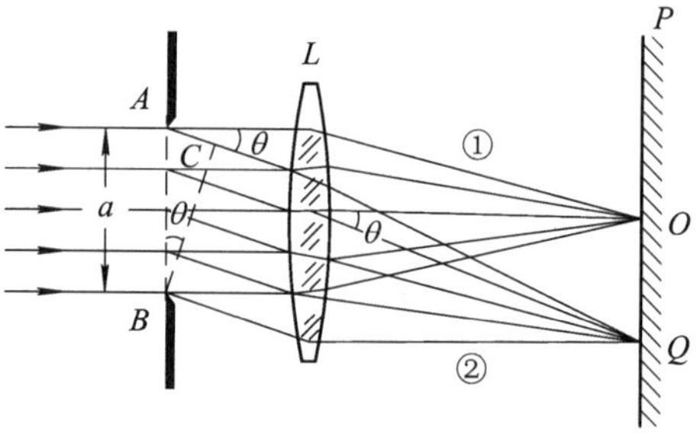

图 14.70　单缝衍射示意图

下面讨论与入射方向成 θ 角的子波射线(见图 14.70 中的光束②),θ 叫作衍射角。平行光束②被透镜会聚于屏幕上的点 Q,但要注意光束②中各子波到达点 Q 的光程并不相等,所以它们在点 Q 的相位也不相同。显然,由垂直于各子波射线的面 BC 上各点到达点 Q 的光程都相等,换句话说,从面 AB 发出的各子波在点 Q 的相位差,就对应于从面 AB 到面 BC 的光程差。由图 14.70 可见,点 A 发出的子波比点 B 发出的子波多走了 $AC = a\sin\theta$ 的光程,这是沿 θ 角方向各子波的最大光程差。如何从上述分析获得各子波在点 Q 处叠加的结果呢?为此,我们采用菲涅耳提出的波带法,无须数学推导,便能得知衍射条纹分布的概貌。

设 AC 恰好等于入射单色光束半波长的整数倍,即

$$a \sin\theta = \pm k \frac{\lambda}{2} \qquad (k = 1, 2, \cdots) \tag{14-45}$$

这相当于把 AC 分成 k 等份。作彼此相距 $\lambda/2$ 的平行于 BC 的平面，这些平面把波面 AB 切割成 k 个波带。图 14.71(a) 表示在 $k = 4$ 时，波面 AB 被分成 AA_1、A_1A_2、A_2A_3 和 A_3B 四个面积相等的波带。按照式 (14-45) 的考虑，可以近似地认为，所有波带发出的子波的强度都是相等的，且相邻两个波带上的对应点（如 AA_1 的中点与 A_1A_2 的中点）所发出的子波，到达点 Q 处的光程差均为 $\lambda/2$。这就是把这种波带叫作半波带的缘由。于是，相邻两半波带的各子波将两两成对地在点 Q 处相互干涉抵消，以此类推，偶数个半波带相互干涉的总效果，使点 Q 处呈现为干涉相消。所以，对于某确定的衍射角 θ，若 AC 恰好等于半波长的偶数倍，即单缝上波面 AB 恰好能分成偶数个半波带，则在屏上对应处将呈现为暗条纹的中心。

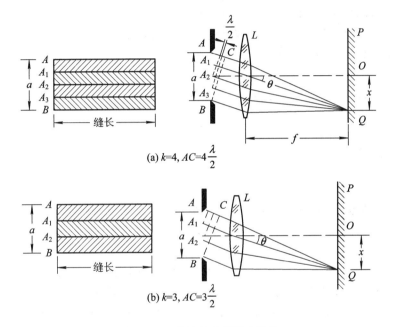

(a) $k=4, AC=4\frac{\lambda}{2}$

(b) $k=3, AC=3\frac{\lambda}{2}$

图 14.71　单缝的菲涅耳半波带

若 $k=3$，如图 14.71(b) 所示，波面 AB 可分成三个半波带。此时，相邻两半波带（AA_1 与 A_1A_2）上各对应点的子波相互干涉抵消，只剩下一个半波带（A_2B）上的子波到达点 Q 处时没有被抵消，因此点 Q 将是明条纹。以此类推，$k = 5$ 时，可分为五个半波带，其中四个相邻半波带两两干涉抵消，只剩下一个半波带的子波没有被抵消，因此也将出现明条纹。但是对同一缝宽而言，$k = 5$ 时每个半波带的面积要小于 $k = 3$ 时每个半波带的面积，因此波带越多，即衍射角 θ 越大，则明条纹的亮度越小，而且都比中央明纹的亮度小很多。若对应于某个 θ 角，AB 不能分成整数个半波带，则屏幕上的对应点将介于明暗之间。

上述诸结论可用数学方式表述。当衍射角 θ 满足

$$a \sin\theta = \pm 2k \frac{\lambda}{2} = \pm k\lambda \qquad (k = 1, 2, 3, \cdots) \tag{14-46}$$

时，点 Q 处为暗条纹（中心），对应于 $k=1, 2, \cdots$ 分别叫作第一级暗条纹、第二级暗条纹等。式 (14-46) 中，正、负号表示条纹对称分布于中央明纹的两侧。显然，两侧第一级暗纹

之间的距离即为中央明纹的宽度。当衍射角 θ 满足

$$a\sin\theta = \pm(2k+1)\frac{\lambda}{2} \qquad (k=1,2,3,\cdots) \qquad (14-47)$$

时，点 Q 处为明条纹(中心)，对应于 $k=1,2,\cdots$ 分别叫第一级明条纹，第二级明条纹等。

　　应当指出，式(14-46)和式(14-47)均不包括 $k=0$ 的情形。因为对式(14-46)来说，$k=0$ 对应着 $x=0$，但这是中央明纹的中心，不符合该式的含义；而对式(14-47)来说，$k=0$ 虽对应于一个半波带形成的亮点，但仍处在中央明纹的范围内，仅是中央明纹的一个组成部分，呈现不出单独的明纹。应注意，上述两式与杨氏干涉条纹的条件在形式上正好相反。

　　总之，单缝衍射条纹是在中央明纹两侧对称分布明暗条纹的一组衍射图样。由于明条纹的亮度随 k 的增大而下降，明暗条纹的分界越来越不明显，所以一般只能看到中央明纹附近的若干条明、暗条纹，如图 14.69(b)所示。

　　由图 14.71 所示的几何关系可很容易地求出条纹的宽度。通常衍射角很小，$\sin\theta \approx \theta$，于是条纹在屏上距中心 O 的距离 x 可写为

$$x = \theta f$$

　　由式(14-46)可知，第一级暗纹距中心 O 的距离为

$$x_1 = \theta f = \frac{\lambda}{a}f$$

所以中央明纹的宽度为

$$l_0 = 2x_1 = \frac{2\lambda f}{a} \qquad (14-48)$$

其他任意两相邻暗纹的距离(即其他明纹的宽度)为

$$l = \theta_{k+1}f - \theta_k f = \left[\frac{(k+1)\lambda}{a} - \frac{k\lambda}{a}\right]f = \frac{\lambda f}{a} \qquad (14-49)$$

　　可见，所有其他明纹均有同样的宽度，而中央明纹的宽度为其他明纹宽度的两倍。这和杨氏干涉图样中条纹呈等宽等亮的分布明显不同，单缝衍射图样的中央明纹既宽又亮，两侧的明纹又窄又暗。若已知缝宽 a，焦距 f，又测出 l_0 或 l，就可用单缝衍射来测定光波的波长 λ。

　　从以上可以看出，当单缝宽度 a 很小时，图样较宽，光的衍射效应明显；当 a 变大时，条纹相应变得狭窄而密集；当单缝很宽($a \gg \lambda$)时，各级衍射条纹都收缩于中央明纹附近而分辨不清，只能观察到一条亮纹，它就是单缝的像，这时光可看成直线传播。此外，当缝宽 a 一定时，入射光的波长越长，衍射角也越大。因此，若以白光入射，单缝衍射图样的中央明纹将是白色的，但其两侧则依次呈现一系列由紫到红的彩色条纹。

　　单缝衍射的规律在实际生活中有较多应用。例如，运用单缝衍射测量物体之间的微小间隔和位移，或者用于测量细微物体的线度等。

　　【例 14.11】　设有一单色平面波斜射到宽度为 a 的单缝上，如图 14.72(a)所示，求各级暗纹的衍射角 θ。

　　【解】　如图 14.72(b)所示，作 AC 垂直入射波波线，BD 垂直衍射波波线，α 为斜射角，θ 为衍射角，则由图可得光线 1 与 2 的光程差为

$$AD - BC = a\sin\theta - a\sin\alpha$$

由暗纹的条件

$$a(\sin\theta - \sin\alpha) = \pm k\lambda \qquad (k = 1, 2, \cdots)$$

得

$$\theta = \arcsin\left(\frac{\pm k\lambda}{a} + \sin\alpha\right)$$

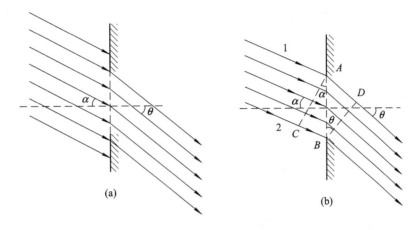

图 14.72　平行光斜射单缝

【例 14.12】 如图 14.73 所示，一雷达位于路边 $d = 15$ m 处，它的射束与公路成 $15°$ 角。假如发射天线的输出口宽度 $a = 0.10$ m，发射的微波波长是 18 mm，则在它监视范围内的公路长度大约是多少？

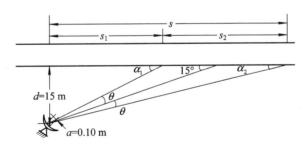

图 14.73　雷达监控

【解】 将雷达天线的输出口看成发出衍射波的单缝，则衍射波的能量主要集中在中央明纹的范围之内，由此即可估算出雷达在公路上的监视范围。考虑到雷达距离公路较远，故可按夫琅禾费衍射作近似计算。根据单缝衍射暗纹条件，有 $a\sin\theta = \lambda$。

θ 对应于第一级暗纹的衍射角，于是可解得

$$\theta = \arcsin\frac{\lambda}{a} = \arcsin\frac{18 \times 10^{-3} \text{ m}}{0.10 \text{ m}} = 10.37°$$

监视范围内的公路长度为

$$s_2 = s - s_1 = d(\cot\alpha_2 - \cot\alpha_1)$$
$$= d[\cot(15° - \theta) - \cot(15° + \theta)]$$
$$= 15 \times (\cot 4.63° - \cot 25.37°) = 154 \text{ m}$$

14.9 圆孔衍射与光学仪器的分辨率

上面讨论了光通过狭缝时的衍射现象。同样，光通过小圆孔时也会产生衍射现象。如图 14.74(a) 所示，当单色平行光垂直照射小圆孔时，在透镜 L 的焦平面处的屏幕 P 上将出现中央为亮圆斑，周围为明、暗交替的环形衍射图样，如图 14.74(b) 所示。中央光斑较亮，叫作艾里(Airy)斑。若艾里斑的直径为 d，透镜的焦距为 f，圆孔直径为 D，单色光波长为 λ，则由理论计算可得，艾里斑对透镜光心的张角 2θ（如图 14.74(c) 所示）与圆孔直径 D、单色光波长 λ 有如下关系

$$2\theta = \frac{d}{f} = 2.44 \frac{\lambda}{D} \tag{14-50}$$

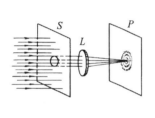

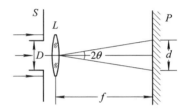

(a) 圆孔衍射　　　　　　　(b) 衍射图样　　　　(c)张角与圆孔直径、单色光波长的关系

图 14.74　圆孔衍射和艾里斑

光学仪器中的透镜、光阑等都相当于一个透光的小圆孔。从几何光学的观点来说，物体通过光学仪器成像时，每一物点就有一对应的像点。但由于光的衍射，像点已不是一个几何的点，而是有一定大小的艾里斑。因此对相距很近的两个物点，其对应的两个艾里斑就会互相重叠甚至无法分辨出两个物点的像。可见，由于光的衍射现象，使光学仪器的分辨能力受到了限制。

下面以透镜 L 为例，说明光学仪器的分辨能力与哪些因素有关。

在图 14.75(a) 中，两点光源 S_1 与 S_2 相距较远，两个艾里斑中心的距离大于艾里斑的半径 $(d/2)$。这时，两衍射图样虽然部分重叠，但重叠部分的光强较艾里斑中心处的光强要小。因此，两物点的像是能够分辨的。

在图 14.75(c) 中，两点光源 S_1 和 S_2 相距很近，两个艾里斑中心的距离小于艾里斑的半径。这时，两个衍射图样重叠而混为一体，两物点就不能被分辨出来。

在图 14.75(b) 中，两点光源 S_1 和 S_2 的距离恰好使两个艾里斑中心的距离等于每一个艾里斑的半径，即 S_1 的艾里斑的中心正好和 S_2 的艾里斑的边缘相重叠，S_2 的艾里斑的中心也正好和 S_1 的艾里斑的边缘相重叠。这时，两衍射图样重叠部分的中心处的光强，约为单个衍射图样的中央最大光强的 80%。通常把这种情形作为两物点刚好能被人眼或光学仪器所分辨的临界情形。这一判定能否分辨的准则叫瑞利(Rayleigh)判据。这一临界情况下两个物点 S_1 和 S_2 对透镜光心的张角 θ_0 叫作最小分辨角，由式(14-50)可知

$$\theta_0 = \frac{1.22\lambda}{D} \tag{14-51}$$

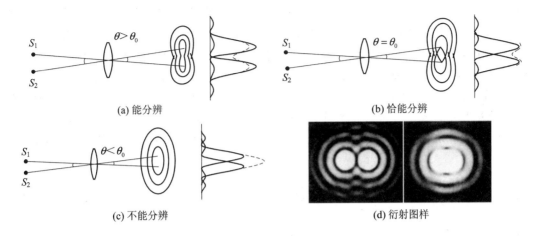

(a) 能分辨　　　　　　　　　　　　　　　　(b) 恰能分辨

(c) 不能分辨　　　　　　　　　　　　　　　(d) 衍射图样

图 14.75　光学仪器的分辨本领

在光学中,光学仪器的最小分辨角的倒数 $1/\theta_0$ 叫作分辨率。由式(14-51)可以看出,最小分辨角 θ_0 与波长 λ 成正比,与透光孔径 D 成反比。因此,分辨率与波长成反比,波长越小,分辨率越大;分辨率又与仪器的透光孔径 D 成正比,D 越大,则分辨率也越大。在天文观察上采用直径很大的透镜就是为了提高望远镜的分辨率。

近代物理指出,电子亦有波动性。与运动电子(如电子显微镜中的电子束)相应的物质波波长,比可见光的波长要小三四个数量级。所以,电子显微镜的分辨率要比普通光学显微镜的分辨率大数千倍。

应当注意,上述讨论是指在非相干光照射时的情形,图 14.75 中两衍射图样的叠加是非相干叠加。否则,就应考虑它们的干涉效应,且式(14-51)也不再适用。

【例 14.13】　设人眼在正常照度下的瞳孔直径约为 3 mm,而在可见光中人眼最灵敏的波长为 550 nm。

(1) 人眼的最小分辨角有多大?

(2) 若物体放在距人眼 25 cm(明视距离)处,则两物点间距为多大时才能被分辨?

【解】　(1) 由式(14-51)知,人眼的最小分辨角为

$$\theta_0 = \frac{1.22\lambda}{D} = \frac{1.22 \times 5.5 \times 10^{-7}}{3 \times 10^{-3}}$$
$$= 2.2 \times 10^{-4}\,\text{rad}$$

(2) 设两物点间的距离为 d,它们与人眼的距离 $l = 25$ cm,此时恰好能够被分辨。这时人眼的最小分辨角 $\theta_0 = d/l$,所以

$$d = l\theta_0 = 25 \times 2.2 \times 10^{-4} = 0.0055\ \text{cm} = 0.055\ \text{mm}$$

14.10　光栅衍射

14.10.1　光栅衍射的形成

由大量等宽等间距的平行狭缝构成的光学器件称为光栅。一般常用的光栅是在玻璃片

上刻出大量平行刻痕制成的,刻痕为不透光部分,两刻痕之间的光滑部分可以透光,相当于一狭缝。精制的光栅在 1 cm 宽度内刻有几千条乃至上万条刻痕。这种利用透射光衍射的光栅称为透射光栅,还有利用两刻痕间的反射光衍射的光栅,如在镀有金属层的表面上刻出许多平行刻痕,两刻痕间的光滑金属面可以反射光,这种光栅称为反射光栅。

设透射光栅的总缝数为 N,缝宽为 a,缝间不透光部分宽度为 b,$(a+b)=d$ 称为光栅常量。当平行单色光垂直入射到光栅上(见图 14.76)时,衍射光束通过透镜会聚在透镜的焦平面上,且在屏上几乎黑暗的背景上呈现出一系列又细又亮的明条纹,如图 14.77 所示。

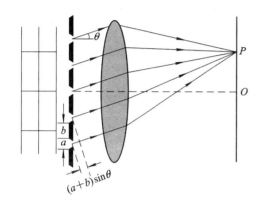

图 14.76　光栅衍射　　　　　　　图 14.77　光栅衍射的图像

光栅衍射条纹的成因,可作如下解释。

透过光栅每个缝的光都有衍射,这 N 个缝的 N 套衍射条纹通过透镜完全重合,而通过光栅不同缝的光会发生干涉。所以,光栅的衍射条纹应是单缝衍射和多缝干涉的总效果,就是 N 个缝的干涉条纹要受到单缝衍射的调制。

14.10.2　光栅方程

如图 14.76 所示,对应于衍射角 θ,光栅上相邻两缝发出的光到达 P 点时的光程差都是相等的。这一光程差等于 $(a+b)\sin\theta$。当 θ 满足

$$(a+b)\sin\theta = \pm k\lambda \qquad (k=0,1,2,\cdots) \qquad (14-52)$$

时,所有缝发出的光到达 P 点时将发生相长干涉而形成明条纹。式(14-52)称为光栅方程。设光栅的总缝数为 N,则在 P 点的合振幅应是来自一条缝的光的振幅的 N 倍,而合光强将是来自一条缝的光强的 N^2 倍,所以光栅的明条纹是很亮的,满足光栅方程的明纹又称主极大。由光栅方程可知,对于一定波长的入射光,光栅常数越小,各级明条纹的衍射角越大,即条纹分布越稀疏。对应于 $k=0$ 的条纹称为中央明纹,$k=1,2,\cdots$ 的明纹称为第一级、第二级……明纹。正、负号表示各级明条纹对称分布在中央明纹两侧。

14.10.3　光栅衍射的强度分布

设光栅有 N 条狭缝,每条缝射出的衍射角为 θ 的光在 P 点引起的光振动振幅为

$$A_\theta = A_{10}\frac{\sin\alpha}{\alpha}$$

其中:

$$\alpha = \frac{\pi a\ \sin\theta}{\lambda}$$

式中，A_{10} 为每一条缝衍射时的中央明纹的最大振幅。

N 条缝射出的沿 θ 方向的衍射光在 P 点处叠加时的合振幅为

$$A = A_\theta \frac{\sin N \frac{\Delta\varphi}{2}}{\sin \frac{\Delta\varphi}{2}}$$

$\Delta\varphi$ 为相邻两缝衍射光的相位差，其值为

$$\Delta\varphi = \frac{2\pi(a+b)\ \sin\theta}{\lambda}$$

令

$$\frac{\Delta\varphi}{2} = \beta$$

所以 P 点处的合振幅

$$A_\theta = A_{10} \frac{\sin\alpha}{\alpha} \cdot \frac{\sin N\beta}{\sin\beta}$$

P 点的光强为

$$I_\theta = I_{10} \left(\frac{\sin\alpha}{\alpha}\right)^2 \left(\frac{\sin N\beta}{\sin\beta}\right)^2 \tag{14-53}$$

其中：

$$\alpha = \frac{\pi a}{\lambda}\sin\theta, \quad \beta = \frac{\pi(a+b)}{\lambda}\sin\theta$$

式 (14-53) 就是包含 N 个狭缝的光栅衍射光强分布公式，式中 $\left(\frac{\sin\alpha}{\alpha}\right)^2$ 是单缝衍射因子，$\left(\frac{\sin N\beta}{\sin\beta}\right)^2$ 是多缝干涉因子。由干涉因子可得到以下结论。

1. 主极大

当 $\beta = k\pi$ 时，干涉因子有极大值，即

$$(a+b)\ \sin\theta = k\lambda \qquad (k=0,\ \pm1,\ \pm2,\ \cdots)$$

这就是光栅方程。此时明条纹的光强是单独一个缝衍射产生的光强的 N^2 倍。

2. 极小

光栅衍射光强分布公式中，多缝干涉因子和单缝衍射因子中任一个为零，都会使光强为零，出现极小。

当 $\sin N\beta = 0$ 而 $\sin\beta \neq 0$ 时，即 $N\beta$ 等于 π 的整数倍，但 β 不是 π 的整数倍时，光强为零，即

$$(a+b)\ \sin\theta = \frac{k'}{N}\lambda \qquad (k' = 1,\ 2,\ \cdots,\ N-1,\ N+1,\ N+2,\ \cdots)$$

这样，在两个相邻主极大之间就有 $N-1$ 个极小值。

3. 次极大

既然在相邻两个主极大之间有 $N-1$ 个极小，则相邻两极小之间必存在着极大。计算表明，这些极大的光强仅为主极大的 4% 左右，所以称为次极大。两主极大之间出现的次

极大的数目由极小数可推知为 $N-2$ 个。

图 14.78 是 $N=3$ 时的衍射光强分布。

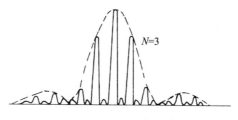

图 14.78　多缝($N=3$)衍射光强分布

14.10.4　缺级

图 14.79 给出了光栅衍射图样的光强分布图。其中图 14.79(a)给出了缝宽为 a 的单缝衍射图样的光强图，图 14.79(b)给出了多缝干涉图样的光强分布图。多缝干涉和单缝衍射共同决定的光栅衍射的总光强如图 14.79(c)所示，干涉条纹的光强要受到单缝衍射的调制。如果光栅缝数很多，每条缝的宽度很小，则单缝衍射的中央明纹区域变得很宽，我们通常观察到的光栅衍射图样，就是各缝的衍射光束在单缝衍射中央明纹区域内的干涉条纹。

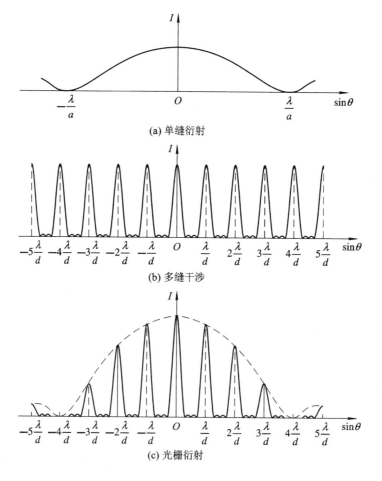

图 14.79　光栅衍射的光强分布

这里还应指出：如果 θ 的某些值满足光栅方程的主明纹条件，而又满足单缝衍射的暗纹条件，这些主明纹将消失，这一现象称为缺级。如果 θ 同时满足

$$(a+b)\sin\theta = k\lambda$$

$$a\sin\theta = k'\lambda$$

则缺级的级数 k 为

$$k = \frac{a+b}{a}k' \qquad (k' = \pm 1, \pm 2, \cdots) \tag{14-54}$$

例如，当 $(a+b)=4a$ 时，缺级的级数为 $k=4,8,\cdots$。图 14.79(c)就是这种情形。

14.10.5 光栅光谱

单色光经过光栅衍射后形成各级细而亮的明纹，从而可以精确地测定其波长。如果用复色光照射到光栅上，除中央明纹外，不同波长的同一级明纹的角位置是不同的，并按波长由短到长的次序自中央向外侧依次分开排列，每一干涉级次都有这样一组谱线。光栅衍射产生的这种按波长排列的谱线称为光栅光谱。

各种元素或化合物有它们自己特定的谱线，测定光谱中各谱线的波长和相对强度，可以确定该物质的成分及其含量，这种分析方法叫作光谱分析，在科学研究和工程技术上有着广泛的应用。

【例 14.14】 利用一个每厘米刻有 4000 条缝的光栅，在白光垂直照射下，可以产生多少完整的光谱? 哪一级光谱中的哪个波长的光开始与其他谱线重叠?

【解】 设紫光的波长 $\lambda=400$ nm $=4\times10^{-7}$ m，红光的波长 $\lambda'=760$ nm $=7.6\times10^{-7}$ m。

按光栅方程 $(a+b)\sin\theta = k\lambda$，对第 k 级光谱，角位置从 θ_k 到 θ_k'，要产生完整的光谱，即要求 λ 的第 $k+1$ 级条纹在 λ' 的第 k 级条纹之后，亦即

$$\theta_k' < \theta_{k+1}$$

由

$$(a+b)\sin\theta_k' = k\lambda'$$

$$(a+b)\sin\theta_{k+1} = (k+1)\lambda$$

得

$$\frac{k\lambda'}{a+b} < \frac{(k+1)\lambda}{a+b}$$

或

$$k\lambda' < (k+1)\lambda$$

$$7.6\times10^{-7}k < 4\times10^{-7}(k+1)$$

因为只有 $k=1$ 才满足上式，所以只能产生一个完整的可见光谱，而第二级和第三级光谱有重叠现象出现。

设第二级光谱中波长为 λ'' 的光与第三级光谱开始重叠，即与第三级中的紫光开始重叠，这样

$$(k+1)\lambda'' = k\lambda'$$

将 $k=2$ 代入得

$$\lambda'' = \frac{2}{3}\lambda' = 507 \text{ nm}$$

【例 14.15】 用每毫米刻有 500 条栅纹的光栅观察钠光谱线($\lambda=589.3$ nm)。

(1) 平行光线垂直入射时，最多能看到第几级条纹? 总共有多少条条纹?

(2) 平行光线以入射角 30°入射时，最多能看到第几级条纹? 总共有多少条条纹?

(3) 钠光谱线 λ 实际上是 $\lambda_1 = 589.0$ nm 及 $\lambda_2 = 589.6$ nm 两条谱线的平均波长,求正入射时第一级条纹中此双线分开的角距离以及在屏上分开的线距离。设光栅后透镜的焦距为 2 m。

【解】 (1) 由光栅公式 $(a+b)\sin\theta = k\lambda$ 得

$$k = \frac{a+b}{\lambda}\sin\theta$$

可见,k 可能的最大值对应 $\sin\theta = 1$。

按题意,每毫米中刻有 500 条栅纹,所以光栅常量为

$$a+b = \frac{1}{500}\text{mm} = 2\times 10^{-6}\text{ m}$$

将上值及 λ 值代入 k 的计算式,并设 $\sin\theta = 1$,得

$$k = \frac{2\times 10^{-6}}{589.3\times 10^{-9}} = 3.4$$

k 只能取整数,故取 $k=3$,即垂直入射时能看到第三级条纹,总共有 $2k+1 = 7$ 条明纹(其中加 1 是指中央明纹)。

(2) 当平行光以 θ' 入射时,光程差的计算公式应作适当的修正。从图 14.80 中可以看出,在衍射角 θ 的方向上,相邻两缝对应点的衍射光程差为

$$\delta = BD - AC = (a+b)\sin\theta - (a+b)\sin\theta'$$
$$= (a+b)(\sin\theta - \sin\theta')$$

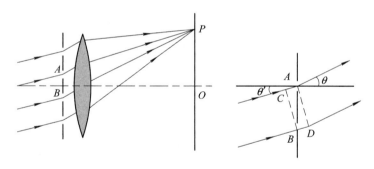

图 14.80 斜入射时光栅光程差的计算

这里 θ 和 θ' 的正负号的规定为:从图中光栅平面的法线算起,逆时针转向光线时的夹角取正值,反之取负值。图中所示的 θ 和 θ' 都是正值,由此得斜入射时的光栅方程为

$$(a+b)(\sin\theta - \sin\theta') = k\lambda \qquad (k = 0, \pm1, \pm2, \cdots)$$

同样地,k 可能的最大值对应 $\sin\theta = \pm1$。

在 O 点上方观察到的最大级次设为 k_1,取 $\theta = 90°$,得

$$k_1 = \frac{(a+b)(\sin90° - \sin30°)}{\lambda} = 1.70 \qquad (k_1 = 1)$$

在 O 点下方观察到的最大级次设为 k_2,取 $\theta = -90°$,得

$$k_2 = \frac{(a+b)[\sin(-90°) - \sin30°]}{\lambda}$$
$$= \frac{(a+b)(-1-0.5)}{589.3\times 10^{-9}} = -5.09 \qquad (k_2 = -5)$$

所以斜入射时，总共有 $k_1 + |k_2| + 1 = 7$ 条明纹。

（3）对光栅公式两边取微分

$$(a+b)\cos\theta_k\,\mathrm{d}\theta_k = k\mathrm{d}\lambda$$

波长为 λ 及 $\lambda + \mathrm{d}\lambda$ 的第 k 级的两条纹分开的角距离为

$$\mathrm{d}\theta_k = \frac{k}{(a+b)\,\cos\theta_k}\mathrm{d}\lambda$$

光线正入射时，第一级条纹的角位置 θ_1 为

$$\theta_1 = \arcsin\left(\frac{k\lambda}{a+b}\right) = \arcsin\left(\frac{589.3 \times 10^{-9}}{2 \times 10^{-6}}\right) = 17°8'$$

代入 $\mathrm{d}\theta_k$ 的计算式，得第一级的钠双线分开的角距离为

$$\mathrm{d}\theta_1 = \frac{1}{2 \times 10^{-6} \times \cos17°8'} \times (589.6 - 589.0) \times 10^{-9}\mathrm{rad}$$

$$= 3.14 \times 10^{-4}\mathrm{rad}$$

钠双线分开的线距离

$$\mathrm{d}x_1 = f\mathrm{d}\theta_1 = 2 \times 3.14 \times 10^{-4}\mathrm{m} = 0.63\ \mathrm{mm}$$

*14.10.6　光栅的分辨本领

光栅的分辨本领是指把波长靠得很近的两条谱线分辨清楚的本领，是表征光栅性能的主要技术指标。通常把恰能分辨的两条谱线的平均波长 λ 与这两条谱线的波长差 $\Delta\lambda$ 之比，定义为光栅的色分辨本领，用 R 表示，具体表示为

$$R = \frac{\lambda}{\Delta\lambda} \qquad\qquad (14-55(\mathrm{a}))$$

$\Delta\lambda$ 愈小，其分辨本领就愈大。按瑞利准则，要分辨第 k 级光谱中波长为 λ 和 $\lambda + \Delta\lambda$ 的两条谱线，就要满足波长为 $\lambda + \Delta\lambda$ 的第 k 级主极大恰好与波长为 λ 的最邻近的极小相重合，即与第 $kN+1$ 级极小相重合，如图 14.81 所示。由式（14-52）知，波长为 $\lambda + \Delta\lambda$ 的第 k 级主极大的角位置为

$$(a+b)\,\sin\theta = k(\lambda + \Delta\lambda)$$

波长为 λ 的第 $kN+1$ 级极小的角位置为

$$N(a+b)\,\sin\theta' = (kN+1)\lambda$$

如两者重合，必须满足条件

$$k(\lambda + \Delta\lambda) = \frac{kN+1}{N}\lambda$$

化简得

$$\lambda = kN\Delta\lambda$$

所以光栅的分辨本领

$$R = \frac{\lambda}{\Delta\lambda} = kN \qquad\qquad (14-55(\mathrm{b}))$$

即光栅的分辨本领 R 取决于光栅的缝数 N 和光谱的级次 k。

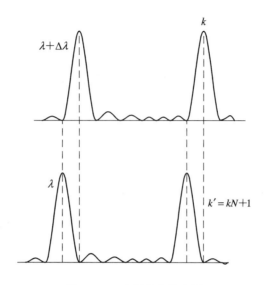

图 14.81　光栅的分辨本领

【例 14.16】　设计一光栅，要求：

（1）能分辨钠光谱的 589.0 nm 和 589.6 nm 的第二级谱线。

（2）第二级谱线衍射角 $\theta \leqslant 30°$。

（3）第三级谱线缺级。

【解】　（1）按光栅的分辨本领

$$R = \frac{\lambda}{\Delta\lambda} = kN$$

得

$$N = \frac{\lambda}{k\,\Delta\lambda} = 491 \text{ 条}$$

即必须有 $N \geqslant 491$ 条。

（2）由 $(a+b)\sin\theta = k\lambda$ 得

$$a + b = \frac{k\lambda}{\sin\theta} = 2.36 \times 10^{-3} \text{ mm}$$

因 $\theta \leqslant 30°$，所以 $a + b \geqslant 2.36 \times 10^{-3}$ mm。

（3）缺级条件 $\dfrac{a+b}{a} = \dfrac{k}{k'}$。

取 $k' = 1$ 得

$$a = \frac{a+b}{3} = 0.79 \times 10^{-3} \text{ mm}$$

$$b = 1.57 \times 10^{-3} \text{ mm}$$

这样光栅的 N、a、b 均被确定。

14.10.7　干涉和衍射的区别与联系

前面讨论了杨氏双缝实验和光栅衍射问题。光通过每一个缝都存在衍射，缝与缝间的光波又相互干涉，那么干涉和衍射之间有何区别？如果从光波的相干叠加、引起的光强度的重新分布、形成的稳定图样来看，干涉和衍射并不存在实质性的区别。然而习惯上把有限光束的相干叠加说成干涉，而把无穷多子波的相干叠加说成衍射。或者更精确地说，如果参与相干叠加的各光束是按几何光学直线传播的，则这种相干叠加是纯干涉问题，如薄膜干涉情形。如果参与相干叠加的各光束的传播不符合几何光学模型，每一光束存在明显的衍射，这种情形下干涉和衍射是同时存在的，如杨氏双缝等分波阵面的干涉装置。在存在衍射的情况下，干涉条纹要受到衍射的调制。在杨氏双缝实验中，缝宽不同，则调制情况也不同。当缝宽很小时，单缝衍射的中央亮区很大，干涉条纹近于等强度分布，在这种情况下讨论缝间干涉时，无须考虑衍射对干涉条纹的调制，故称为双缝干涉，而把缝宽不是很小时形成的干涉条纹不等强度分布的情形称为双缝衍射，如图 14.82 所示。对于光栅，缝宽很小，衍射对干涉条纹的调制不大，故也把光栅的衍射称为多光束干涉。

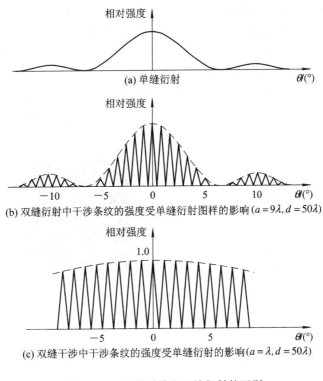

图 14.82　双缝干涉和双缝衍射的区别

14.11　X 射线的衍射

1895 年伦琴发现，受高速电子撞击的金属，会发射一种具有很强的穿透本领的辐射，称之为 X 射线（又称伦琴射线）。图 14.83 是 X 射线管的结构原理图，G 为真空玻璃泡，管内密封着阴极 K 和阳极 P，由电源 E_1 对 K 供电，使之发出电子流，这些电子在高压电源 E_2 的强电场作用下，高速地撞击阳极（金属靶），从而产生 X 射线。阳极中有冷却液，以带走电子撞击所产生的热量。

实验表明，X 射线在磁场或电场中仍沿直线前进。这说明 X 射线是不带电的粒子流。

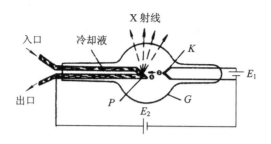

图 14.83　X 射线管

劳厄于 1912 年提出，X 射线是一种电磁波，可以产生干涉和衍射效应。他用实验来检验这个想法，从而发现了 X 射线在晶体中的衍射现象。当时他采用的是拍摄衍射照片的方法，如图 14.84(a)所示，一束具有连续波长的 X 射线穿过铅板上的小孔射到一单晶片上，衍射的 X 射线使照相底片感光，结果发现在照相底片上形成按一定规则分布的许多斑点，如图 14.84(b)所示。图中的斑点表明，晶体对 X 射线的作用与光栅对光波的作用相类似。当 X 射线照射在晶片上时，由于晶片中大量原子构成空间点阵，因而产生衍射和干涉，在某些确定的方向上会使 X 射线加强，从而出现很强的 X 射线束，在其他方向上则会减弱，不出现 X 射线。在图 14.84(b)中，由相互加强的 X 射线束在照相底片上感光所形成的斑点叫作劳厄斑点。

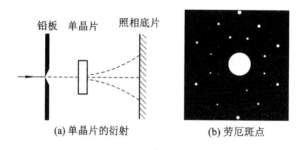

(a) 单晶片的衍射　　　　　　(b) 劳厄斑点

图 14.84　X 射线的衍射实验

　　1913 年，布拉格父子提出了一种解释 X 射线衍射的办法，并作了定量的计算。他们把晶体看成是由一系列彼此相互平行的原子层所组成的，如图 14.85 所示，小圆点表示晶体点阵中的原子(或离子)，当 X 射线照射到它们时，按照惠更斯原理，这些原子就成为子波波源，向各方向发出子波，也就是说，入射波被原子散射了。在图 14.85 中，设两原子平面层的间距为 d，则由相邻平面反射的散射波的光程差为 $AE + EB = 2d \sin\theta$。这里 θ 是 X 射线入射方向与原子层平面之间的夹角，叫作掠射角。所以，两反射光干涉加强的条件为

$$2d \sin\theta = k\lambda \qquad (k = 0, 1, 2, \cdots) \tag{14-56}$$

　　从各平行层上散射的 X 射线只有满足上述条件时才能相互加强。此时的掠射角叫作布拉格角，而式(14-56)叫作布拉格公式。由此可测出 X 射线的波长 λ 或晶格的间隔 d。

　　图 14.86 为 X 射线衍射仪的示意图。由 X 射线管 T 发出的 X 射线，经过铅板 L 上的小孔后，形成一束单一方向的 X 射线投射到晶体 C 上，而衍射 X 射线的强度可由检测器 D 测出。利用测得的数据，可以定出入射 X 射线的波长，也可以对所测晶体的结构、成分等进行定量分析。

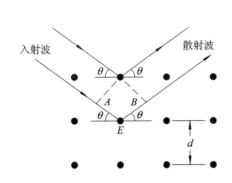

图 14.85　布拉格反射

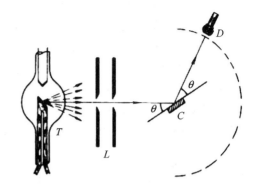

图 14.86　X 射线衍射仪

14.12　光的偏振性与马吕斯定律

　　前面讨论光的干涉和衍射的规律时，并没有区分光是横波还是纵波。这就是说，无论是横波还是纵波，都可以产生干涉和衍射现象。因此，通过这两类现象无法判定光究竟是横波还是纵波。从 17 世纪末到 19 世纪初，在这漫长的一百多年间，相信波动说的人们都将光波与声波相比较，无形中已把光视为纵波，惠更斯也是如此。相信光为横波的论点是杨于 1817 年提出的。1817 年 1 月 12 日，杨在给阿喇戈的信中根据光在晶体中传播产生的双折射现象推断光是横波。菲涅耳当时也已独立地领悟到了这一思想，并运用横波理论解释了偏振光的干涉。光的偏振现象有力地证明了光是横波的论断。

14.12.1　自然光与偏振光

　　横波和纵波在某些方面的表现是截然不同的。如图 14.87 所示，在机械波的传播路径上放置一个狭缝 AB。当缝 AB 与横波的振动方向平行时，如图 14.87(a)所示，横波便穿过狭缝继续向前传播；当缝 AB 与横波的振动方向垂直时，由于振动受阻，横波就不能穿过狭缝继续向前传播，如图 14.87(b)所示。纵波都能穿过狭缝继续向前传播，如图 14.87(c)、(d)所示。

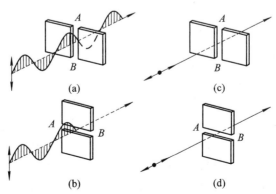

图 14.87　机械横波与纵波的区别

　　光波是横波,而一般光源发出的光中包含着各个方向的光矢量,没有哪一个方向占优势,即在所有可能的方向上,E 的振幅都相等,这样的光叫作自然光,如图 14.88(a)所示。在任意时刻,可以把各个光矢量分解成互相垂直的两个光矢量分量,而用图 14.88(b)所示的方法表示自然光。但应注意,由于自然光中各个光振动是相互独立的,所以合成的相互垂直的两个光矢量分量之间并没有恒定的相位差。为了简明地表示光的传播,常用和传播方向垂直的短线表示在纸面内的光振动,而用点表示和纸面垂直的光振动。对自然光,点和短线等距分布,表示没有哪一个方向的光振动占优势,如图 14.88(c)所示。

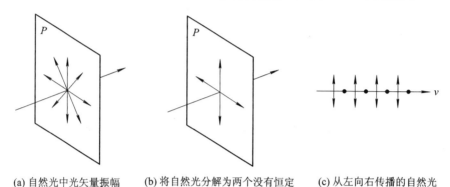

　　(a) 自然光中光矢量振幅　　　　(b) 将自然光分解为两个没有恒定　　　　(c) 从左向右传播的自然光
　　　　在各个方向上都相等　　　　　　相位差的垂直光振动的传播

图 14.88　自然光

　　自然光经反射、折射或吸收后,可能只保留某一方向的光振动。振动只在某一固定方向上的光叫作线偏振光,简称偏振光,如图 14.89(a)、(b)所示,偏振光的振动方向与传播方向组成的平面叫作振动面。若某一方向的光振动比与之相垂直方向上的光振动占优势,那么这种光叫作部分偏振光,如图 14.89(c)、(d)所示。

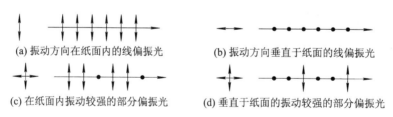

　　(a) 振动方向在纸面内的线偏振光　　　　　　(b) 振动方向垂直于纸面的线偏振光

　　(c) 在纸面内振动较强的部分偏振光　　　　　(d) 垂直于纸面的振动较强的部分偏振光

图 14.89　线偏振光和部分偏振光

14.12.2　偏振片、起偏与检偏

　　除激光器等特殊光源外,一般光源(如太阳光、日光灯等)发出的光都是自然光。使自然光成为偏振光的方法有多种,这里先介绍利用偏振片产生偏振光的方法。

　　某些物质(例如硫酸金鸡纳碱)能吸收某一方向的光振动,而只让与这个方向垂直的光振动通过,这种性质称为二向色性。把具有二向色性的材料涂敷于透明薄片上,就成为偏振片。当自然光照射在偏振片上时,它只让某一特定方向的光振动通过,这个方向叫作偏振化方向。通常用记号"↕"把偏振化方向标示在偏振片上。如图 14.90 所示,自然光从偏振片射出后,就变成了线偏振光。使自然光成为线偏振光的装置叫作起偏器。偏振片是一种起偏器。

起偏器不但可用来使自然光变成偏振光,还可用来检查某一光是否为偏振光(称为检偏),即起偏器也可作为检偏器。如图 14.91 所示,有两块偏振片 A、B,让透过偏振片 A 的偏振光投射到偏振片 B 上,若 B 与 A 的偏振化方向相同,则透过 A 的偏振光仍能透过 B,如图 14.91(a)所示,因此可清晰地看到在 A、B 后面的字迹。若把 B 绕光的传播方向转过一角度(小于 90°),如图 14.91(b)所示,则 A、B 重叠部分

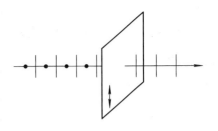

图 14.90 偏振片作为起偏器

的光强比较暗淡。若两偏振化方向互相垂直,如图 14.91(c)所示,则 A、B 重叠部分就完全不透明了,此时透过 A 的偏振光不能透过 B,因而看不到重叠部分后面的字迹。因此,在 B 旋转一周的过程中,透过 B 的光强由全明逐渐变为全暗,又由全暗变为全明,再全明变全暗,全暗变全明,共经历两个全明和全暗的过程。若改用自然光照射在 B 上,那么在旋转 B 的过程中,就不会出现两明两暗的现象。根据这些现象,即可判断照射在偏振片上的光是否为偏振光。

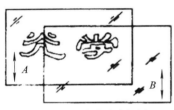
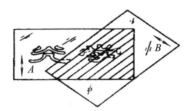
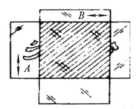

(a) A、B 的偏振化方向相同   (b) A、B 的偏振化方向成一不为 90° 的交角   (c) A、B 的偏振化方向互相垂直

图 14.91 偏振片作为检偏器

14.12.3 马吕斯定律

由起偏器产生的偏振光在通过检偏器以后,其光强的变化如何? 在图 14.92 中,OM 表示起偏器 I 的偏振化方向,ON 表示检偏器 II 的偏振化方向,它们的夹角为 α。自然光透过起偏器后成为沿 OM 方向的线偏振光,设其振幅为 E_0,而检偏器只允许它沿 ON 方向的分量通过,所以从检偏器透出的光的振幅为

$$E = E_0 \cos\alpha$$

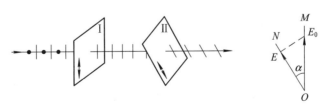

图 14.92 马吕斯定律

由此可知,若入射检偏器的光强为 I_0,则检偏器射出的光强

$$I = I_0 \cos^2\alpha \tag{14-57}$$

式(14-57)表明,强度为 I_0 的偏振光通过检偏器后,出射光的强度为 $I_0 \cos^2\alpha$。这一

关系是马吕斯(E. L. Malus, 1775—1812)于 1808 年从实验中发现的,叫作马吕斯定律。

当起偏器与检偏器的偏振化方向平行,即 $\alpha = 0$ 或 $\alpha = \pi$ 时,$I = I_0$,光强最大。若两者的偏振化方向互相垂直,即 $\alpha = \dfrac{\pi}{2}$ 或 $\alpha = \dfrac{3}{2}\pi$,则 $I = 0$,光强为零,这时没有光从检偏器中射出。若 α 介于上述各值之间,则光强在最大和零之间。由此可检查入射光是否为偏振光,并确定其偏振化方向。

【例 14.17】 有两个偏振片,一个用作起偏器,另一个用作检偏器。当它们的偏振化方向之间的夹角为 30° 时,一束单色自然光穿过它们,出射光强为 I_1,当它们的偏振化方向之间的夹角为 60° 时,另一束单色自然光穿过它们,出射光强为 I_2,且 $I_1 = I_2$。求两束单色自然光的强度之比。

【解】 设第一束单色自然光的强度为 I_{10},第二束单色自然光的强度为 I_{20}。它们透过起偏器后,强度都应减为原来的一半,分别为 $\dfrac{I_{10}}{2}$ 和 $\dfrac{I_{20}}{2}$。根据马吕斯定律有

$$I_1 = \frac{I_{10}}{2}\cos^2 30°$$

$$I_2 = \frac{I_{20}}{2}\cos^2 60°$$

故得两束单色自然光的强度之比为

$$\frac{I_{10}}{I_{20}} = \frac{\cos^2 60°}{\cos^2 30°} = \frac{1}{3}$$

14.13 反射光和折射光的偏振

实验表明,当自然光入射到折射率分别为 n_1 和 n_2 的两种介质(如空气和玻璃)的分界面上时,反射光和折射光都是部分偏振光。如图 14.93(a)所示,i 为入射角,r 为折射角,入射光为自然光。图中点表示垂直于入射面的光振动,短线则表示平行于入射面的光振动。反射光是垂直于入射面的振动较强的部分偏振光,而折射光则是平行于入射面的振动较强的部分偏振光。

实验还表明,入射角 i 改变时,反射光的偏振化程度也随之改变,当入射角 i_0 满足

$$\tan i_0 = \frac{n_2}{n_1} \tag{14-58}$$

时,反射光中就只有垂直于入射面的光振动,而没有平行于入射面的光振动。这时反射光为偏振光,而折射光仍为部分偏振光,如图 14.93(b)所示。式(14-58)是 1815 年由布儒斯特(D. Brewster, 1781—1868)从实验中得出的,叫作布儒斯特定律。i_0 叫作起偏角或布儒斯特角。

根据折射定律,有

$$\frac{\sin i_0}{\sin r_0} = \frac{n_2}{n_1}$$

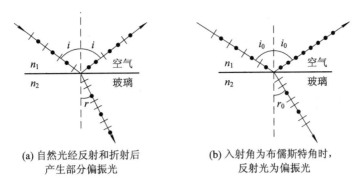

(a) 自然光经反射和折射后　　　(b) 入射角为布儒斯特角时，
产生部分偏振光　　　　　　反射光为偏振光

图 14.93　反射光和折射光的偏振

入射角为起偏角时，又有

$$\tan i_0 = \frac{\sin i_0}{\cos i_0} = \frac{n_2}{n_1}$$

所以

$$\sin r_0 = \cos i_0$$

即

$$i_0 + r_0 = \frac{\pi}{2}$$

这说明，当入射角为起偏角时，反射光与折射光互相垂直。

自然光从空气射到折射率为 1.50 的玻璃片上，欲使反射光为偏振光，根据式 (14−58)，起偏角应为 56.3°。如果自然光从空气射到折射率为 1.33 的水面上，则起偏角应为 53.1°。

对于一般的光学玻璃，反射光的强度约占入射光强度的 7.5%，大部分光能透过玻璃。因此，仅靠自然光在一块玻璃的反射来获得偏振光，其强度是比较弱的。但将一些玻璃片叠成玻璃片堆(见图 14.94)，并使入射角为起偏角，则由于在各个界面上的反射光都是光振动垂直于入射面的偏振光，所以经过玻璃片堆反射后，入射光中绝大部分垂直光振动会被反射掉。这样从玻璃片堆透射出的光中，就几乎只有平行于入射面的光振动了，因而透射光可近似地看作线偏振光。

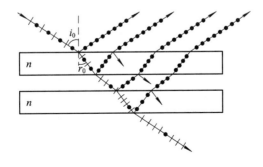

图 14.94　使光通过玻璃片堆，折射光近似为偏振光
(这里只画出两片玻璃，且分开一定距离)

14.14 光的双折射

14.14.1 寻常光和非常光

一束光由一种介质进入另一介质时,在界面上发生的折射光通常只有一束。但是如果把一块透明的方解石晶体(即碳酸钙 $CaCO_3$ 的天然晶体)放在有字的纸面上,可以看到晶体下的字呈现双像,如图 14.95(a)所示。一束光线进入方解石晶体后,分裂成两束光线,它们沿不同方向折射,这个现象称为双折射。这是由于晶体的各向异性造成的。除立方系晶体外,光线进入一般晶体时都将产生双折射现象。图 14.95(b)表示光束在方解石晶体内的双折射。显然,晶体愈厚,射出的光束分得愈开。

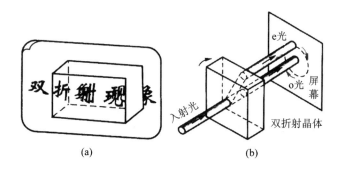

图 14.95 方解石的双折射现象

实验证明,当改变入射角 i 时,两束折射光之一遵守通常的折射定律。对于方解石等晶体,这束光称为寻常光,通常用 o 表示(简称 o 光)。另一束光不遵守折射定律,即折射光线不一定在入射面内,而且对不同的入射角,入射角的正弦与折射角的正弦之比不是恒量,这束光称为非常光,用 e 表示(简称 e 光),见图 14.96(a)。在入射角 $i=0$ 时,寻常光沿原方向前进,而非常光一般不沿原方向前进,如图 14.96(b)所示,这时如果把方解石晶体以入射光线为轴旋转,将发现 o 光不动,而 e 光随着晶体的旋转而转动起来。

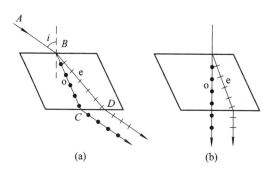

图 14.96 寻常光和非常光

14.14.2　光轴与主平面

改变入射光的方向时，发现在方解石这类晶体内部有一确定的方向，光沿这个方向传播时，寻常光和非常光不再分开，不产生双折现象，这一方向称为晶体的光轴。

例如，天然的方解石晶体是六面棱体，有八个顶点，其中有两个特殊的顶点 A 和 D，相交于 A、D 两点的棱边之间的夹角各为 $102°$ 的钝角，它的光轴方向可以这样来确定：从三个钝角相会合的任一顶点（A 或 D）引出一条直线，使它和晶体各邻边成等角，这一直线便是光轴方向（如图14.97 所示）。应该指出，光轴仅表示晶体内的一个方向，在晶体内任何一条与上述光轴方向平行的直线都是光轴。晶体中仅具有一个光轴方向的，称为单轴晶体（例如方解石、石英等）；有些晶体具有两个光轴方向，称为双轴晶体（例如云母、硫黄等）。

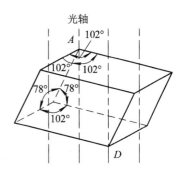

图 14.97　晶体的光轴

在晶体中，把光轴和任一已知光线所组成的平面称为晶体中该光线的主平面。由 o 光和光轴所组成的平面是 o 光的主平面，由 e 光和光轴所组成的平面是 e 光的主平面。

实验指出，o 光和 e 光都是线偏振光，它们的光矢量的振动方向不同，o 光的振动方向垂直于它对应的主平面；e 光的振动方向平行于与它对应的主平面。在一般情况下，对于一给定的入射光来说，o 光和 e 光的主平面通常并不重合，但当光轴位于入射面内时，这两个主平面是重合的。在大多数情况下，这两个主平面之间的夹角很小，因而 o 光和 e 光的振动方向可以认为是互相垂直的。

14.14.3　单轴晶体的子波波阵面

一般情况下，在晶体中寻常光和非常光是以不同的速率传播的。寻常光的速率在各个方向上是相同的，所以在晶体中任意一点所引起的子波波面是一球面。非常光的速率在各个方向上是不同的，在晶体中同一点所引起的子波波面可以证明是旋转椭球面。两束光只有在沿光轴方向上传播时，它们的速率才是相等的，因此上述两子波波面在光轴上相切（见图 14.97）。在垂直于光轴的方向上，两束光的速率相差最大。

用 v_o 表示 o 光在晶体中的传播速率，v_e 表示 e 光在晶体中沿垂直于光轴方向的传播速率。对于 $v_o > v_e$ 的晶体，球面包围椭球面，如图 14.98(a) 所示，这类晶体称为正晶体，例如石英；对于 $v_o < v_e$ 的晶体，椭球面包围球面，如图 14.98(b) 所示，这类晶体称为负晶体，例如方解石。

根据折射率的定义，对于 o 光，晶体的折射率 $n_o = c/v_o$，由于各方向的 v_o 相同，所以 o 光的折射率是由晶体材料决定的常数，与方向无关；对于 e 光，各方向的传播速率不同，不存在普通意义的折射率，通常把真空中的光速 c 与 e 光沿垂直于光轴方向的传播速率 v_e 之比，称为 e 光的主折射率，即 $n_e = c/v_e$。n_o 和 n_e 是晶体的两个重要光学参量。对于正晶体，$n_e > n_o$；对于负晶体，$n_e < n_o$。表 14.2 列出了几种晶体的 n_o 和 n_e。

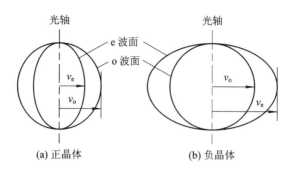

图 14.98　正晶体和负晶体的子波波阵面

表 14.2　几种双折射晶体的 n_o 和 n_e

（对波长为 589.3 nm 的钠光）

晶体	n_o	n_e	$n_e - n_o$
方解石	1.6584	1.4864	−0.1720
电气石	1.669	1.638	−0.031
白云石	1.6811	1.500	−0.181
菱铁矿	1.875	1.635	−0.240
石英	1.5443	1.5534	+0.0089
冰	1.309	1.313	+0.004

14.14.4　惠更斯原理在双折射现象中的应用

　　本节我们应用惠更斯原理说明光线在单轴晶体中所发生的双折射现象，并用作图法绘出晶体内部光波的波阵面。

　　根据上述球面波和旋转椭球面波的概念，在下述三种特殊情况下（其中晶体的光轴都在入射面内），我们能够简单地用作图法求出单轴晶体中寻常光和非常光的波阵面。

　　（1）倾斜入射的平面波。如图 14.99(a)所示，AC 是平面入射的波阵面，当入射波由 C 传到 D 点时，自 A 已向晶体内发出球形和椭球形两个子波波阵面。这两个子波波阵面相切于光轴上的 G 点。从 D 点画出两个平面 DE 和 DF 分别与球面和椭球面相切。在晶体中，DE 是寻常光的新波阵面，DF 是非常光的新波阵面。引 AE 及 AF 两线，就得到表示光在晶体中传播方向的两条光线。由图 14.99(a)可以看到，非常光 AF 与非常光的波阵面并不垂直，这是在各向异性介质中才发生的现象。

　　（2）垂直入射的平面波(晶体的光轴与晶体表面斜交)。当平面波射到晶体的表面时，自平面波波阵面上任意两点 B 与 D 向晶体内发出球形和椭球形两个子波波阵面，如图 14.99(b)所示。这两个子波波阵面相切于光轴上的 G 和 G' 点。作 EE' 和 FF' 面分别与上述两子波波阵面相切，即得寻常光与非常光在晶体中的波阵面。引 BE 和 BF 两线，就得到在晶体中两条光线的方向。

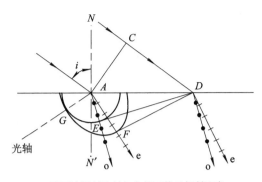

(a) 平面波倾斜地射入方解石的双折射现象

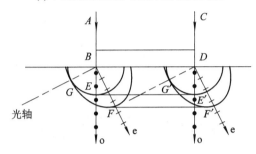

(b) 平面波垂直射入方解石的双折射现象

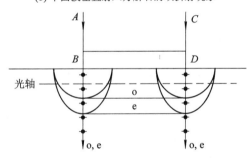

(c) 平面波垂直射入方解石(光轴在折射面内并平行于晶面)的双折射现象

图 14.99　晶体内 o 光和 e 光的传播

　　(3) 垂直入射的平面波(晶体的光轴平行于晶体表面)。晶体中两种光线仍沿原入射方向，如图 14.99(c)所示。但应该注意，两者的传播速率不相等，因而和光在晶体中沿光轴方向传播时只有一种传播速率、无双折射的情况是有根本区别的。

14.14.5　晶体的二向色性和偏振片

　　单轴晶体(如方解石、石英)对寻常光和非常光的吸收性能一般是相同的，而且吸收甚少，但也有一些晶体(如电气石)吸收寻常光的性能显得特别强，在 1 mm 厚的电气石晶体内，寻常光几乎全被吸收，如图 14.100 所示。晶体对互相垂直的两个光矢量分量具有选择吸收的性能称为二向色性。利用二向色性可以产生偏振光。

　　最常用的偏振片是利用二向色性很强的细微晶体物质的涂层制成的。例如，把聚乙烯醇薄膜加热，沿一定方向拉伸，使碳氢化合物分子沿拉伸方向排列起来，然后浸入含碘的溶液中，取出烘干后即制成偏振片，这种偏振片称为 H 偏振片。拉伸后的碘-聚乙烯醇形成一条条能导电的碘分子链,当光波入射时,光矢量在长链方向的分量使电子运动,对电子作功而被强烈地吸收,垂直于长链方向的分量不对电子作功,因而能透过。

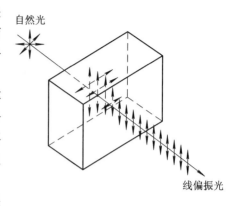

自然光

线偏振光

图 14.100　晶体的二向色性

另外,还有一种 K 偏振片,它是将聚乙烯醇薄膜放在高温炉中,通以氯化氢,除去聚乙烯醇分子中的一些水分子,形成聚乙烯醇的细长分子再进行单向拉伸而形成的。这种偏振片性能稳定,且耐高温,不易褪色。

由 H 型和 K 型偏振片组合成的 HK 偏振片是适用于远红外的偏振片。

偏振片的制造工艺简单,成本低,且面积可以做得很大,重量又轻,因此有较大的实用价值。

14.15　偏振光的干涉与人为双折射

14.15.1　偏振光的干涉

如图 14.101 所示,P_1 是偏振片,C 是双折射晶片,光轴与晶面平行。由起偏振器 P_1 射来的偏振光垂直入射于晶面,如果入射偏振光的振动方向与晶片 C 的光轴之间的夹角为 α,则偏振光射入晶片 C 后,又将分成振动面互相垂直的 o 光和 e 光。应该注意到,这两束光在晶片 C 中虽沿同一方向传播,但具有不同的速率(对于正晶体,o 光传播得快,e 光传播得慢,对于负晶体则相反)。因此两光束透过晶片之后,两者间有一定的相位差。如果以 n_o 和 n_e 分别表示晶片 C 对这两光束的主折射率,d 表示晶片的厚度,λ 表示入射单色光的波长(指真空中的波长),那么 o 光和 e 光通过晶片 C 所产生的相位差为

$$\Delta\varphi = \frac{2\pi}{\lambda}d(n_o - n_e) \tag{14-59}$$

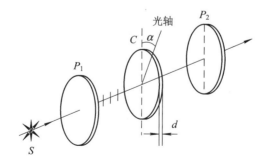

图 14.101　偏振光的干涉

这两束光经检偏振器后,在检偏振器的偏振化方向上的分振动是具有相干性的。以图 14.102 为例,图中表示偏振片 P_2 与偏振片 P_1 放在偏振化方向两相正交的位置,这两束光

线通过偏振片 P_2 时，只有和 P_2 的偏振化方向（在图中以 P_2P_2' 表示）平行的分振动可以透过，而且所透过的两分振动的振幅矢量 A_{2e} 和 A_{2o} 的方向相反，而 A_{2e} 和 A_{2o} 的量值分别为 A_e 和 A_o 在 P_2P_2' 方向上的分量，即

$$A_{2e} = A_e \cos\beta, \qquad A_{2o} = A_o \sin\beta$$

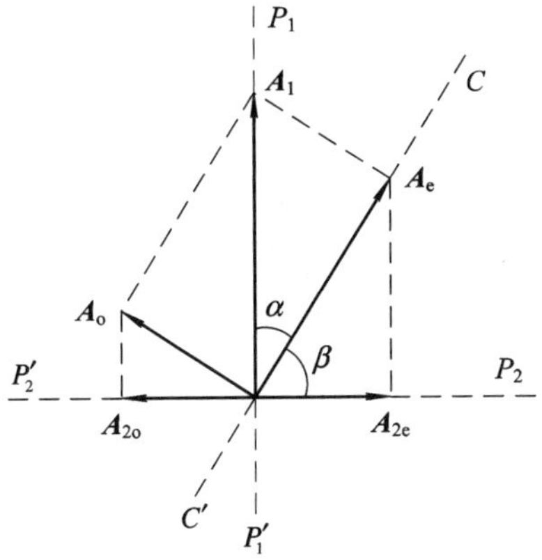

图 14.102　两束相干偏振光的振幅的确定

式中，β 是偏振片 P_2 的偏振化方向（P_2P_2'）和晶片的光轴 CC' 之间的夹角。因偏振片 P_1 和 P_2 放在相互正交的位置，由 $\cos\beta = \sin\alpha$，$\sin\beta = \cos\alpha$ 得：

$$A_{2e} = A_1 \cos\alpha \cos\beta = A_1 \sin\alpha \cos\alpha$$
$$A_{2o} = A_1 \sin\alpha \sin\beta = A_1 \sin\alpha \cos\alpha$$

由此可知，透过偏振片 P_2 的光，是由透过 P_1 的线偏振光所产生的振动方向相同、振幅相等、有恒定相位差的两束相干光，因而能够产生干涉现象。由于这两束光的相位相反，所以除与晶片厚度有关的相位差 $\dfrac{2\pi d}{\lambda}(n_o - n_e)$ 外，还有一附加的相位差 π，因此总相位差等于

$$(\Delta\varphi)_{\text{总}} = \frac{2\pi d}{\lambda}(n_o - n_e) + \pi \tag{14-60}$$

当 $(\Delta\varphi)_{\text{总}} = 2k\pi$ 或 $(n_o - n_e)d = (2k-1)\dfrac{\lambda}{2}$ 时，干涉最强，视场最明亮，其中 $k = l, 2, 3, \cdots$；当 $(\Delta\varphi)_{\text{总}} = (2k+1)\pi$ 或 $(n_o - n_e)d = k\lambda$ 时，干涉最弱，视场变暗。如果所用的是白光光源，对各种波长的光来讲，干涉最强和干涉最弱的条件也各不相同。当正交偏振片之间的晶片厚度一定时，视场将出现一定的色彩，这种现象称为色偏振。

色偏振现象有着广泛应用。例如根据不同晶体在起偏振器和检偏振器之间形成不同的干涉彩色图像，可以精确地鉴别矿石的种类，研究晶体的内部结构。在地质和冶金工业中有重要应用的偏光显微镜，就是在通常用的显微镜上附加起偏振器和检偏振器制成的。此外，如云母片、玻璃纸、尼龙丝，甚至鱼鳞、鱼骨等夹在偏振片之间，在白光下观察时，也都会产生色偏振现象。

14.15.2　人为双折射

前面讨论的是存在于晶体中的双折射现象。有些非晶体，例如塑料、玻璃、环氧树脂

等通常是各向同性的，没有双折射现象，但当它们经受压力时，就变成各向异性而显示出双折射性质；也有些液体(如硝基苯 $C_6H_5NO_2$)放在玻璃盒内通常也没有双折射现象，但在电场的作用下，液体会变成类似于晶体的物质而显示出双折射现象。这类双折射现象都是在外界条件(或人为条件)影响下产生的，所以称为人为双折射。

1. 光弹性效应

观察压力下双折射现象所用的仪器装置示意图如图 14.103 所示，图中 P_1、P_2 为两相正交的偏振片，E 是非晶体，S 为单色光源。当 E 受 OO' 方向的机械力 F 的压缩或拉伸时，E 的光学性质就和以 OO' 为光轴的单轴晶体相仿。因此如果 P_1 的偏振化方向与 OO'(相当于光轴)成 $45°$ 角，则线偏振光垂直入射到 E 时就分解成振幅相等的 o 光和 e 光，两光线的传播方向一致，但速率不同，即折射率不同。设 n_o、n_e 分别为 o 光和 e 光的折射率，实验表明，在一定的压强范围内，$n_e - n_o$ 与压强 $p = \dfrac{F}{S}$ 成正比，即

$$n_e - n_o = kp \tag{14-61}$$

式中，k 是非晶体 E 的压强光学系数，视材料的性质而定。o 光和 e 光穿过偏振片 P_2 后将进行干涉。如果样品各处压强不同，将出现干涉条纹，这种特性称为光弹性。由于具有这种特性，因此在工业上可以制成各种零件的透明模型，然后在外力的作用下，观测和分析这些干涉的色彩和条纹的形状，从而判断模型内部的受力情况。这种方法称为光弹性方法。这种用偏振光来检查透明物体内部压强的方法，具有比较可靠、经济和迅速的优点，而且还能通过模拟的方法显现出

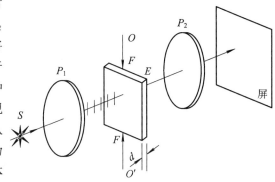

图 14.103　观察压力下的双折射现象

试件或样品全部干涉图像的直观效果，因此在工程技术上得到了广泛应用，成为应用科学——光测弹性学的基础。

2. 电光效应

有些非晶体或液体在强大电场的作用下显示出双折射现象，是克尔(J. Kerr)首次发现的，因此称为克尔效应。这些物质的分子在电场中沿电场方向作定向排列，因而获得类似于晶体的各向异性的特性，它的光轴沿着电场强度 E 的方向。在图 14.104 中，M 是具有平行板电极并盛有液体(例如硝基苯)的容器，称为克尔盒，P_1、P_2 为两相正交的偏振片，C、C' 为电容器的两极板。当电源未接通时视场是暗的，接通电源后视场变明，这说明在电场作用下，非晶体变

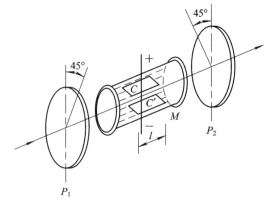

图 14.104　克尔电光效应

成了具有双折射性的物质。

如果起偏振器 P_1 的偏振化方向与电场 E 的方向（相当于光轴）成 45° 角，则线偏振光通过液体时就分解为振幅相等的 o 光和 e 光，并以不同的速率通过液体。实验表明，折射率之差 $n_e - n_o$ 与 E^2 和光在真空中的波长 λ_0 成正比，即

$$n_e - n_o = K\lambda_0 E^2$$

因此，o 光和 e 光在电场强度 E 的作用下，通过两极板间厚度为 l 的液体层时，所产生的光程差为

$$\delta = l(n_e - n_o) = KlE^2\lambda_0 \tag{14-62}$$

式中，K 为克尔常量，视液体的材料而定。

若干种液体在 $\lambda_0 = 589.3$ nm 的克尔常量见表 14.3。

表 14.3　某些液体的克尔常量

（$\lambda_0 = 589.3$ nm）

物质	$K/(m \cdot V^{-2})$
苯	0.67×10^{-14}
二硫化碳	3.56×10^{-14}
水	5.10×10^{-14}
硝基甲苯	1.37×10^{-12}
硝基苯	2.44×10^{-12}

如果加在克尔盒电极上的电压发生变化，则光程差 δ 也发生变化，从而使线偏振光通过克尔盒后变成扁平程度不同的椭圆偏振光、圆偏振光等，即对入射的偏振光进行调制。

利用克尔效应可以做成光的断续器（光开关），这种断续器的优点是几乎没有惯性，即效应的建立与消失所需时间极短（约 10^{-9} s），因而可使光强的变化非常迅速，这种断续器现在已经广泛应用于高速摄影、测距以及激光通信等装置中。近年来随着激光技术的发展，对光开关、电光调制器（利用电信号来改变光的强弱的器件）的要求越来越高。由于硝基苯有毒，易爆炸且工作电压较高，所以克尔盒逐渐被某些具有克尔效应的晶体所代替，例如钛酸钡（$BaTiO_3$）和混合的铌酸钾晶体（$KTa_{0.65}Nb_{0.35}O_3$，简称 KTN）等。

此外还有一种非常重要的电光效应，称为泡克尔斯（F. C. A. Pockels）效应，其中最典型的是由 KDP 晶体（KH_2PO_4）和 ADP 晶体（$NH_4H_2PO_4$）所产生的。这些晶体在自由状态下是单轴晶体，但在电场的作用下变成双轴晶体，沿原来光轴方向产生双折射效应。该效应与克尔效应不同，晶体折射率的变化与电场强度的一次方成正比，所以这种效应也叫作晶体的线性电光效应。利用晶体制成的泡克尔斯盒已经被用作超高速快门、激光器的 Q 开关以及数据处理和显示技术等电光系统中。

3. 磁致双折射效应

和电场作用下产生双折射现象相似，在强磁场的作用下，某些非晶体也能产生双折射现象，称为磁致双折射效应。其中主要有两种，即发生于蒸汽中的称为佛克脱（W. Voigt）效应和发生于液体中的称为科顿-穆顿（Cotton-Mouton）效应，后者比前者要强得多。

这里的实验装置和观察克尔效应所用的实验装置类似。实验观察得到，光的传播方向

与磁场方向垂直时,双折射效应最为显著。设 n_e 与 n_o 为物质在磁场 H 作用下对 e 光和 o 光的折射率,则有

$$n_e - n_o = C\lambda_0 H^2 \qquad (14-63)$$

其中,λ_0 为光在真空中的波长;C 为常量,与物质的性质和光波波长有关,这个常量很小,所以只有在强磁场作用下才可以观察到磁致双折射现象。这种效应的产生主要是由于物质的分子具有永久磁矩,在磁场的作用下,分子磁矩受到了磁力的作用,各分子对外磁场有一定的取向,使物质在宏观上有各向异性的性质,因而表现出像单轴晶体那样的双折射性质。

14.16　旋　光　性

阿喇戈在1881年发现,当线偏振光通过某些透明物质时,它的振动面将以光的传播方向为轴线旋转一定的角度,这种现象称为旋光性,能使振动面旋转的物质称为旋光性物质。石英等晶体、食糖溶液、酒石酸溶液等都是旋光性较强的物质。实验证明,振动面旋转的角度取决于旋光性物质的性质、厚度以及入射光的波长等。

物质的旋光性可用图 14.105 所示的装置来研究。图中 C 是旋光物质,例如光轴沿光传播方向的石英片。当旋光物质放在偏振化方向相正交的偏振片 P_1 和 P_2 之间时,可看到视场由原来的黑暗变为明亮。将偏振片 P_2 旋转某一角度后,视场又变为黑暗。这说明偏振光透过旋光物质后仍然是偏振光,但是振动面旋转了一个角度,这个旋转角等于偏振片 P_2 旋转的角度。

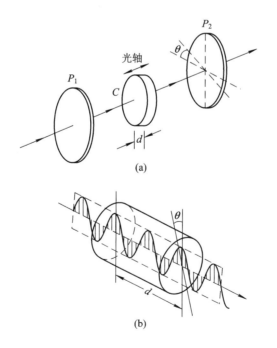

图 14.105　观察偏振光振动面的旋转的实验简图

上述实验的结果如下：

（1）不同的旋光物质可以使偏振光的振动面向不同的方向旋转。如果面对光源观测，则使振动面向右（顺时针方向）旋转的物质称为右旋物质，使振动面向左（逆时针方向）旋转的物质称为左旋物质。根据结晶形态的不同，石英晶体具有右旋和左旋两种类型。

（2）振动面的旋转角与波长有关，且与旋光物质的厚度 d 有关。旋转角 θ 的大小可用下式表示：

$$\theta = ad \tag{14-64}$$

式中，a 称为旋光率，与物质的性质、入射光的波长等有关。例如，1 mm 厚的石英片所能产生的旋转角对红光、钠黄光、紫光分别为 $15°$、$21.7°$、$51°$，紫光的旋转角大约是红光的四倍。当偏振白光通过旋光性物质后，各种色光的振动面分散在不同的平面内，这种现象叫作旋光色散。

（3）偏振光通过糖溶液、松节油等液体时，振动面的旋转角可用下式表示：

$$\theta = acd \tag{14-65}$$

式中，a 是旋光率，d 是旋光物质的厚度，c 是旋光物质的浓度。可见，当一定波长的偏振光通过一定厚度 d 的旋光性物质后，其旋转角 θ 与液体的浓度 c 成正比。

在制糖工业中，测定糖溶液浓度的糖量计就是根据糖溶液的旋光性而设计的。图 14.106 是糖量计简图。图中玻璃容器 B 内装有待测的糖溶液，放在 P_1 和 P_2 两个相互正交的偏振片之间。由于糖溶液的旋光作用，视场将由黑暗变为明亮。旋转检偏振器 P_2，使视场重新恢复黑暗，所旋转的角度显然就是振动面的旋转角 θ。将已知的 a、d 以及所测定的 θ 代入式（14-65），就可算得糖溶液的浓度 c。通常在检偏振器的刻度盘上直接标出糖溶液的浓度。

除糖溶液外，许多有机物质（特别是药物）的溶液也具有旋光性，分析和研究液体的旋光性也需要利用糖量计，所以通常把这种分析方法叫作量糖术。量糖术在化学、制药等行业中都有广泛的应用。

正如可用人工方法产生双折射一样，也可以用人工方法产生旋光性，其中最重要的是磁致旋光，通常称为法拉第旋转效应。

如图 14.107 所示，在两个相互正交的偏振片之间放置某些物质的样品（如玻璃、二硫化碳、汽油等），如果沿光的传播方向加上磁场，则发现线偏振光通过样品后其振动面转过了一角度。实验表明：对于给定的样品，振动面的转角与样品的长度 l 和磁感应强度 B 成正比，

$$\theta = VlB \tag{14-66}$$

比例系数 V 叫作韦尔代（Verdet）常量，一般物质的韦尔代常量都很小，参看表 14.4。

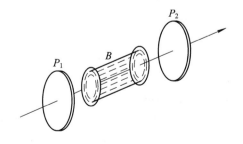

图 14.106 糖量计简图

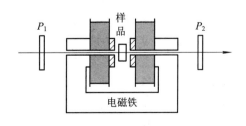

图 14.107 磁致旋光

表 14.4　某些物质的韦尔代常量

($\lambda_0 = 589.3$ nm)

物质	温度 $t/°C$	$V/[(°)/(m \cdot T)]$
水	20	2.18×10^2
磷冕玻璃	18	2.68×10^2
轻火石玻璃	18	5.28×10^2
二硫化碳	20	7.05×10^2
磷	33	22.10×10^2
水晶(垂直光轴)	20	2.77×10^2
乙酮	15	1.85×10^2
食盐 NaCl	16	5.98×10^2
乙醇	25	1.85×10^2

14.17　现代光学简介

20 世纪中叶光学领域中发生了三件大事：1948 年全息术诞生；1955 年"光学传递函数"的概念提出；1960 年激光诞生，使光学在理论方法上和实际应用上都有了重大的突破和进展，形成了"现代光学"。现代光学研究的范围很广，例如全息光学、非线性光学、傅里叶光学、激光光谱学、光化学、光通信、光存储和光信息处理等。本节将简单介绍傅里叶光学、全息照相和非线性光学。

14.17.1　傅里叶光学

20 世纪 30 年代以来，光学与电通信和信息理论相互结合，逐渐形成了傅里叶光学。傅里叶光学的数学基础是傅里叶变换，它的物理基础是光的衍射理论。

1874 年阿贝(E. Abbe)在研究提高显微镜的分辨本领时，提出了两次衍射成像的概念，并用傅里叶变换来阐明显微镜成像的物理机制。1906 年，波特(A. B. Porter)以一系列实验证实了阿贝成像原理。

如图 14.108 所示，用平行相干光照射一张用细丝织成的正交网格(二维光栅)，在透镜后方像平面处将出现网格的像。如果在透镜的像方焦平面处放置一毛玻璃，则会发现毛玻璃上显示出规则排列的许多亮点，中央的亮点亮度最大，越向外亮点的亮度越小。显然，毛玻璃上出现的亮点就是网格的夫琅禾费衍射图样，称为网格的空间频谱。阿贝认为，像平面上出现网格的像，是组成空间频谱的这些亮点作为子波波源所发出的光在像平面进行相干叠加的结果，这就是阿贝成像原理。也就是说，成像过程分两步完成：第一步是入射光经物平面发生夫琅禾费衍射，在透镜后焦平面上形成一系列衍射斑纹，此即物的空间频谱；第二步，各衍射斑纹发出子波在像平面上相干叠加，像就是干涉的结果。或者说，成像过程是光通过衍射分频，再通过干涉合频，即由两次傅里叶变换来完成的。

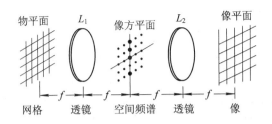

图 14.108　4F 图像处理系统

阿贝成像原理的重要意义在于指出了在透镜像方焦平面上存在的频谱。如果在频谱中挡去或加入一部分，所得的像将缺少或增加某些细节（或变形）。这种在频谱面上改变频谱进而改变像的方法称为空间滤波。图 14.109 给出了网格的衍射花样。图 14.110 为空间滤波实验中的光阑和所得到的像。

图 14.109　网格的衍射花样

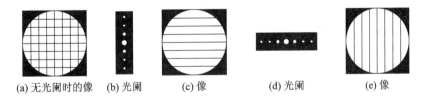

(a) 无光阑时的像　(b) 光阑　(c) 像　(d) 光阑　(e) 像

图 14.110　空间滤波实验中的光阑和像

空间滤波已广泛应用于光学信息处理，如改变图像的反差，消除图像中的噪声，对黑白图像进行假彩色编码等。

14.17.2　全息照相

1. 全息照相的特点

普通照相底片记录物体各点的光强（振幅），彩色照相底片还记录了光的波长信息，而全息照相记录的是光的全部信息（波长、振幅和相位）。

普通照相得到的只是物体的二维平面图像，而全息照相可以再现物体逼真的立体图像。

如果将普通照相底片撕去一部分，则所记录的图像也就不完整了；而全息片破碎了，只需一小块碎片，仍能再现完整的图像。

2. 全息照相的记录和再现

全息照相的成像分两步进行:第一步是全息记录(见图 14.111)。激光器输出的光通过分光镜分成两束,一束经反射镜和扩束镜投射到物体上,然后经物体反射或透射后再射到感光底片上,这部分光称为物光。另一束经反射镜和扩束镜后直接投射到感光底片上,这部分光称为参考光。物光和参考光相互叠加,在感光片上形成干涉条纹,经显影、定影后,就得到全息照片,称为全息图。这种全息图通过干涉方法记录了物光波前各点的全部光信息。

全息照相的第二步是波前再现(见图 14.112)。用一束同参考光的波长和传播方向完全相同的光束照射全息照片,这束光称为再现光。这样在原先拍摄时放置物体的方向上就能看到一幅非常逼真的立体的原物的形象(虚像)。和虚像对全息图对称的位置还有一个实像。实际上,波前的再现是衍射过程。这两个像相当于光栅衍射所产生的 +1 级和 −1 级的两个衍射图像。

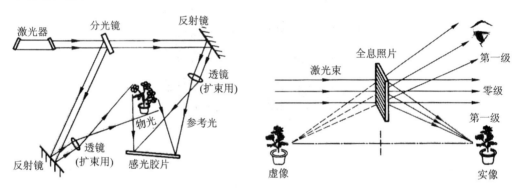

图 14.111 全息照相的记录   图 14.112 全息照相的再现

3. 全息照相的应用

(1)全息显微摄影与全息显示。利用全息照相可以进行显微放大,可放大几千倍到上万倍。全息照相再现物体逼真形象,立体感强,已成为立体电影和立体电视的发展方向,模压全息显示技术的发展,已被应用在防伪标志、保密标记、艺术和装饰等方面。

(2)全息干涉计量。这是全息照相目前应用最广泛的领域之一,在无损探测、微应力应变测量、振动分析等方面都得到了应用。

(3)全息光学元件。利用干涉方法可制作薄片型光学元件,如全息透镜、全息光栅、全息滤光片、全息扫描器等。

(4)全息信息储存。把文字、图片或资料制成透光片作为物,再制成全息图,再现的实像可供直读。

14.17.3 非线性光学

1. 非线性光学现象

光与物质相互作用时,介质将产生极化。在各向同性的介质中,极化强度 P 与电场强度 E 的方向相同,它们数值之间的普遍关系为

$$P = \alpha E + \beta E^2 + \gamma E^3 + \cdots$$

式中，α 为通常的极化率；β，γ，…分别是二阶、三阶…极化系数，它们都是与电场强度无关的常量，由介质的性质决定。

普通光源发出的光的电场强度（约 $10^3 \sim 10^4$ V/m）比原子内部的平均电场强度（约 3×10^{10} V/m）小得多，这时光场在介质中产生的极化强度与外界电场强度成正比，即 $P = \alpha E = \varphi_e \varepsilon_0 E$，这就是通常的线性光学。但强激光的电场强度约为 10^{10} V/m，这时式中的高次项就不能忽略，由此会产生各种非线性光学现象。

非线性光学一般可分为两大类：一类是强光与被动介质（在强光作用下，介质的特征频率并不明显起作用）相互作用的非线性光学现象，如光学整流、光学倍频、光学混频和光自聚焦等；另一类是强光与激活介质（在强光作用下，介质的特征频率影响与之相互作用的光波）相互作用的非线性光学现象，如受激拉曼散射和受激布里渊散射等。下面只介绍第一类非线性光学现象。

2. 光学倍频

以角频率为 ω 的强激光入射到非线性介质上，设此光波的电场强度为 $E = E_0 \cos\omega t$，则介质响应的极化强度（略去 E^3 以上各项）为

$$P = \alpha E_0 \cos\omega t + \beta E_0^2 \cos\omega t = \alpha E_0 \cos\omega t + \frac{1}{2}\beta E_0^2 + \frac{1}{2}\beta E_0^2 \cos2\omega t$$

极化强度 P 中除有频率为 ω 的基频外，还有频率为 2ω 的倍频项和直流项。直流项表示从一个交变电场得到一个恒定电场，称为光学整流。辐射频率为入射光频率的两倍的倍频光的现象，称为光学倍频。例如，使用 KDP 晶体，由 $1.06~\mu m$ 基频激光转变为 $0.53~\mu m$ 的倍频光，转换效率已达到 80%。此外，在方解石晶体中，可观察到三倍频谐波。

3. 光学混频

如果入射光包含两种频率，沿同一方向同时入射到非线性介质上，即 $E = E_1 + E_2 = E_{10}\cos\omega_1 t + E_{20}\cos\omega_2 t$，则极化强度 P 中除了基频项、直流项和倍频项外，还有和频（$\omega_1 + \omega_2$）项以及差频（$\omega_1 - \omega_2$）项，它们将辐射相应的光波，这种现象称为光学混频。光学混频原理已用于制作光学参量放大器和光学参量振荡器等。

4. 自聚焦

强激光入射到某些非线性介质（如二硫化碳、甲苯等）上，折射率不再是常数，而是随着光的功率密度而增大。一般在激光束的中央部分光的功率密度比外围大，当它通过非线性介质时会使其中央部分的折射率比边缘的大，从而使介质具有凸透镜的会聚作用。这样，光束的直径就要缩小，其结果是使中央部分的功率密度变得更大，这又使光束进一步收缩，最后形成一根极细的亮丝，这就是光的自聚焦。例如，一功率为 1 MW、截面积的直径约 2 mm 的激光束，在红宝石中自聚焦后，直径缩到小于 0.1 mm，这时功率密度提高了约 3 倍。

本 章 小 结

本章应掌握的重点：

几何光学部分——光的传播规律、光在平面及球面上的反射与折射、全反射、费马原

理、光路可逆原理、薄透镜等光学仪器的结构及原理。

波动光学部分——相干光及相干光获得方法，单色光，光的干涉(双缝实验、光程及光程差、等倾干涉及等厚干涉的机制)，光的衍射(光的衍射现象、惠更斯-菲涅尔原理、单缝夫琅禾费衍射、光栅夫琅禾费衍射)，光的偏振(自然光、偏振光、起偏与检偏、马吕斯定律、反射光和折射光的偏振、布儒斯特定律等)。

1. 基本概念

相干光：满足频率相同、振动方向相同、相位相同或相位差恒定的两列光波。

单色光：只含单一波长的光。

光的干涉：在两列光波相遇的区域，有一些点其合成振动始终加强，有一些点其合成振动始终减弱，这种现象叫作光的干涉现象。

光程及光程差：光波在某一介质中所经历光程等于它的几何路程 L 与此介质的折射率 n 的乘积 nL。$n_1 L_1 - n_2 L_2$ 称为光程差。

等厚干涉：平行光入射一个厚度不均匀的薄膜，由于有光程差产生的干涉。

等倾干涉：不同倾角的光入射上下表面平行的薄膜，由于有光程差产生的干涉。

光的衍射：光在传播中若遇到尺寸比光的波长大得不多的障碍物时，它就不再遵循直线传播的规律，而会传到障碍物的阴影区并形成明暗相间的条纹，这就是光的衍射现象。

单缝夫琅禾费衍射：当一束平行光垂直照射宽度可与光的波长相比较的狭缝时，会绕过缝的边缘向阴影区衍射，衍射光经透镜 L 会聚到焦平面处的屏幕 P 上，形成衍射条纹。

光栅衍射：由大量等宽、等间距的平行狭缝构成的光学器件称为光栅。一般常用的光栅是在玻璃片上刻出大量平行刻痕制成，刻痕为不透光部分，两刻痕之间的光滑部分可以透光，相当于一狭缝。

自然光：一般光源发出的光中，包含着各个方向的光矢量，没有哪一个方向占优势，即在所有可能的方向上，E 的振幅都相等，这样的光叫作自然光。

偏振光：自然光经反射、折射或吸收后，可能只保留某一方向的光振动。振动只在某一固定方向上的光，叫作线偏振光，简称偏振光。

起偏与检偏：使自然光成为线偏振光的过程叫作起偏。检查某一光是否为偏振光称为检偏。

双折射：一束光线进入介质后，分裂成两束光线，它们沿不同方向折射，这个现象称为双折射。

旋光：当线偏振光通过某些透明物质时，它的振动面将以光的传播方向为轴线旋转一定的角度，这种现象称为旋光性。

傅里叶光学：是把通信理论特别是其中的傅里叶分析方法引入光学所形成的一个分支。

全息照相：一种不用透镜而能记录和再现物体的三维(立体)图像的照相方法。它是能够把来自物体的光波波阵面的振幅和相位的信息记录下来，又能在需要时再现出这种光波的一种技术。

非线性光学：研究介质在强相干光作用下产生的非线性现象及其应用。

2. 相关公式

全反射：$i_c = \arcsin \dfrac{n_2}{n_1}$。

傍轴光线条件下球面反射的物像公式：$\dfrac{1}{p}+\dfrac{1}{p'}=\dfrac{1}{f}$。需注意正负号法则。

放大率：$m=-\dfrac{p'}{p}$。若 m 是正值，表示像是正立的；若 m 是负值，表示像是倒的。$|m|>1$ 表示像是放大的，$|m|<1$ 表示像是缩小的。

傍轴光线条件下球面折射的物像公式：$\dfrac{n_1}{p}+\dfrac{n_2}{p'}=\dfrac{n_2-n_1}{r}$。需注意正负号法则。

傍轴条件下薄透镜物像公式的一般形式：$\dfrac{n_1}{p}+\dfrac{n_2}{p'}=\dfrac{n-n_1}{r_1}+\dfrac{n_2-n}{r_2}$。

相干光强公式：$I=I_1+I_2+2\sqrt{I_1+I_2}\,\cos\Delta\varphi$。

杨氏双缝（垂直入射）：

明纹位置：$x=\pm k\dfrac{d'\lambda}{d}$，$k=0,1,2,\cdots$。

暗纹位置：$x=\pm\dfrac{d'}{d}(2k+1)\dfrac{\lambda}{2}$，$k=0,1,2,\cdots$。

相邻明纹间的距离：$\Delta x=x_{k+1}-x_k=\dfrac{d'}{d}\lambda$。

光程：光波在介质中的路程 L 相当于在真空中的路程 nL，即光波在某一介质中所经历光程等于它的几何路程 L 与该介质的折射率 n 的乘积 nL。

光程差 Δ：两相干光波在相遇点的光程之差。

薄膜干涉：

反射光：$\Delta_r=2d\sqrt{n_2^2-n_1^2\sin^2 i}+\dfrac{\lambda}{2}=\begin{cases}k\lambda,\ k=1,2,\cdots（加强）\\(2k+1)\dfrac{\lambda}{2},\ k=0,1,2,\cdots（减弱）\end{cases}$。

透射光：$\Delta_t=2d\sqrt{n_2^2-n_1^2\sin^2 i}+\dfrac{\lambda}{2}=\begin{cases}k\lambda,\ k=1,2,\cdots（加强）\\(2k+1)\dfrac{\lambda}{2},\ k=0,1,2,\cdots（减弱）\end{cases}$。

注意：反射光与透射光互补。

单缝衍射：垂直入射。

当 $a\sin\theta=\pm k\lambda$，$k=1,2,\cdots$ 时，对应点为暗条纹（中心）。对应于 $k=1,2,\cdots$ 分别叫作第一级暗条纹、第二级暗条纹…。式中，正、负号表示条纹对称分布于中央明纹的两侧。显然，两侧第一级暗纹之间的距离即为中央明纹的宽度。

当 $a\sin\theta=\pm(2k+1)\dfrac{\lambda}{2}$，$k=1,2,3,\cdots$ 时，为明条纹（中心）。对应于 $k=1,2,\cdots$ 分别叫第一级明条纹，第二级明条纹…。

光栅方程：$d\sin\theta=\pm k\lambda$，$k=1,2,3,\cdots$（明纹）。

3. 定理和定律

对于光在两种介质的分界面上的反射和折射，如果光线递着原来的反射线的方向或折射线的方向到界面，就可以递着原来的入射光线方向反射和折射，即当光线的方向反转时，光将沿同一路径逆向传播，这称为光路的可逆原理。

光从空间的一点到另一点沿着光程最短的路径传播。这是费马于 1657 年首先提出的，

称为费马原理，也称光程最短定律。因此，费马原理的一般表达式为

$$\int_A^B n\,\mathrm{d}l = 极值$$

从同一波面上各点发出的子波是相干波，传播到空间某一点时，各子波进行相干叠加的结果决定了该处的波振幅。这个发展了的惠更斯原理叫作惠更斯-菲涅尔原理。

马吕斯定律：$I = I_0 \cos^2\alpha$。

布儒斯特定律：$\tan i_0 = \dfrac{n_2}{n_1}$。

习　题

一、思考题

14-1　举例说明在日常生活中所观察到的全反射现象。

14-2　汽车的后视镜的结构如何？所成的像有何特点？

14-3　列表分析薄透镜(凸透镜和凹透镜)成像的特征。

14-4　如图 14.113 所示，由相干光源 S_1 和 S_2 发出波长为 λ 的单色光，分别通过两种介质(折射率分别为 n_1 和 n_2，且 $n_1 > n_2$)射到这两种介质分界面上的一点 P。已知两光源到 P 的距离均为 r。这两条光的几何路程是否相等？光程是否相等？光程差是多少？

14-5　在杨氏双缝干涉中，若作如下情况的变动，屏幕上的干涉条纹将如何变化？

(1) 将钠黄光换成波长为 632.8 nm 的氦氖激光。

(2) 将整个装置浸入水中。

(3) 将双缝(S_1 和 S_2)的间距 d 增大。

(4) 将屏幕向双缝屏靠近。

(5) 在双缝之一的后面放一折射率为 n 的透明薄膜。

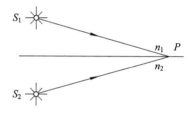

图 14.113　习题 14-4 图

14-6　如图 14.114 所示，将杨氏双缝之一遮住并在两缝的垂直平分线上置一平面镜，屏幕上条纹如何变化？

14-7　为什么白光引起的双缝干涉条纹比单色光引起的干涉条纹数目少？

14-8　在空气中的肥皂泡随着膜厚度的变薄，膜上将出现颜色，当膜进一步变薄并将破裂时，膜上将出现黑色，试解释之。

14-9　窗玻璃也是一块介质板，但在通常日光照射下，为什么我们观察不到干涉现象？

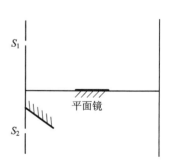

图 14.114　习题 14-6 图

14-10　如图 14.115 所示，若劈尖的上表面向上平移，干涉条纹会发生怎样的变化(如图 14.115(a)所示)？若劈尖的上表面向右方平移，干涉条纹又会发生怎样的变化(如图

14.115(b)所示)? 若劈尖的角度增大,干涉条纹又将发生怎样的变化(如图 14.115(c)所示)?

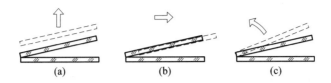

图 14.115 习题 14-10 图

14-11 工业上常用光学平面验规(表面经过精密加工,作为标准的平板玻璃)来检验金属平面的平整程度。如图 14.116 所示,将验规放在待检平面上形成一个空气劈尖,并用单色光照射。如待检平面上有不平处,干涉条纹将发生弯曲。试判定图中 A 处待检平面是隆起还是凹下,并计算隆起或凹下的最大尺度。

14-12 劈尖干涉中两相邻条纹间的距离相等,为什么牛顿环干涉中两相邻条纹间的距离不相等? 如果要相等,对透镜应作怎样的处理?

14-13 如图 14.117 所示,平凸透镜可以上下移动,若以单色光垂直照射,看见条纹向中心移动,透镜是向上还是向下移动?

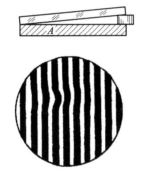

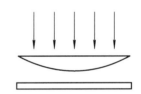

图 14.116 习题 14-11 图   图 14.117 习题 14-13 图

14-14 光的衍射和干涉现象有何不同? 如何解释光的衍射现象? 根据是什么?

14-15 为什么在日常生活中声波的衍射比光波的衍射更加显著?

14-16 在单缝衍射中,若作如下情况的变动,屏幕上的衍射条纹将如何变化?

(1)用钠黄光代替波长为 632.8 nm 的氦氖激光。

(2)将整个装置浸入水中,使缝宽 b 不变,而将屏幕右移至新装置的焦平面上。

(3)将单缝向上作小位移。

(4)将透镜向上作小位移。

14-17 光栅衍射和单缝衍射有何区别? 为何光栅衍射的明纹特别明亮?

14-18 为什么光栅刻痕不但要很多,而且各刻痕之间的距离也要相等?

14-19 光栅衍射光谱和棱镜光谱有何不同?

14-20 如图 14.118 所示的光路,哪些部分是自然光,哪些部分是偏振光,哪些部分是部分偏振光? 指出偏振光的振动方向。若 B 为折射率为 n 的玻璃,周围为空气,则入射角 i 应遵守怎样的规律?

14-21 如图 14.119 所示,Q 为起偏器,G 为检偏器。今以单色自然光垂直入射,若

保持 Q 不动,将 G 绕 OO' 轴转动 $360°$,则转动过程中通过 G 的光的光强怎样变化?若保持 G 不动,将 Q 绕 OO' 轴转动 $360°$,在转动过程中通过 G 后的光强又怎样变化?

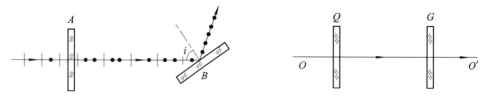

图 14.118　习题 14 - 20 图　　　　　　　图 14.119　习题 14 - 21 图

14 - 22　题 14 - 21 中若使 Q 和 G 的偏振化方向相互垂直,则通过 G 的光强为零。若在 Q 和 G 之间插入另一偏振片,它的方向和 Q 及 G 均不相同,则通过 G 的光强如何?

14 - 23　怎样获得偏振光?什么是起偏振角?如图 14.120 所示,若用自然光或偏振光分别以起偏振角 i_0 或任一入射角 i 射到一玻璃面,反射光或折射光将产生什么情况?

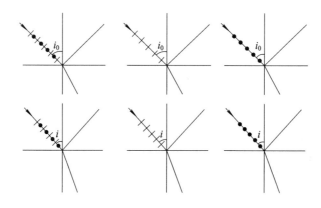

图 14.120　习题 14 - 23 图

二、选择题

14 - 24　有三种装置:

(1) 完全相同的两盏钠光灯,发出相同波长的光,照射到屏上;

(2) 同一盏钠光灯,用黑纸盖住其中部将钠光灯分成上下两部分,同时照射到屏上;

(3) 用一盏钠光灯照亮一狭缝,此亮缝再照亮与它平行间距很小的两条狭缝,这两条亮缝的光照射到屏上。

以上三种装置,能在屏上形成稳定干涉条纹的是(　　　)。

A. 装置(3)　　　　　B. 装置(2)　　　　　C. 装置(1)(3)　　　　　D. 装置(2)(3)

14 - 25　在双缝干涉实验中,为使屏上的干涉条纹间距变大,可以采取的办法是(　　　)。

A. 使屏靠近双缝　　　　　　　　　　　B. 把两个缝的宽度稍微调窄

C. 使两缝的间距变小　　　　　　　　　D. 改用波长较小的单色光源

14 - 26　空气劈尖干涉实验中,(　　　)。

A. 干涉条纹是垂直于棱边的直条纹,劈尖夹角变小时,条纹变稀,从中心向两边扩展

B. 干涉条纹是垂直于棱边的直条纹,劈尖夹角变小时,条纹变密,从两边向中心靠拢

C. 干涉条纹是平行于棱边的直条纹，劈尖夹角变小时，条纹变疏，条纹背向棱边扩展

D. 干涉条纹是平行于棱边的直条纹，劈尖夹角变小时，条纹变密，条纹向棱边靠拢

14−27　一束波长为 λ 的单色光由空气入射到折射率为 n 的透明薄膜上，要使透射光得到加强，则薄膜的最小厚度应为（　　　）。

　　A. $\lambda/2$　　　　　　B. $\lambda/(2n)$　　　　　C. $\lambda/4$　　　　　　D. $\lambda/(4n)$

14−28　在迈克尔逊干涉仪的一条光路中放入一个折射率为 n、厚度为 d 的透明片后，这条光路的光程增加了（　　　）。

　　A. $2(n-1)d$　　　　B. $2nd$　　　　　　C. $(n-1)d$　　　　　D. nd

14−29　单色光 λ 垂直入射到单狭缝上，对应于某一衍射角 θ，此单狭缝两边缘衍射光通过透镜到屏上会聚点 A 的光程差 $\delta = 2\lambda$，则（　　　）。

　　A. 透过此单狭缝的波阵面所分成的半波带数目为两个，屏上 A 点为明点

　　B. 透过此单狭缝的波阵面所分成的半波带数目为两个，屏上 A 点为暗点

　　C. 透过此单狭缝的波阵面所分成的半波带数目为四个，屏上 A 点为明点

　　D. 透过此单狭缝的波阵面所分成的半波带数目为四个，屏上 A 点为暗点

三、计算题

14−30　眼睛 E 和物体 PQ 之间有一折射率为 1.5 的玻璃平板，如图 14.121 所示，平板的厚度为 30 cm，求物体 PQ 的像与物体之间的距离。（平板周围为空气）

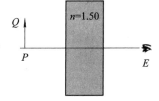

14−31　高 1.0 cm 的物体放在一曲率半径为 30 cm 的凹面镜正前方 10.0 cm 处。

（1）画出成像的光路图。

（2）求像的位置及放大倍数。

图 14.121　习题 14−30 图

14−32　一只装在汽车上的凸面镜，曲率半径为 40 cm，一物体在镜前方 10.0 cm 处，求像的位置和放大倍数。

14−33　一光源与屏间的距离为 1.6 m，用焦距为 30 cm 的凸透镜插在两者之间，透镜应放在什么位置，才能使光源成像于屏上？

14−34　一个等曲率的双凸透镜，两球面的曲率半径均为 3 cm，中心厚度为 2 cm，玻璃的折射率为 1.50，将透镜放在水面上，在透镜下 4 cm 处有一物体 Q，如图 14.122 所示。试计算最后在空气中像的位置。（水的折射率为 1.33）

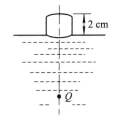

14−35　在双缝干涉实验中，两缝的间距为 0.6 mm，照亮狭缝 S 的光源是汞弧灯加上绿色滤光片。在 2.5 m 远处的屏幕上出现干涉条纹，测得相邻两明条纹中心的距离为 2.27 mm。试计算入射光的波长，如果测量仪器只能测量 $\Delta x \geqslant 5$ mm 的距离，则对此双缝的间距有何要求？

图 14.122　习题 14−34 图

14−36　在双缝干涉实验中，两缝间距为 0.30 mm，用单色光垂直照射双缝，在离缝 1.20 m 的屏上测得中央明纹一侧第 5 条暗纹与另一侧第 5 条暗纹间的距离为 22.78 mm。所用光的波长为多少？是什么颜色的光？

14-37 如图 14.123 所示，由 S 点发出 $\lambda=600$ nm 的单色光，自空气射入折射率 $n=1.23$ 的透明物质，再射入空气。若透明物质的厚度 $d=1.0$ cm，入射角 $\theta=30°$，且 $SA=BC=5$ cm。

(1) 折射角 θ_1 为多少？

(2) 此单色光在这层透明物质里的频率、速度和波长各为多少？

(3) S 到 C 的几何路程为多少？光程又为多少？

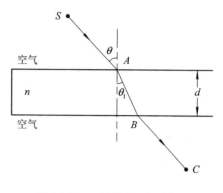

图 14.123 习题 14-37 图

14-38 一双缝装置的一个缝被折射率为 1.40 的薄玻璃片所遮盖，另一个缝被折射率为 1.70 的薄玻璃片所遮盖。在玻璃片插入以后，屏上原来的中央极大所在点变为第五级明纹。假定 $\lambda=480$ nm，且两玻璃片厚度均为 d，求 d。

14-39 如图 14.124 所示，用白光垂直照射厚度 $d=400$ nm 的薄膜，若薄膜的折射率为 $n_2=1.40$，且 $n_1>n_2>n_3$，反射光中哪种波长的可见光得到加强？

14-40 题 14-33 中，若薄膜厚度 $d=350$ nm，且 $n_2<n_1$，$n_2<n_3$。

(1) 反射光中哪几种波长的光得到加强？

(2) 透射光中哪几种波长的光会消失？

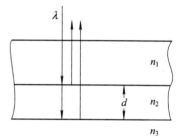

图 14.124 习题 14-39 图

14-41 白光垂直照射到空气中一厚度为 380 nm 的肥皂膜上，设肥皂的折射率为 1.32。该膜的正面呈现什么颜色？背面呈现什么颜色？

14-42 图 14.125 中 S_1 和 S_2 是两个点状、同相、相距 4.0 m 的波源，设二者的发射功率相等，且都发射波长为 1.0 m 的电磁波。若一检波器沿 Ox 方向由 S_1 向右移动，发现几个信号最强点？这些点距 S_1 多远？

14-43 如图 14.126 所示，利用空气劈尖测细丝直径，已知 $\lambda=589.3$ nm，$L=2.888\times10^{-2}$ m，测得 30 条条纹的总宽度为 4.295×10^{-3} m，求细丝直径 d。

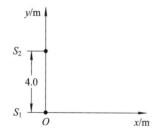

图 14.125 习题 14-42 图

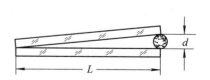

图 14.126 习题 14-43 图

14-44 如图 14.127 所示，将符合标准的轴承钢珠 a、b 和待测钢珠 c 一起放在两块平板玻璃之间，若入射光的波长 $\lambda=580$ nm，钢珠 c 的直径比标准小多少？如果距离 d 不同，对检测结果有何影响？

14-45 在棱镜(n_1=1.52)表面镀一层增透膜(n_2=1.30)。要使此增透膜适用于氦-氖激光器发出的激光(λ=632.8 nm)，膜的厚度应取何值？

14-46 在利用牛顿环测未知单色光波长的实验中，当用波长为589.3 nm的钠黄光垂直照射时，测得第一和第四暗环的距离为Δr=4.0×10^{-3} m；当用波长未知的单色光垂直照射时，测得第一和第四暗环的距离为$\Delta r'$=3.85×10^{-3} m，求该单色光的波长。

14-47 用波长为589.3 nm的钠黄光观察牛顿环，测得某一明环的半径为1.0×10^{-3} m，而第四个明环的半径为3.0×10^{-3} m，求平凸透镜凸面的曲率半径。

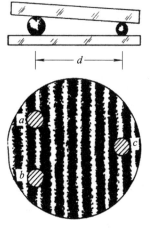

图14.127 习题14-44图

14-48 在牛顿环实验中，当透镜与玻璃间充满某种液体时，第10个亮环的直径由1.40×10^{-2} m变为1.27×10^{-2} m，求这种液体的折射率。

14-49 把折射率n=1.40的薄膜放入迈克耳逊干涉仪的一臂，如果由此产生了7条条纹的移动，求膜厚。设入射光的波长为589 nm。

14-50 如图14.128所示，狭缝的宽度为0.60 mm，透镜焦距f=0.40 m，有一与狭缝平行的屏放置在透镜的焦平面处。若以单色平行光垂直照射狭缝，则在屏上离点O为x=1.4 mm的点P看到衍射明条纹。求：

(1) 该入射光的波长。

(2) 点P条纹的级数。

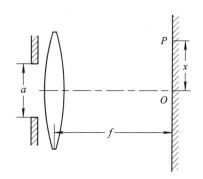

图14.128 习题14-50图

(3) 从点P看，对该光波而言，狭缝处的波阵面可作半波带的数目。

14-51 单缝的宽度为0.40 mm，以波长λ=589 nm的单色光垂直照射。设透镜的焦距f=1.0 m。

(1) 求第一级暗纹距中心的距离。

(2) 求第二级明纹距中心的距离。

(3) 如单色光以入射角i=30°斜射到单缝上，则上述结果有何变动？

14-52 一单色平行光垂直照射于一单缝。若其第三条明纹位置正好和波长为600 nm的单色光入射时的第二级明纹位置一样，求前一种单色光的波长。

14-53 已知单缝宽度a=1.0×10^{-4} m，透镜焦距f=0.50 m，用λ_1=400 nm和λ_2=760 nm的单色平行光分别垂直照射，求这两种光的第一级明纹离屏中心的距离，以及这两条明纹之间的距离。若用每厘米刻有1000条刻线的光栅代替这个单缝，则这两种单色光的第一级明纹分别距屏中心多远？这两条明纹之间的距离又是多少？

14-54 迎面而来的两辆汽车的车头灯相距为1.0 m。在汽车离人多远时，它们刚能为人眼所分辨？设瞳孔直径为3.0 mm，光在空气中的波长λ=500 nm。

14-55 为了测定一个给定光栅的光栅常数，用λ=632.8 nm的单色平行光垂直照射光栅。已知第一级明条纹出现在 38°的方向上，该光栅的光栅常数为多少？第二级明条纹出现在什么角度？若使用这光栅对某单色光进行同样的衍射实验，测得第一级明条纹出现在 27°的方向上，该单色光的波长为多少？对该单色光，最多可看到第几级明条纹？

14-56 用一毫米内有 500 条刻痕的平面透射光栅观察钠光谱($\lambda=589$ nm)，设透镜焦距 $f=1.00$。

(1) 光线垂直入射时，最多能看到第几级光谱？

(2) 光线以入射角 30°入射时，最多能看到第几级光谱？

(3) 若用白光垂直照射光栅，求第一级光谱的线宽度。

14-57 一双缝的间距 $d=0.10$ mm，每个透光缝宽 $a=0.020$ mm，透镜焦距 $f=50$ cm，现用 $\lambda=480$ nm 的平行单色光垂直照射双缝。

(1) 求屏上干涉条纹的间距。

(2) 求单缝衍射的中央明纹的宽度。

(3) 在单缝衍射中央包线内有多少条明纹？

14-58 用波长 $\lambda_1=400$ nm 和 $\lambda_2=700$ nm 的混合光垂直照射单缝。在衍射图样中，λ_1 的第 k_1 级明纹中心位置恰与 λ_2 的第 k_2 级暗纹中心位置重合。k_1 和 k_2 分别是多大？λ_1 的暗纹中心位置能否与 λ_2 的暗纹中心位置重合？

14-59 测得从一池静水的表面反射出来的太阳光是线偏振光，此时太阳处在地平线的多大仰角处？（水的折射率为 1.33）

14-60 使自然光通过两个偏振化方向相交 60°的偏振片，透射光强为 I_1。在这两个偏振片之间插入另一偏振片，它的方向与前两个偏振片均成 30°角，则透射光强为多少？

14-61 一束光是自然光和平面偏振光的混合，当它通过一偏振片时发现透射光的强度取决于偏振片的取向，其强度可以变化 5 倍，求入射光中两种光的强度各占总入射光强度的几分之几。

14-62 用方解石晶体制成的对波长分别为 $\lambda_1=589.3$ nm 的钠黄光和 $\lambda_2=546.1$ nm 的汞灯绿光的 1/4 波片的最小厚度为多少？

14-63 在偏振化方向相互平行的两偏振片间，平行放置一片垂直于光轴切割的石英晶片。已知石英对钠黄光的旋光率为 21.7(°)/mm。当石英晶片的厚度为多大时，钠黄光不能通过第二个偏振片？

14-64 怎样测定不透明电介质(例如珐琅)的折射率？今测得釉质的起偏振角 $i_B=58.0°$。求它的折射率。

第15章 相 对 论

牛顿力学在 18 世纪到 19 世纪的 200 年里对科技发展起了很大的推动作用并取得了显著的成就。到 19 世纪末，麦克斯韦把电磁规律总结为麦克斯韦方程组，并且从理论上预言了电磁波的存在，这一事实在随后被赫兹证实。通过测量，人们发现电磁波在真空中的传播速度是一个常量，并且与光速十分接近。此后，人们发现电磁波的一些性质与光波完全相同，于是认为光是在一定频谱范围内的电磁波。

物理规律都依据一定的参考系进行表述。在经典力学中，人们根据实践经验引入了惯性参考系。我们已经知道的所有的力学运动定律对所有惯性系都成立。惯性系有无穷多个且等价，不同的惯性系之间满足伽利略变换式。人们认为，既然机械波（如声波、水波）需要在某个弹性介质中传播，那么电磁波也应该在某种弹性介质中传播，人们把这种介质称为以太。麦克斯韦电磁理论的一个重要结论是：电磁波在真空中的传播速度为 c，是一个与参考系无关的量。而按照牛顿的绝对时空观，如果物体的运动速度相对于某一惯性系为 c，则变换到另一惯性系后，其速度就不可能在各个方向都为 c。很显然，经典力学和电磁场理论存在矛盾，伽利略变换式对电磁场理论不适用。当时人们认为，麦克斯韦方程组只在某一个特殊的参考系即以太中成立，这种参考系被称为绝对参考系。随后人们就开始了试图确定以太存在的种种努力。但是 1887 年迈克尔逊和莫雷的以太漂移实验给出了否定的结果。为了解决上述矛盾，很多科学家做了大量的工作，但并没有得到突破性的进展。

爱因斯坦当时并不知道迈克尔逊-莫雷实验。由于受到马赫的影响，爱因斯坦形成了两个观点：第一，理论不应和实验相矛盾；第二，理论本身应该具有"内在完备性"。爱因斯坦注意到了把力学推广到电磁学中引起的矛盾，他在坚信电磁理论正确的基础上，提出了狭义相对论的两个基本假设。

相对论主要是关于时空的理论。相对论时空观的建立是人们对物理现象认识的一个重大飞跃，爱因斯坦在其中做出了主要的贡献。相对论对近代物理学的发展，特别是核物理和高能物理的发展产生了重大的推动作用，它已经成为物理学的主要理论基础之一。

局限于惯性参考系的相对论称为狭义相对论，推广到一般参考系和包括引力场在内的相对论称为广义相对论。

本章介绍狭义相对论，主要内容有伽利略变换、牛顿力学的绝对时空观、狭义相对论的基本原理、洛伦兹变换、狭义相对论的时空观和相对论力学的一些结论。

15.1　伽利略时空变换与牛顿力学时空观

15.1.1　伽利略时空变换

在力学中，描述物体的运动离不开参考系的选择。满足牛顿力学定律的参考系称为惯性参考系(简称惯性系)。

假设有两个惯性系 $S(Oxyz)$ 和 $S'(O'x'y'z')$，如图 15.1 所示，它们对应的坐标轴相互平行，且 S' 系相对于 S 系以速度 v 沿 Ox 轴正向做匀速直线运动。

起始时刻($t=t'=0$)，两个坐标系重合。在 S 系中 t 时刻测量到质点 P 的坐标为(x, y, z)，在 S' 系中 t' 时刻测量到质点 P 的坐标为(x', y', z')。时间在各个参考系中均匀流逝，时间的量度不随参考系的不同而变化。由于起始时刻相同，那么经过相同的时间间隔(即 $t=t'$)后，测量到的同一物体 P 在两个惯性系中的时空坐标有如下对应关系：

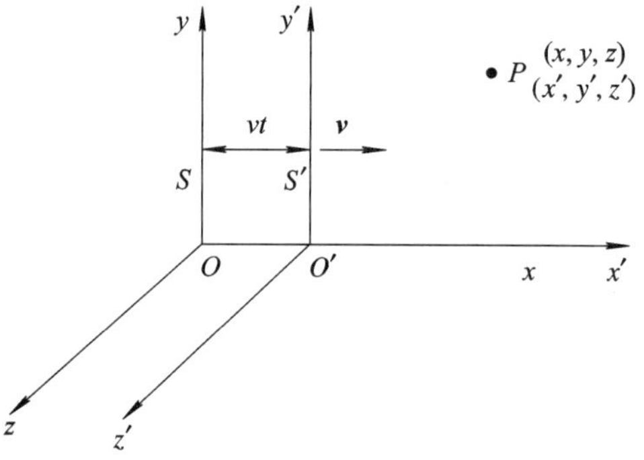

图 15.1　S 和 S' 系相对运动示意图

$$\begin{cases} x' = x - vt \\ y' = y \\ z' = z \\ t' = t \end{cases} \quad 和 \quad \begin{cases} x = x' + vt \\ y = y' \\ z = z' \\ t = t' \end{cases}$$

$$(15-1)$$

这些变换式称为伽利略时空变换式(以下简称为伽利略变换式)，它以数学形式表达了经典力学的时空观。

以 u 和 u' 分别表示质点 P 相对于 S 系和 S' 系的运动速度，则各个分量的速度为

$$u_x = \frac{\mathrm{d}x}{\mathrm{d}t}, \ u_y = \frac{\mathrm{d}y}{\mathrm{d}t}, \ u_z = \frac{\mathrm{d}z}{\mathrm{d}t}$$

$$u'_x = \frac{\mathrm{d}x'}{\mathrm{d}t'}, \ u'_y = \frac{\mathrm{d}y'}{\mathrm{d}t'}, \ u'_z = \frac{\mathrm{d}z'}{\mathrm{d}t'}$$

又因为 $t=t'$，所以

$$\begin{cases} u'_x = u_x - v \\ u'_y = u_y \\ u'_z = u_z \end{cases}$$

$$(15-2)$$

其矢量形式为

$$u' = u - v \tag{15-3}$$

式(15-3)即为我们所熟悉的相对速度关系式，它表明在不同的惯性系中，同一质点运动的速度不同。

在式(15-3)两边对时间求一阶导数，由于 v 不随时间变化，所以有

$$\frac{\mathrm{d}\boldsymbol{u}'}{\mathrm{d}t'} = \frac{\mathrm{d}(\boldsymbol{u} - \boldsymbol{v})}{\mathrm{d}t'} = \frac{\mathrm{d}\boldsymbol{u}}{\mathrm{d}t}$$

即

$$\boldsymbol{a}' = \boldsymbol{a} \qquad\qquad (15-4)$$

式(15-4)表明,同一质点的加速度在不同惯性系中的大小和方向均相同,即同一质点的加速度对伽利略变换式来讲为一个不变量,它不依赖于惯性系的选择。在经典力学中,质点的质量是与其运动状态无关的常量,当然也不因惯性系的不同而改变;质点所受的力也与惯性系的选择无关($\boldsymbol{F}=\boldsymbol{F}'$)。所以在 S 和 S' 这两个惯性系中,牛顿第二定律也应有相同的形式

$$\boldsymbol{F} = m\boldsymbol{a}, \quad \boldsymbol{F}' = m\boldsymbol{a}' \qquad\qquad (15-5)$$

式(15-5)表明,对于不同的惯性系,牛顿第二定律对伽利略变换式来讲是不变的,这就是伽利略相对性原理。它说明,在一个惯性系的内部,任何力学实验都不能测出本惯性系相对于其他惯性系匀速直线运动的速度,相互之间做匀速直线运动的惯性系是完全等价的。

15.1.2　牛顿力学时空观

伽利略变换式反映了牛顿力学(即经典力学)的绝对时空观,是它的数学表现形式。伽利略变换式可以写成另外一种形式:

$$\begin{cases} \Delta x' = \Delta x - v\Delta t \\ \Delta y' = \Delta y \\ \Delta z' = \Delta z \\ \Delta t' = \Delta t \end{cases} \qquad\qquad (15-6)$$

在 S 系和 S' 系中,时间间隔相等,说明在各个惯性系中,时间在均匀地流逝,与运动状态无关,也与参考系的选择无关,时间是绝对的。在 S 和 S' 两个不同的惯性系中测量一直杆的长度分别为

$$\Delta s = \sqrt{(\Delta x)^2 + (\Delta y)^2 + (\Delta z)^2}$$

$$\Delta s' = \sqrt{(\Delta x')^2 + (\Delta y')^2 + (\Delta z')^2}$$

由于测量中需同时确定两端的坐标,即 $\Delta t' = \Delta t = 0$,所以 $\Delta s = \Delta s'$。上式表明,在惯性系 S 和 S' 中分别测量同一物体的长度时,按照伽利略变换式,所测得的值相同,与两个惯性系之间的相对速度无关。也就是说,空间的量度不依赖参考系的选择,是绝对的。

总之,经典力学认为空间是物体占据的场所,与其中的物质完全无关,并且是永恒不变、完全静止的;时间是事件发生的顺序,绝对的、真正的和数学的时间自身在流逝着,而且由于其本性,时间均匀地、与任何外界事物无关地流逝着。空间和时间是彼此独立的。

用经典时空观处理低速运动是正确的,然而在处理高速运动时却遇到了严重的挑战,相对论否定了这种绝对时空观并建立了新的时空观。

15.2　迈克尔逊-莫雷实验

在日常生活中,由于条件局限,人们处理的都是低速运动的物体。在处理低速运动物体经验的基础上,人们建立了经典力学。经典力学的绝对时空观是人们把低速范围内总结

出的结论绝对化的结果。在低速范围内,伽利略变换式和牛顿力学定律符合实际情况。原则上,人们可以用伽利略变换式和牛顿力学定律来解决任何惯性系内低速运动的问题。由于经典力学与人们的日常生活相符合,因而就会不自觉地接受和采纳这种观点,理所当然地认为时空是绝对的和孤立的。然而,这种观点推广到高速运动的物体时是否仍然适用呢?

麦克斯韦建立了电磁场的基本方程——麦克斯韦方程组,并由此推导出电磁场传播的波动方程,证明了电磁波的传播速度正好是光速。他认为,光也是一种电磁波。赫兹实验确定电磁波后,光作为电磁波的一部分,在理论和实验上被逐步确立。如前所述,19 世纪的物理学家认为电磁波在以太这种弹性介质中传播。他们认为以太充满整个宇宙空间并且渗透到一切物体内部,光在真空中的传播是一种以太的波动,除了与光波相应的微小形变运动以外,以太之间没有任何别的运动,即以太是绝对静止的。以太参考系称为绝对静止参考系,即绝对参考系。为了区别相对于其他参考系的运动,凡是相对于绝对参考系的运动都叫作绝对运动。经典电磁学理论只有在相对于以太静止的参考系中才成立。在绝对参考系下,光的传播速度在各个方向都是相同的。那么光在运动参考系下的速度就不是各个方向相同的。如地球参考系(地球可近似地看成惯性系)以速度 u 相对于以太运动,根据伽利略变换式,在地球参考系中,沿着地球运动方向所观测到的光速应该是 $c'=c-u$,逆着地球运动方向所观测到的光速应该是 $c'=c+u$。如果通过实验观测到地球相对于以太的绝对速度 u,那么就从实验上证实了以太的存在。根据这一观点,历史上一些物理学家设计了各种实验去寻找绝对参考系,但都得出了否定的结果。其中最著名的是迈克尔逊(A. A. Michelson)和莫雷(C. W. Morley)在 1881 年所做的实验。

迈克尔逊-莫雷实验装置如图 15.2 所示。

由光源 P 发出波长为 λ 的光,入射到半反半透镜 G 后,一部分反射到平面镜 M_1 上,再由 M_1 反射回来透过 G 到达望远镜 T;另一部分透过 G 到达平面镜 M_2,再由 M_2 反射回来到达 G,然后由 G 反射到达 T。两列光束在 T 相遇产生干涉条纹。假设 G 到 M_1 和 M_2 的距离均为 L。把固定在地球的整个实验装置当作运动参考系,即 S' 系,设它相对于绝对参考系(以太)S 以速度 v 运动。若速度的方向与光束①平行,从 S' 系看,G 到 M_2 的光束速度为

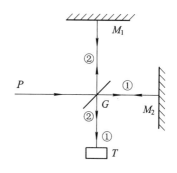

图 15.2 迈克尔逊-莫雷实验装置示意图

$c-v$,M_2 到 G 的光束速度为 $c+v$,则光束①从 G 出发到 M_1,再到被反射回 G 所需时间为

$$t_1 = \frac{L}{c-v} + \frac{L}{c+v} = \frac{2L}{c\left(1-\dfrac{v^2}{c^2}\right)}$$

光束②自 G 到 M_1 和自 M_1 再到 G 的速度均为 $(c^2-v^2)^{1/2}$。所以,从 S' 系看,光束②从 G 到 M_1,然后再由 M_1 回到 G 所需时间为

$$t_2 = \frac{2L}{(c^2-v^2)^{1/2}} = \frac{2L}{c\left(1-\dfrac{v^2}{c^2}\right)^{1/2}}$$

两列光束从 G 到 T 的时间差为

$$\Delta t = t_1 - t_2 = \frac{2L}{c}\left(\frac{1}{1-v^2/c^2} - \frac{1}{\sqrt{1-v^2/c^2}}\right)$$

将整个仪器旋转 90°后,两列光束互换,时间差为

$$\Delta t' = t_1' - t_2' = \frac{2L}{c}\left(\frac{1}{\sqrt{1-v^2/c^2}} - \frac{1}{1-v^2/c^2}\right)$$

仪器旋转前后,时间差的改变量为

$$\Delta(tt') = \Delta t - \Delta t' = \frac{4L}{c}\left(\frac{1}{1-v^2/c^2} - \frac{1}{\sqrt{1-v^2/c^2}}\right)$$

由于 $v \ll c$,有

$$\frac{1}{1-v^2/c^2} \approx 1 + \frac{v^2}{c^2}, \quad \frac{1}{\sqrt{1-v^2/c^2}} \approx 1 + \frac{v^2}{2c^2}$$

$$\Delta(tt') = \frac{2Lv^2}{c^3}$$

两束光的光程差为

$$\Delta = c\Delta(tt') = \frac{2Lv^2}{c^2}$$

干涉条纹移动的数目为

$$\Delta N = \frac{\Delta}{\lambda} = \frac{2Lv^2}{\lambda c^2}$$

迈克尔逊根据地球公转速度 $v = 3 \times 10^4 \ \mathrm{m \cdot s^{-1}}$,$L = 1.2 \ \mathrm{m}$,$\lambda = 5893 \times 10^{-10} \ \mathrm{m}$,得出 $\Delta N = 0.04$ 条。但在实际实验中没有观察到条纹移动。1887 年他和莫雷合作,进一步改进干涉实验,光路经过多次反射,光程 L 延长到 11 m,预计可以测得 0.4 个条纹移动,但是仍然没有观察到预想的结果。为了避免公转速度与太阳系运动速度正好抵消这种可能性,迈克尔逊和莫雷在半年后又重复进行实验,仍然没有观察到条纹移动。此后,许多人在地球的不同地点、不同季节里重复迈克尔逊-莫雷实验,结果相同,都无法测出地球相对于以太的运动速度。到目前为止,所有的实验都未能找到以太,也未发现光速随运动变化的迹象。

迈克尔逊-莫雷实验以及其他一些实验结果使人们产生了困惑,似乎相对性原理只适用于牛顿定律,而不适用于麦克斯韦电磁场理论。看来要解决这一难题必须在物理观念上来个变革。这时许多物理学家都预感到一个新的基本理论即将产生。在洛伦兹、庞加莱等人为探求新理论所做的先期工作的基础上,一位具有变革思想的青年学者——爱因斯坦于 1905 年创立了狭义相对论,为物理学的发展树立了新的里程碑。

15.3　相对论的基本原理和洛伦兹变换

1905 年,爱因斯坦提出了两个假设,并以此为基础建立了狭义相对论。这两个基本假设为狭义相对论的两条基本原理。

15.3.1　相对论的基本原理

(1)爱因斯坦相对性原理:物理定律在所有的惯性系中都具有相同的表达形式,即所

有的惯性系都是等价的。这就是说,在惯性系内部不能确定该惯性系的运动或静止。对运动的描述只有相对意义,绝对静止的参考系是不存在的。这是对经典力学相对性原理的继承和发展。

(2) 光速不变原理:真空中的光速是常量,在任意惯性系中观察速度都恒为 c,它与光源和观察者的运动无关,即不依赖于参考系的选择。显然该原理否定了伽利略变换式。

这两条原理是狭义相对论的基础。由这两条原理出发可以推导出狭义相对论的全部内容。当然,这两条原理的正确性要由它们所导出的结果与实验事实是否相符来判定。

15.3.2　洛伦兹时空变换

我们已经知道,伽利略变换式不具有普遍性,它与光速不变原理不相容,那么就需要找出与狭义相对论相容的变换式。其实这一变换式在爱因斯坦提出相对论之前已经被洛伦兹发现了,但也可以通过狭义相对论的两条基本原理来导出,这反过来说明了两个基本假设的正确性与简洁性。下面就从狭义相对论的两条基本原理来导出洛伦兹时空变换式(以下简称为洛伦兹变换式)。

有两个惯性系 $S(Oxyz)$ 和 $S'(O'x'y'z')$,它们的对应坐标轴互相平行,且 S' 系相对于 S 系以速度 v 沿 Ox 轴的正向做匀速直线运动,如图 15.3 所示。

开始时,两个惯性系重合,即 $t=t'=0$ 时, $x=x'$, $y=y'$, $z=z'$,在此时刻,从一个重合点 $O(O')$ 发出一束光。在 S 系中,这束光在此后 t 时刻到达 P 点;在 S' 系中,到达 P 点的时刻为 t'。根据光速不变原理, $OP=ct$, $O'P=ct'$,所以有下列时空坐标间的关系式:

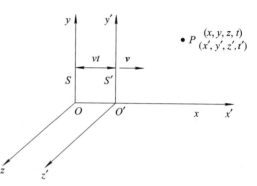

图 15.3　洛伦兹变换示意图

$$x^2 + y^2 + z^2 = c^2 t^2 \tag{15-7}$$

$$x'^2 + y'^2 + z'^2 = c^2 t'^2 \tag{15-8}$$

式(15-7)中, (x, y, z) 为 S 系中 t 时刻 P 点的坐标;式(15-8)中, (x', y', z') 为 S' 系中 t' 时刻 P 点的坐标。

由于两参考系在 y, z 方向没有相对运动,所以参照伽利略变换式有 $y=y'$, $z=z'$。由于两个参考系在 x 轴方向做速度恒定的相对运动,而且对于任何一个参考系,时间和空间应该是均匀的,所以 x 和 x' 应该是线性关系, t 和 t' 也应该是线性关系。假设它们的关系为

$$x' = k(x - vt)$$
$$t' = a(t - bx) \tag{15-9}$$

式(15-9)中, k、 a、 b 为待定系数。在伽利略变换式中, $k=1$, $a=1$, $b=0$。将式(15-9)及 $y=y'$, $z=z'$ 代入式(15-8),得

$$k^2 (x - vt)^2 + y^2 + z^2 = c^2 a^2 (t - bx)^2$$

整理得

$$(k^2 - b^2 a^2 c^2) x^2 - 2(k^2 v - ba^2 c^2) xt + y^2 + z^2 = \left(a^2 - \frac{k^2 v^2}{c^2} \right) c^2 t^2$$

与式(15 - 7)对比，得

$$\begin{cases} k^2 - b^2 a^2 c^2 = 1 \\ k^2 v - b a^2 c^2 = 0 \\ a^2 - \dfrac{k^2 v^2}{c^2} = 1 \end{cases}$$

解方程组得

$$k = \frac{\pm 1}{\sqrt{1 - v^2/c^2}}, \quad a = \frac{\pm 1}{\sqrt{1 - v^2/c^2}}, \quad b = \frac{v}{c^2}$$

由于 Ox 轴和 $O'x'$ 轴同向，所以 k 取正值；由于时间轴总是由过去指向未来，所以 a 取正值。由此得出该事件在两个惯性系 S 和 S' 中的时空坐标变换式，即洛伦兹变换式为

$$\begin{cases} x' = \dfrac{x - vt}{\sqrt{1 - v^2/c^2}} = \dfrac{x - vt}{\sqrt{1 - \beta^2}} = \gamma(x - vt) \\ y' = y \\ z' = z \\ t' = \dfrac{t - vx/c^2}{\sqrt{1 - v^2/c^2}} = \dfrac{t - vx/c^2}{\sqrt{1 - \beta^2}} = \gamma\left(t - \dfrac{vx}{c^2}\right) \end{cases} \qquad (15 - 10)$$

其中，$\beta = v/c$，$\gamma = 1/\sqrt{1 - \beta^2}$。从式(15 - 10)可以得到 x、y、z 和 t，即得逆变换式为

$$\begin{cases} x = \dfrac{x' + vt'}{\sqrt{1 - v^2/c^2}} = \dfrac{x' + vt'}{\sqrt{1 - \beta^2}} = \gamma(x' + vt') \\ y = y' \\ z = z' \\ t = \dfrac{t' + vx'/c^2}{\sqrt{1 - v^2/c^2}} = \dfrac{t' + vx'/c^2}{\sqrt{1 - \beta^2}} = \gamma\left(t' + \dfrac{vx'}{c^2}\right) \end{cases} \qquad (15 - 11)$$

由洛伦兹变换式可看出，当惯性系 S' 相对于惯性系 S 的运动速度 v 远小于光速 c 时，$\beta = v/c \ll 1$，洛伦兹变换式就转化为伽利略变换式。由此可知，在物体的运动速度远小于光速时，洛伦兹变换式与伽利略变换式等效，伽利略变换式只适用于低速运动物体的时空变换。也就是说，伽利略变换是洛伦兹变换在低速($v \ll c$)下的近似。另外，根据洛伦兹变换式可以看出，任何物体的速度均不能达到或超过光速，即真空中的光速速率 c 是一切物体运动速率的极限。

【例 15.1】 S' 系相对于 S 系以速度 v 沿着 S 系的 x 轴正方向匀速运动。在惯性系 S 中静止的观测者竖直上抛一个物体。物体的初速度为 u_0，重力加速度为 g，运动方程为

$$x = 0, \quad y = u_0 t - \frac{1}{2} g t^2$$

利用洛伦兹变换式求出此物体在惯性系 S' 中的运动方程。

【解】 按照本题给出的条件可知，在 S' 系中观测，物体在 $O'x'y'$ 平面内作二维运动。把 S 系中的坐标变换到 S' 中。已知 $\gamma = 1/\sqrt{1 - v^2/c^2}$，由洛伦兹变换式有

$$x' = \gamma(x - vt), \quad y' = y$$

$$t' = \gamma\left(t - \frac{vx}{c^2}\right)$$

由于 S 系中 $x=0$，代入即得

$$x' = -\gamma vt, \qquad t' = \gamma t$$

所以可得 S' 系中的运动方程为

$$x' = -\gamma vt = -\gamma v \frac{t'}{\gamma} = -vt'$$

$$y' = y = u_0 t - \frac{1}{2} g t^2 = \frac{u_0}{\gamma} t' - \frac{g}{2\gamma^2} t'^2$$

15.3.3　洛伦兹速度变换

利用洛伦兹变换式可以得到它的速度变换式。在洛伦兹变换式两边微分得

$$\begin{cases} dx' = \gamma(dx - vdt) \\ dy' = dy \\ dz' = dz \\ dt' = \gamma\left(dt - \dfrac{v}{c^2}dx\right) \end{cases}$$

由速度定义，S' 系和 S 系中物体运动的速度分别为

$$\begin{cases} u_x' = \dfrac{dx'}{dt'} \\ u_y' = \dfrac{dy'}{dt'} \\ u_z' = \dfrac{dz'}{dt'} \end{cases} \quad 和 \quad \begin{cases} u_x = \dfrac{dx}{dt} \\ u_y = \dfrac{dy}{dt} \\ u_z = \dfrac{dz}{dt} \end{cases}$$

由此可得它们的速度分量之间的关系为

$$\begin{cases} u_x' = \dfrac{u_x - v}{1 - \dfrac{v}{c^2}u_x} \\ \\ u_y' = \dfrac{u_y}{\gamma\left(1 - \dfrac{v}{c^2}u_x\right)} \\ \\ u_z' = \dfrac{u_z}{\gamma\left(1 - \dfrac{v}{c^2}u_x\right)} \end{cases} \tag{15-12}$$

此式即为洛伦兹速度变换式。同理可以得到式(15-12)的逆变换式为

$$\begin{cases} u_x = \dfrac{u_x' + v}{1 + \dfrac{v}{c^2}u_x'} \\ \\ u_y = \dfrac{u_y'}{\gamma\left(1 + \dfrac{v}{c^2}u_x'\right)} \\ \\ u_z = \dfrac{u_z'}{\gamma\left(1 + \dfrac{v}{c^2}u_x'\right)} \end{cases} \tag{15-13}$$

若一个光束在 S 系中沿 x 轴传播，速度为 c，即 $u_x = c$，S' 系相对于 S 系以速度 v 沿

Ox 轴方向作匀速直线运动，根据洛伦兹速度式可得到光束相对于 S' 系的速度为

$$u'_x = \frac{u_x - v}{1 - \frac{v}{c^2}u_x} = \frac{c - v}{1 - \frac{v}{c^2}c} = c$$

也就是说，无论两参考系的相对速度为何值，光相对于 S 系和 S' 系的速度相等。这个结论显然与伽利略变换式的结果不同，但符合前述实验事实和光速不变原理。

【例 15.2】 从高能加速器中发射出两个方向相反的粒子，速率都是 $0.6c$。问两个粒子的相对速率是多少？

【解】 由题意可知，粒子相对于地球的速率为 $0.6c$，所以设地球为 S 系，两个粒子分别沿 Ox 轴正向和负向运动，甲粒子的速度为 $0.6c$，则乙粒子的速度为 $-0.6c$。把 S' 系设在甲粒子上，则甲粒子相对于 S' 系静止，S' 系相对于 S 系的速度即为 $0.6c$。乙粒子相对于甲粒子的速度由速度变换式可得

$$u'_x = \frac{u_x - v}{1 - \frac{v}{c^2}u_x} = \frac{-0.6c - 0.6c}{1 - \frac{0.6c}{c^2}(-0.6c)} = \frac{-1.2c}{1.36} \approx -0.88c$$

由本例可知，两个粒子的相对速度并不是由伽利略变换式求出的 $1.2c$。在高速运动的情况下，由经典物理学得出的结果是不正确的。

15.4 相对论的时空观

狭义相对论的时空观是关于时间和空间的理论，它在高速运动时才显现出来。从洛伦兹变换中可以看到时间、空间和运动密切相关，它集中反映了相对论的时空观。因为人们在日常生活中所遇到的运动大多是低速运动，所以在高速运动的情况下，利用洛伦兹变换可以得到许多与我们日常生活经验大相径庭的重要结论。

15.4.1 同时的相对性

在经典的时空观中，若在一个惯性系中观测到两个事件同时发生，那么在另一个惯性系中观测到的结果也是两个事件同时发生，即同时性是绝对的，与惯性系的选择无关。但是狭义相对论则认为，它们的观察结果依赖于惯性系的选择。也就是说，在一个惯性系中观测到两个事件同时发生，而在另一个惯性系中观测到的结果却不是同时发生。这一结论称为同时的相对性。

现在我们考虑一个假想实验，如图 15.4 所示。设想一列匀速前进的列车（S' 系）以速度 v 相对于地面（S 系）水平匀速运动，列车的 A、B 两端分别有一个接收光信号的仪器，在列车的中点有一个光源 P。P 发出的光信号被 A、B 两点接收。按照经典时空观，S' 系和 S 系中可以观测到 A、B 两点同时接收到光信号。

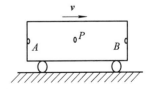

图 15.4 同时的相对性实验示意图

下面我们按照狭义相对论的时空观来分析。在 S' 系中，光源 P 和 A、B 两点的距离相等，光速恒定，所以光信号同时到达 A、B 两点；在 S

系中，A 迎着光信号前进，光信号需要传播的距离变短，B 背向光信号前进，光信号需要传播的距离变长，而光速恒定，所以 A 点先收到光信号，B 点后收到光信号。

假设 A、B 两点在 S 系中的坐标分别为 (x_1, y_1, z_1, t_1)、(x_2, y_2, z_2, t_2)，在 S' 系中的坐标分别为 (x'_1, y'_1, z'_1, t'_1)、(x'_2, y'_2, z'_2, t'_2)。按照洛伦兹变换式有

$$t_1 = \gamma\left(t'_1 + \frac{vx'_1}{c^2}\right), \quad t_2 = \gamma\left(t'_2 + \frac{vx'_2}{c^2}\right)$$

得到

$$t_2 - t_1 = \gamma\left(t'_2 - t'_1 + v\frac{x'_2 - x'_1}{c^2}\right) \tag{15-14}$$

由式(15-14)我们可以得出以下两个结论：

(1) 如果在 S' 系中发生的两个事件同时不同地，则在 S 系中一定不同时。

(2) 如果在 S' 系中发生的两个事件同时同地，则在 S 系中一定同时。

对式(15-14)进行变换得

$$t_2 - t_1 = \gamma(t'_2 - t'_1)\left(1 + \frac{v}{c^2}\frac{x'_2 - x'_1}{t'_2 - t'_1}\right) = \gamma(t'_2 - t'_1)\left(1 + \frac{v}{c^2}u'\right)$$

现在考虑一个因果事件，设 B 点接收 A 点发出的信号，显然 A 点发出信号在前，B 点接收信号在后。u' 为 S' 系中信号传播的速度，v 为 S' 系相对于 S 系的速度。在 S' 系中有 $t'_2 - t'_1 > 0$，那么 S 系中会不会发生 $t_2 - t_1 \leqslant 0$ 的情形呢？显然 $v < c$，$u' \leqslant c$，$1 + \frac{v}{c^2}u' > 0$，所以 $t_2 - t_1 > 0$。在 S 系中同样观测到 A 点发出信号在前，B 点接收信号在后。洛伦兹变换满足因果律。

15.4.2 时间延迟

牛顿力学的经典时空观认为，发生一个物理事件所经历的时间间隔不依赖于惯性系的选择，是绝对的；狭义相对论认为，这一时间间隔依赖于惯性系的选择，是相对的。

假设 S' 系中两个事件在同一地点发生，用 S' 系中一个相对于该坐标系静止的钟表测得两个事件的时间间隔为 $\Delta t'$，我们把相对于惯性系静止的钟表所测得在该惯性系中同一地点发生的两个事件经历的时间间隔称为固有时间，记为 Δt_0。用 S 系中一个相对于该坐标系静止的钟表测得两个事件的时间间隔为 Δt。若 S' 系相对于 S 系以速度 v 沿 Ox 轴做匀速直线运动，则 S 系中两个事件的时间间隔由式(15-14)得

$$\Delta t = t_2 - t_1 = \gamma(t'_2 - t'_1) = \gamma\Delta t' = \gamma\Delta t_0 \tag{15-15}$$

由于 $\gamma = 1/\sqrt{1-\beta^2} > 1$，所以 $\Delta t > \Delta t_0$，固有时间最短，这称为时间延迟效应。时间延迟现象已被大量的实验结果所证实。时间延迟效应说明时间间隔的测量是相对的，依赖于参考系的选择。

牛顿力学处理的是低速运动的情形，当运动速度远小于光速时，$\gamma \approx 1$，所以 $\Delta t \approx \Delta t_0$，两事件的时间间隔近似为一绝对量，与参考系的选择无关，这就是经典时空观中的绝对时间概念。由此可见，牛顿力学是相对论在低速情形下的近似处理。

【例 15.3】 一列火车以 108 km/h 的速度匀速行驶。

(1) 地面上一信号灯闪光 10 s，从火车上观察闪光延续了多长时间？

（2）火车上一电灯闪光 10 s，地面上观察闪光延续了多少时间？

【解】　取地面为 S 系，火车为 S' 系，S' 系相对于 S 系的速度 $v = 108\ \text{km/h} = 30\ \text{m/s}$。

（1）事件发生在 S 系，固有时间 $\Delta t_0 = \Delta t$，所以有

$$\Delta t' = \frac{\Delta t_0}{\sqrt{1 - \beta^2}} = \frac{\Delta t}{\sqrt{1 - \beta^2}}$$

代入数据得

$$\Delta t' = 10 \times \sqrt{1 - 10^{-14}}\ \text{s}$$

（2）事件发生在 S' 内，所以固有时间 $\Delta t_0 = \Delta t'$，所以有

$$\Delta t = \frac{\Delta t_0}{\sqrt{1 - \beta^2}} = \frac{\Delta t'}{\sqrt{1 - \beta^2}}$$

代入数据得

$$\Delta t = 10 \times \sqrt{1 - 10^{-14}}\ \text{s}$$

15.4.3　长度收缩

经典时空观中，两点的距离或对物体长度的测量量与参考系无关，是一个绝对量；在相对论中，距离或对物体长度的测量量依赖于参考系的选择，是相对的。

测量运动物体的长度需同时确定物体两端坐标。假设 S' 系中一根静止的细棒沿 Ox' 轴放置，相对于 S' 系静止的观察者测得细棒的长度为 l_0，$l_0 = x'_2 - x'_1$，称为细棒的固有长度。S' 系相对于 S 系以速度 v 沿 Ox 轴匀速前进。相对于 S 系静止的观察者测得细棒的长度为 l，$l = x_2 - x_1$。根据洛伦兹变换式有

$$x'_1 = \gamma(x_1 - vt_1), \quad x'_2 = \gamma(x_2 - vt_2)$$

S 系中测量细棒长度需同时确定其两端坐标，即 $t_1 = t_2$，上面两式相减，得

$$x'_2 - x'_1 = \gamma(x_2 - x_1)$$

即

$$l = l_0 \sqrt{1 - \beta^2} \tag{15 - 16}$$

显然 $l < l_0$。这一结果表明，当细棒沿其长度方向以速率 v 相对于 S 系运动时，在 S 系中的观察者测得该棒的长度小于其固有长度。也就是说，物体沿运动方向长度发生收缩。

长度收缩是一种相对论效应。表面上看，它与我们的日常生活经验不相符，这是由于在日常生活中所遇到的运动速度都比光速慢很多。对于这些运动，由于 $\beta \ll 1$，因此式（15 - 16）可简化为 $l \approx l_0$。所以，对于相对运动速度较小的惯性系来说，长度可近似看作一个绝对量，与参考系的选择无关。在地球上宏观物体所能达到的最大速度远小于光速，长度收缩一般可忽略不计。

【例 15.4】　如图 15.5 所示，一根长为 1 m 的棒静止地放在 $O'x'y'$ 平面内。在 S' 系内的观察者测得此棒与 $O'x'$ 轴成 45°角。设 S' 系以 $v = \sqrt{3}\,c/2$ 的速率沿 Ox 轴相对于 S 系匀速运动。试问从 S 系的观察者来看，此棒的长度以及棒与 Ox 轴的夹角是多少？

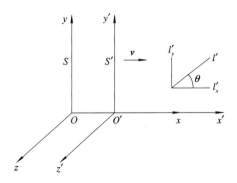

图 15.5　例 15.4 图

【解】 设棒静止于 S' 系的长度为 l'，它与 $O'x'$ 轴的夹角为 θ'。此棒在 $O'x'$ 轴和 $O'y'$ 轴上的分量分别为

$$l'_x = l' \cos\theta', \quad l'_y = l' \sin\theta'$$

由于 S' 系相对于 S 系只沿 Ox 轴方向匀速运动，故从 S 系的观察者看来，棒沿 Ox 轴方向和 Oy 轴方向的分量分别为

$$l_x = l'_x \sqrt{1-\beta^2} = l' \cos\theta' \sqrt{1-\beta^2}$$
$$l_y = l'_y = l' \sin\theta'$$

所以棒的长度 l 及其与 Ox 轴的夹角 θ 的正切分别为

$$l = \sqrt{l_x^2 + l_y^2} = l' \sqrt{1-\beta^2 \cos\theta'}$$

$$\tan\theta = \frac{l_y}{l_x} = \frac{l' \sin\theta'}{l' \cos\theta' \sqrt{1-\beta^2}} = \frac{\tan\theta'}{\sqrt{1-\beta^2}}$$

代入数据得

$$l = l' \sqrt{1-\beta^2 \cos\theta'} = 0.79 \text{ m}$$

$$\tan\theta = \frac{\tan\theta'}{\sqrt{1-\beta^2}} = 2, \theta = 63.43°$$

由此可知，从 S 系的观察者来看，运动着的棒不仅长度要收缩，而且还要转向。

15.5 相对论动力学

根据相对论的相对性原理，不同的惯性系内，物理规律应该在洛伦兹变换下保持不变。牛顿运动方程和动量守恒定律在伽利略变换下可以保持不变，而对洛伦兹变换却不能满足保持不变这一要求。因此要建立狭义相对论动力学就需要对经典力学的动力学规律进行修改，使之满足在洛伦兹变换下保持不变，又能在运动速度远小于光速时能回归为经典力学的形式。

15.5.1 动量与质量

在牛顿力学中，质量为 m、速度为 v 的质点的动量表达式为

$$p = mv$$

在没有外力作用下，系统的动量守恒。从动量守恒这一基本定律出发，经过洛伦兹变换后应该保持动量守恒定律的形式不变，由此可以导出运动物体的质量与其运动速率 v 之间的关系。

如图 15.6 所示，设 A、B 两球对同一坐标系静止时的质量相同，令 A 和 B 两球在平行于 x' 轴的方向上运动并发生完全非弹性碰撞。

在 S' 系中，碰撞前 A 球的速度为 u，方向沿 x' 轴正向，B 球的速度为 $-u$，方向沿 x' 轴负向，在完成碰撞的瞬间，由动量守恒可知，两球的速度为零；设 S' 系相对于 S 系以速度 u 沿 Ox 轴作匀速直线运动，根据洛

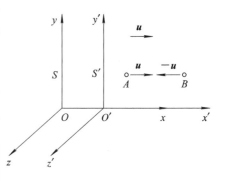

图 15.6 两球在 S 系和 S' 系中的运动

伦兹变换式，在 S 系中，碰撞前 A 球的速度为 $v_A = \dfrac{2u}{1+(u/c)^2}$，方向沿 x 轴正向，B 球的速度 $v_B = 0$，碰撞后的共同速度为 u。在 S 系中，由动量守恒定律可得

$$m_A v_A + m_B v_B = (m_A + m_B)u$$

因此
$$m_A = \frac{m_B}{\sqrt{1-(v_A/c)^2}}$$

由于 m_B 为 B 球相对于 S 系静止时的质量，而 A、B 两球相对于同一坐标系静止时质量应该相同，所以上式可写为

$$m = \frac{m_0}{\sqrt{1-(v/c)^2}} \qquad (15-17)$$

式(15-17)中，m_0 为质点静止时的质量，称为静质量，而质量 m 与速度有关，称为相对论性质量。当质点的速度远小于光速时，相对论性质量近似等于静质量。这时可以认为质点的质量为一常量，与参考系的选择无关，由此可过渡到经典力学的范畴。

其动量的表达式应为

$$\mathbf{p} = \frac{m_0 \mathbf{v}}{\sqrt{1-(v/c)^2}} = \gamma m_0 \mathbf{v} = m\mathbf{v} \qquad (15-18)$$

当外力 $\mathbf{F}$ 作用于质点时，由相对论动量表达式可得

$$\mathbf{F} = \frac{d\mathbf{p}}{dt} = \frac{d}{dt}(m\mathbf{v}) = \frac{d}{dt}\left(\frac{m_0 \mathbf{v}}{\sqrt{1-(v/c)^2}}\right) \qquad (15-19)$$

式(15-19)为相对论力学的基本方程，由于质量随速度增大而增大，当速度为光速时，质量为无穷大，而加速度为零，所以物体运动的速度不可能超过光速。对于静质量不为零的物体，其运动速度不可能达到光速。可以看出，在洛伦兹变换下该方程满足相对性原理。

15.5.2 动能和能量

设一质点在外力 $\mathbf{F}$ 作用下，由静止开始运动，由动能定理可知，质点动能的增量等于外力所做的功，即

$$dE_k = \mathbf{F} \cdot d\mathbf{r} = \frac{d\mathbf{p}}{dt} \cdot d\mathbf{r} = \mathbf{v} \cdot d\mathbf{p}$$
$$= \mathbf{v} \cdot (\mathbf{v}dm + md\mathbf{v}) = v^2 dm + mv\,dv$$

由质量的表达式得

$$m^2 c^2 - m^2 v^2 = m_0^2 c^2$$

两边微分得

$$2mc^2 dm - 2mv^2 dm - 2m^2 v\,dv = 0$$

即
$$c^2 dm = v^2 dm + mv\,dv$$

所以
$$dE_k = c^2 dm$$

由于从静止开始加速，开始时速度为零，动能为零，质量为静质量，对上式积分得

$$\int_0^{E_k} dE_k = \int_{m_0}^{m} c^2 dm$$

因此得
$$E_k = mc^2 - m_0 c^2 \qquad (15-20)$$

式(15-20)即为相对论动能的表达式，它与经典力学的动能表达式毫无相似之处，然而在 $v \ll c$ 的极限情况下，有 $(1-v^2/c^2)^{-1/2} \approx 1 + v^2/2c^2$。代入式(15-20)，得

$$E_k = \frac{1}{2} m_0 v^2$$

这是经典力学的动能表达式。可见,经典力学的动能表达式是相对论力学动能表达式在物体的运动速度远小于光速时的近似。

若将式(15-20)改写为

$$mc^2 = m_0 c^2 + E_k \qquad (15-21)$$

式(15-21)等号两端的量都为能量的量纲,爱因斯坦对此做出了具有深刻意义的说明,他认为 mc^2 是质点运动时具有的总能量,而相应地,$m_0 c^2$ 是质点静止时具有的静能量。也就是说,质点的总能量等于质点的动能和其静能量之和。如果以 E 代表质点的总能量,则有

$$E = mc^2 \qquad (15-22)$$

式(15-22)也可写成

$$\Delta E = (\Delta m) c^2 \qquad (15-23)$$

这就是著名的质能关系式,它是狭义相对论的一个重要结论,揭示了物质的质量和能量这两个基本属性之间不可分割的联系:任何质量的变化都伴随有能量的变化,反之亦然。也就是说,没有脱离质量的能量,也没有脱离能量的质量。

一个封闭系统的总能量是守恒的,总质量也是守恒的,但不是静质量守恒,而是相对论质量守恒。封闭系统内的能量转化伴随着系统内部的质量转化。

【例 15.5】 已知一个氚核($^3_1$H)和一个氘核($^2_1$H)可以聚变成一个氦核($^4_2$He),并产生一个中子($^1_0$n)。试求在这个核聚变中释放的能量。

【解】 上述核聚变的反应式为

$$^3_1H + ^2_1H \rightarrow ^4_2He + ^1_0n$$

氚核和氘核的静止质量之和为

$$(5.0049 \times 10^{-27} + 3.3437 \times 10^{-27}) kg = 8.3486 \times 10^{-27} kg$$

氦核和中子的静止质量之和为

$$(6.6425 \times 10^{-27} + 1.6750 \times 10^{-27}) kg = 8.3175 \times 10^{-27} kg$$

质量亏损为

$$\Delta m = 8.3486 \times 10^{-27} - 8.3175 \times 10^{-27} = 0.0311 \times 10^{-27} kg$$

释放的能量为

$$\Delta E = (\Delta m) c^2 = 0.0311 \times 10^{-27} \times 9 \times 10^{16} J = 2.799 \times 10^{-12} J$$

15.5.3 能量和动量的关系

相对论中,静质量为 m_0,运动速度为 v 的质点的总能量和动量分别由下述公式表示:

$$E = mc^2 = \frac{m_0 c^2}{\sqrt{1-v^2/c^2}}, \quad p = mv = \frac{m_0 v}{\sqrt{1-v^2/c^2}}$$

在上面两个公式中消去速度 v 后,就得到能量和动量之间的关系为

$$E^2 = m_0^2 c^4 + p^2 c^2 = E_0^2 + p^2 c^2 \qquad (15-24)$$

这就是相对论性动量和能量关系式,它对洛伦兹变换具有不变性。对动能为 E_k 的物体,将 $E = E_k + E_0$ 代入式(15-24),得

$$E_k^2 + 2E_0 E_k = p^2 c^2$$

当 $v \ll c$ 时，$E_0 \gg E_k$，E_k^2 可以略去，上式就与经典力学中动量与动能关系的表达式一致了。

静质量不为零的物体不可能以光速运动，而静质量为零的物体则能够以光速运动。对于静质量为零的光子，其能量 $E = pc$，设光子的频率为 ν，则根据爱因斯坦光量子假设，其能量为 $h\nu$，所以光子的动量为

$$p = \frac{E}{c} = \frac{h\nu}{c} = \frac{h}{\lambda} \qquad (15-25)$$

式中，λ 为光的波长；h 是普朗克常数，$h = 6.626 \times 10^{-34}$ J/S。

狭义相对论的建立是物理学发展史上的一个里程碑，它具有划时代的意义。狭义相对论揭示了空间和时间之间、时空和运动物质之间的深刻联系，即时空是运动着的物质的存在形式，它比经典物理学更客观、真实地反映了自然界的物理规律。目前，狭义相对论已经被大量的实验所证实，并成为研究宇宙星体、粒子物理、工程物理等一系列科学问题的基础。当然，随着科学技术的不断发展，还会有许多新的、目前尚不了解的事实被发现，也还会产生新的理论，但是以大量实验事实为基础的狭义相对论在科学中的地位是无法被否定的。

*15.6 广义相对论简介

狭义相对论是在研究与运动物体相联系的电磁现象的过程中产生的，不涉及引力场，不能采用非惯性系。广义相对论是在研究引力理论的过程中产生的，是包括非惯性系在内的相对论。广义相对论是狭义相对论的逻辑推广，是研究时间、空间和引力的理论。广义相对论应用于中子星的形成和结构、黑洞物理和黑洞探测、引力辐射理论和引力波探测、大爆炸宇宙学等广阔的领域，是物理学中重要的基础理论。本节简略介绍广义相对论的基本原理和时空特性的概念。

15.6.1 广义相对论的等效原理

1. 惯性质量与引力质量相等

在经典力学中曾引入两种质量：在引力定律 $\boldsymbol{F} = -G\dfrac{Mm}{r^2}\boldsymbol{e}_r$ 中，m 反映物体产生和接受引力的能力，称为引力质量；在牛顿第二定律 $\boldsymbol{F} = m'\boldsymbol{a}$ 中，m' 反映物体惯性的大小，称为惯性质量。

就定义而言，同一物体的引力质量和惯性质量是完全不同的两个概念，爱因斯坦曾经以石块和地球为例来阐明这一点："地球以引力吸引石块而对其惯性质量一无所知，地球的'召唤力'与引力质量有关；而石块所'回答'的运动则与惯性质量有关"。

为了更好地理解引力质量和惯性质量，下面我们来观察电磁作用。惯性质量为 m' 的电荷质点，在电磁场作用下所受的力满足下述规律：

$$\boldsymbol{F} = m'\boldsymbol{a} = q(\boldsymbol{E} + \boldsymbol{v} \times \boldsymbol{B})$$

显然，"召唤"力由物体的电荷 q 决定，而所"回答"的运动则与物体的惯性质量 m' 有关，二者没有关系。

然而，多次的精确实验表明，同一物体的引力质量与惯性质量之比是一个与物质特性

无关的普适常数。也就是说,任何物体的引力质量和惯性质量总是成正比的。可以用伽利略落体实验简单说明这一点。

伽利略落体实验指出,瞬时地置于重力场中同一点的一切物体,在重力作用下,具有完全相同的重力加速度,与物体所具有的性质无关。设物体 A、B 从同一高处下落,则对 A、B 物体有

$$F_A = m_A g = m'_A a$$
$$F_B = m_B g = m'_B a$$

由上述两式可得

$$\frac{m_A}{m'_A} = \frac{m_B}{m'_B} = \frac{a}{g}$$

根据实验可测得 $a = g$,由此得到引力质量和惯性质量相等的结论。

引力质量等于惯性质量这一结论在牛顿力学与狭义相对论中完全相同只是一种巧合,并没有什么重要意义,但爱因斯坦却从这几百年来司空见惯的事实中找到了新理论的线索。

2. 等效原理

爱因斯坦从物体的引力质量与惯性质量相等的实验事实出发,揭示出引力场与惯性力场的内在联系,并将其作为广义相对论的一条基本原理。

爱因斯坦指出,一个物体在均匀引力场中的动力学效应与此物体在加速参考系中的动力学效应是不可区分和等效的,即引力场和惯性力场的动力学效应是局部不可分辨的。这就是广义相对论的等效原理。

下面用爱因斯坦密闭升降机理想实验来说明引力场和惯性力场的联系。

【实验 1】 升降机中观测者手中的球被释放后加速落向底板。他认为球加速下落的原因可能是由于升降机在一个方向向下的引力场中静止或作匀速直线运动,球受到引力作用而下落,也可能是升降机在没有引力场的环境中加速上升,球受到向下惯性力的作用而下落。二者无法区分。

【实验 2】 升降机中的观测者看到球悬浮在空中不动。他认为其原因可能是升降机在引力场中静止或自由下落,球既受向下的引力,又受向上的惯性力,二者平衡,也可能是升降机在没有引力场的环境中做匀速直线运动,球不受力的作用。二者也无法区分。

由此,在升降机内无法用实验区分其参考系是有引力的惯性系还是无引力的非惯性系(实验一),也无法区分其参考系是有引力的非惯性系还是无引力的惯性系(实验二)。也就是说,无法找到引力和惯性力的差异,引力场与惯性力场等价。必须指出,这里所讲的等效原理只适用于均匀引力场(或引力场中范围很小的区域)和匀加速参考系。

15.6.2 广义相对性原理

狭义相对论认为一切惯性系都是等价的,而客观的物理规律在洛伦兹变换下不变。事实上,宇宙中并不存在严格的惯性系,人们不可避免地要在非惯性系中研究物理规律。既然如此,人们希望发展一种理论,它能抛弃惯性系的概念,而使所有参考系都能等价地表述物理规律。等效原理填平了惯性系和非惯性系之间的鸿沟,从根本上取消了惯性系在描述物理规律中的特殊优越地位。爱因斯坦把相对性原理扩大到一切参考系,提出了广义相对性原理:一切参考系(惯性系、非惯性系)都是等价的,物理规律在一切参考系中的数学形式相同。

等效原理和广义相对性原理是构建广义相对论理论的基石，前者依据引力质量和惯性质量相等的实验事实，后者来自物理学对自然规律对称性的坚定信念，它们都不能直接证明，其正确性取决于理论预言能否被实验证实。

15.6.3 广义相对论时空特性的几个例子

广义相对论预言了引力场中光线的弯曲、引力频移、水星轨道的进动等效应和黑洞的存在。这些预言已先后被实验证实。由于严格讨论需要高深的数学工具，因此这里只对几个效应进行简单的介绍。

1. 引力场中光线的弯曲

电梯静止在无引力场的空间中，若从电梯左壁上水平射入一条光线，则电梯中的观测者可以看到光速沿水平直线传播，如图 15.7(a)所示。如果电梯在无引力场的空间中匀加速上升，那么电梯中的观测者可以看到光线做平抛运动，如图 15.7(b)所示。根据等效原理，射入电梯的光线应该在引力场中按平抛路径传播。爱因斯坦曾指出，从某一星体发出的光线经过太阳附近时，在太阳引力的作用下会发生弯曲。1919 年 5 月 29 日发生日全食时，天文学家观测到了光线经过太阳附近时弯曲的现象，这些观测结果和理论预言很接近，由此证实了爱因斯坦的预言。

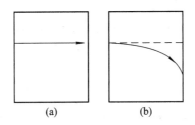

(a) (b)

图 15.7 光线弯曲示意图

2. 引力频移

广义相对论预言，光在引力场中传播时，如果光从引力强的地方传到引力弱的地方，其频率要减少，这一效应称为引力红移；如果光从引力弱的地方传到引力强的地方，其频率要增大，这一效应称为引力蓝移，如图 15.8 所示。

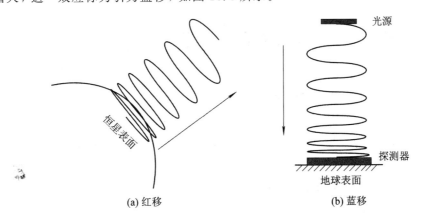

恒星表面

光源

探测器

地球表面

(a) 红移 (b) 蓝移

图 15.8 引力频移

1959 年,通过实验首次测出,从太阳发出的光线到达地球后,其谱线确实有红移现象,而且红移的量值与广义相对论的预言十分接近。

频率变化对应着周期变化,因此,引力频移现象与时间测量联系在一起。从引力场强的地方发射来的光线频率变低,对应原子振动周期变长;从引力场弱的地方发射来的光线频率变高,对应原子振动周期变短。也就是说,强引力场中的钟表比弱引力场中的钟表走得慢。雷达回波延迟现象证实了这一点。

3. 黑洞

广义相对论的又一个预言是黑洞。现代宇宙学指出,引力特别强的地方是黑洞。当天体由于其本身质量的相互吸引而坍缩成密度极大的致密星体时,引力就变得非常强烈,使得光和一切辐射都不能发射出来,这时就形成黑洞。由第二宇宙速度公式可知,质点要从质量为 m、半径为 R 的星体表面上逃逸出星体的束缚力,其逃逸速度为 $v=\sqrt{\dfrac{2Gm}{R}}$,若以光速 c 代替速度 v,可求出星体的临界半径为

$$R_S = \frac{2Gm}{c^2}$$

显然,在致密星体临界半径内的任何物体(包括电磁辐射),只要其速度小于或等于光速,都会被这种致密星体的引力所吸引而落入这个星体中。

寻找黑洞的可行方案是观测双星的运动规律,如果根据一颗星的运动规律能判断出它是某一对双星中的一个星体,却又观测不到它的伴星,可由此推算其伴星的质量,从而推断这个伴星是否黑洞。

狭义相对论和广义相对论在物理学的不同领域所起的作用不相同,在宏观、低速的情况下,两种作用的效应均可略去。狭义相对论在微观、高能物理中取得了辉煌的成就,它是人们认识微观世界和高能物理的基础,它和弱相互作用、电磁相互作用、强相互作用有着密切的联系;广义相对论则适用于大尺度的时空,它的结论要在宇观世界里才能显现出来。

广义相对论是当代的引力理论,它同牛顿的引力理论一样,都是暂时的理论,随着科技的发展和人们认识的逐渐深入,未来必定会有更好的引力理论超越它。

本 章 小 结

1. 伽利略变换和牛顿力学时空观

伽利略变换式集中反映了牛顿力学时空观,是其数学表现形式。

牛顿力学时空观认为空间是绝对静止的,时间是绝对的和均匀流逝的,时空相互独立,它们不依赖于运动的物体而存在。

2. 洛伦兹变换和狭义相对论时空观

1) 狭义相对论的基本原理

物理定律在所有的惯性系中都具有相同的表达形式。

真空中的光速为常量，与光源或观察者的运动无关。

2）洛伦兹变换

$$时空正变换\begin{cases} x' = \dfrac{x - vt}{\sqrt{1 - v^2/c^2}} \\[2mm] y' = y \\ z' = z \\[2mm] t' = \dfrac{t - vx/c^2}{\sqrt{1 - v^2/c^2}} \end{cases} \qquad 时空逆变换\begin{cases} x = \dfrac{x' + vt'}{\sqrt{1 - v^2/c^2}} \\[2mm] y = y' \\ z = z' \\[2mm] t = \dfrac{t' + vx'/c^2}{\sqrt{1 - v^2/c^2}} \end{cases}$$

$$速度正变换\begin{cases} u'_x = \dfrac{u_x - v}{1 - \dfrac{v}{c^2}u_x} \\[4mm] u'_y = \dfrac{u_y}{\gamma\left(1 - \dfrac{v}{c^2}u_x\right)} \\[4mm] u'_z = \dfrac{u_z}{\gamma\left(1 - \dfrac{v}{c^2}u_x\right)} \end{cases} \qquad 速度逆变换\begin{cases} u_x = \dfrac{u'_x + v}{1 + \dfrac{v}{c^2}u'_x} \\[4mm] u_y = \dfrac{u'_y}{\gamma\left(1 + \dfrac{v}{c^2}u'_x\right)} \\[4mm] u_z = \dfrac{u'_z}{\gamma\left(1 + \dfrac{v}{c^2}u'_x\right)} \end{cases}$$

其中：

$$\gamma = \frac{1}{\sqrt{1 - \dfrac{v^2}{c^2}}}$$

3）狭义相对论时空观

同时的相对性：如果两个事件在一个惯性系中被同时观察到，那么在另一个惯性系中一般不再是同时的。

时间延迟：$\Delta t = \gamma \Delta t' = \gamma \Delta t_0$。式中，$\gamma = 1/\sqrt{1 - \beta^2}$，$\beta = v/c$。

长度收缩：$l = l_0\sqrt{1 - \beta^2}$。式中：$\beta = v/c$。

时空是相互联系的，并与物质有着密不可分的联系。

3. 狭义相对论动力学

（1）相对论质量：

$$m = \frac{m_0}{\sqrt{1 - (v/c)^2}}$$

（2）相对论动量：

$$\boldsymbol{p} = m\boldsymbol{v} = \frac{m_0\boldsymbol{v}}{\sqrt{1 - (v/c)^2}}$$

（3）相对论力学基本方程：

$$\boldsymbol{F} = \frac{\mathrm{d}\boldsymbol{p}}{\mathrm{d}t} = \frac{\mathrm{d}}{\mathrm{d}t}\left[\frac{m_0\boldsymbol{v}}{\sqrt{1 - (v/c)^2}}\right]$$

（4）相对论动能和总能量及静止能量的关系：

$$E_k = mc^2 - m_0 c^2$$

（5）相对论动量和能量的关系：

$$E^2 = E_0^2 + p^2 c^2$$

4. 广义相对论的两条基本原理

等效原理：一个物体在均匀引力场中的动力学效应与此物体在加速参考系中的动力学效应是不可区分和等效的，即引力场和惯性力场的动力学效应是局部不可分辨的。

广义相对性原理：一切参考系(惯性系、非惯性系)都是等价的，物理规律在一切参考系中的数学形式相同。

习　题

一、思考题

15-1　根据伽利略变换式，对时间、空间、同时性分别能得出什么结论？

15-2　什么是力学相对性原理？在一个参考系中做力学实验能否测出这个参考系相对于其他惯性系的加速度？

15-3　假设光子在某惯性系中的速度等于 c，那么是否存在这样一个惯性系，光子在这个惯性系中速度不等于 c？

15-4　用洛伦兹速度变换式说明迈克尔逊-莫雷实验。

15-5　一列火车在前进中，车头和车尾均遭到一次闪电轰击。车上的观测者测定这次轰击同时发生。地面上的观测者是否能测定轰击仍然同时发生？如果不同时，何处先遭到轰击？

15-6　有人推导 S 系中运动着的棒的长度变短时，使用了下面的洛伦兹变换式

$$\Delta x = \frac{\Delta x' + v \Delta t'}{\sqrt{1 - v^2/c^2}}$$

令 $\Delta t' = 0$，则

$$\Delta x = \frac{\Delta x'}{\sqrt{1 - v^2/c^2}}$$

从而得出了运动中棒的长度 Δx 比静止时棒的长度 $\Delta x'$ 长的结论。请指出何处发生了错误。

15-7　洛伦兹变换式中哪些量是不变量？加速度是不变量吗？

15-8　两个观察者分别处于惯性系 S 和惯性系 S' 中。两个惯性系中各有一根分别与 S 系和 S' 系相对静止的同样长的米尺，两个米尺分别沿 Ox 轴和 $O'x'$ 轴放置。这两个观察者在测量中发现，在另一个惯性系中的米尺总比自己惯性系中的米尺要短一些，你怎样看待这个问题？

15-9　在麦克斯韦的经典电磁理论中，电磁波的波长和频率有下述关系 $\lambda\nu = c$。按狭义相对论的观点来看，这个关系是否仍成立？

15-10　在惯性系 S 中某地先后发生两事件 A 和 B，其中事件 A 超前于事件 B，试问：

(1) 在惯性系 S' 中，事件 A 和 B 是否仍发生在同一地点？

(2) 在惯性系 S' 中，事件 A 总是超前于事件 B 吗？

15 - 11　在狭义相对论中，下列说法中哪些是正确的？

（1）一切运动物体相对于观察者的速度都不能大于真空中的光速。

（2）质量、长度、时间的测量结果都随着物体与观察者的相对运动状态而改变。

（3）在一个惯性系中发生于同一时刻、不同地点的两个事件，在其他一切惯性系中也同时发生。

（4）惯性系中的观察者观察一个与他做匀速相对运动的钟表时，会看到这个钟表比与他相对静止的相同的钟表走得慢一些。

15 - 12　在相对论中能否认为粒子的动能为 $\frac{1}{2}mv^2$？其中 $m = \dfrac{m_0}{\sqrt{1 - v^2/c^2}}$。

15 - 13　一个具有能量的粒子是否一定具有动量？一个具有动量的粒子是否一定具有能量？如果该粒子的静止质量为零，情况又如何？

15 - 14　若一粒子的速率由 $1.0 \times 10^8 \, \mathrm{m \cdot s^{-1}}$ 增加到 $2.0 \times 10^8 \mathrm{m \cdot s^{-1}}$，该粒子的动量是否增加 2 倍？其动能是否增加 4 倍？

二、选择题

15 - 15　下面的说法中正确的是（　　）。

A. 如果两个相互作用的粒子系统对某一惯性系满足动量守恒，则对另一惯性系不一定满足动量守恒

B. 在真空中光的速度依赖于以太的性质

C. 在任意坐标系内，真空中的光沿任何方向传播的速率都相等

D. 光速不变原理满足伽利略变换式

15 - 16 按照相对论时空观，下列说法中正确的是（　　）。

A. 在一个惯性系中两个同时发生的事件，在另一个惯性系中一定同时发生

B. 在一个惯性系中两个同时发生的事件，在另一个惯性系中一定不同时发生

C. 在一个惯性系中两个同时同地发生的事件，在另一个惯性系中一定同时同地发生

D. 在一个惯性系中两个同时同地发生的事件，在另一个惯性系中只可能同时但不同地发生

E. 在一个惯性系中两个同时同地发生的事件，在另一个惯性系中只可能同地但不同时发生

15 - 17　有一根细棒固定在 S' 系中，它与 $O'x'$ 轴的夹角为 $60°$，如果 S' 系以速度 u 沿 Ox 轴方向相对于 S 系运动，S 系中的观察者测得细棒与 Ox 轴的夹角（　　）。

A. 等于 $60°$　　　　　　B. 大于 $60°$　　　　　　C. 小于 $60°$

D. 当 S' 系沿 Ox 轴正方向运动时大于 $60°$，当 S' 系沿 Ox 轴负方向运动时小于 $60°$

15 - 18　一飞船的固定长度为 L，相对于地面以速度 v_1 做匀速直线运动，从飞船后端向飞船前端的一个靶子发射一颗相对于飞船速度为 v_2 的子弹，在飞船上测得子弹从射出到击中靶的时间间隔为（　　）。（c 为真空中光速）

A. $\dfrac{L}{v_2 \sqrt{1 - (v_1/c)^2}}$　　　B. $\dfrac{L}{v_1 - v_2}$　　　C. $\dfrac{L}{v_2}$　　　D. $\dfrac{L}{v_1 \sqrt{1 - (v_1/c)^2}}$

三、计算题

15 - 19　有两个惯性系 S 和 S'，它们的坐标系在 $t = 0$ 和 $t' = 0$ 时重合在一起，有一事

件，在 S' 系中 $t'=8.0\times10^{-8}$ s 时发生在 $x'=60$ m，$y'=0$，$z'=0$ 处，若 S' 系相对 S 系以速率 $v=0.6c$ 沿 xx' 轴匀速运动，该事件在 S 系的时空坐标为多少？

15-20 利用伽利略变换式和洛伦兹变换式分别对下列两种情况进行计算。

(1) 在实验室中有两个小球，小球 A 以 2 m/s 的速度向东运动，小球 B 以同样的速度向西运动，计算 A、B 的相对速度。

(2) 在实验室中有两个加速器，加速器 A 将电子以 $0.7c$ 的速度向东射出，加速器 B 将电子以同样的速度向西射出，计算这两个加速器射出电子的相对速度。

15-21 一个原子核以 $0.5c$ 的速度离开观察者，原子核在运动方向上向前发射一个电子，该电子相对于原子核的速度为 $0.8c$，此原子核又向后发射一个光子，对于静止的观察者来说：

(1) 电子具有多大的速度？

(2) 光子具有多大的速度？

15-22 S' 系以速度 $0.5c$ 相对于 S 系沿 xx' 轴正向运动。在 $t=t'=0$ 时两坐标系重合，在 S 系中的观察者发现事件 A 发生在 $t_1=0.2$ s 时，$x_1=50$ m 处，事件 B 发生在 $t_2=0.3$ s 时，$x_2=10$ m 处，在 S' 系中测得两事件的时间间隔为多少？

15-23 π 介子不稳定，可以衰变为 μ 介子和中微子，对于静止的 π 介子测得平均寿命为 2.6×10^{-8} s。设在实验室中获得一个高速 π 介子，速度为 $0.6c$。试计算实验室中 π 介子的寿命及衰变前运动的距离。

15-24 在 S 系中的 x 轴上相距 Δx 处有两个同步的钟表 A 和 B，读数相同。在 S' 系的 x' 轴上也有一个同样的钟表 A'。若 S' 系相对于 S 系沿 x 轴运动的速度为 v，且当 A' 与 A 相遇时，两钟表的读数为零。当 A' 和 B 相遇时，S 系中 B 钟表的读数为多少？此时 S' 系中 A' 钟表的读数又是多少？

15-25 一个固有长度为 4.0 m 的物体，若以速率 $0.6c$ 沿 x 轴相对于某惯性系运动，从该惯性系来测量，此物体的长度为多少？

15-26 在 S 系中有一个面积为 100 m² 的静止的正方形，S' 系以 $0.8c$ 的速度沿着正方形的对角线运动，在 S' 系中的观察者测得该正方形的面积为多少？

15-27 以速度 v 沿 x 轴方向运动的粒子，向 y 方向发射一个光子，求地面观察者测得的光子速度。

15-28 观察者测得某电子质量是其静止质量的 3 倍。求电子相对于观察者的速度、动能和动量的大小。

15-29 试计算动能为 1 MeV 的电子的动量。（1 MeV $=10^6$ eV，电子的静止能为 0.511 MeV。）

15-30 在电子湮没过程中，一个电子和一个正电子相碰撞而消失并辐射出电磁能，假设碰撞前电子和正电子均静止，求辐射的总能量。

15-31 在核聚变过程中，4 个氢核可以转变成一个氦核，同时以各种辐射形式放出能量。假设一个氢核的静止质量为 1.0081u（1u $=1.66\times10^{-27}$ kg），一个氦核的静止质量为 4.0039u，试计算聚变过程中释放的能量。

15-32 将一个电子由静止加速到速度为 $0.1c$，需要做多少功？将一个电子由 $0.8c$ 加速到 $0.9c$，又需要做多少功？

第16章 量子物理

现代物理以相对论和量子理论的创立为标志。前面讲述了相对论的内容，相对论主要的工作由爱因斯坦完成。众多科学家为量子理论的创立和完善作出了贡献，它是集体智慧的结晶。量子理论的建立主要经过了三个阶段：光量子理论、氢原子的量子理论和量子力学。

本章的主要内容有：黑体辐射、普朗克能量子假设、光电效应、爱因斯坦光量子假设、光电效应方程、光的波粒二象性、康普顿效应、氢原子的量子理论、德布罗意波、实物粒子的波粒二象性、不确定关系、量子力学的波函数、薛定谔方程、一维无限深方势阱、势垒、隧道效应、氢原子的量子理论、多电子在原子中的分布以及激光、半导体和超导电性等。

16.1 黑体辐射与普朗克能量子假设

在以牛顿为代表的经典力学和以麦克斯韦为代表的经典电磁理论中，人们认为能量是连续变化的，物体之间能量的传递也是以连续的方式进行的。但是这些观念在解决黑体辐射过程中却遇到了前所未有的挑战。1900年普朗克为了从理论上解释黑体辐射的规律，提出了能量子的概念，开创了物理学的新纪元，宣告了量子物理的诞生。

16.1.1 黑体与黑体辐射

对物体加热时，物体的颜色会发生变化，而且用手靠近物体时会感觉到有热量辐射。事实上，任何宏观物体在任何温度下都以电磁波的形式向外辐射能量。这种由于物体中分子、原子受到热激发而发射电磁波的现象称为热辐射。温度越高，原子中的带电粒子受到热激发其振动就越剧烈，向周围空间辐射电磁波的本领就越大。每个物体都有热辐射，这就会导致物体能量的损失，所以它会吸收从外界来的电磁波来补充能量，否则物体的能量就会枯竭。当物体获得的能量恰好等于所损失的能量时，辐射达到平衡，这时称为平衡热辐射。下面只讨论平衡热辐射。

物体在任何时候任何温度下都存在发射和吸收电磁辐射的过程。实验表明，不同物体在同一频率范围内发射和吸收电磁辐射的能力不同，但对同一物体，它在某一频率范围内发射电磁辐射的能力越强，其吸收该频率范围内电磁辐射的能力就越强，反之亦然。一般物体对外来电磁辐射只是一部分吸收，其余反射，其吸收本领除了和温度有关外，还和物体的表面情况及波长有关。若有一物体，它能完全吸收一切外来的电磁辐射，则将这种物体称为绝对黑体，简称黑体。显然，黑体只是一种理想模型，自然界中并不存在真正的绝对黑体。用一个不透明的绝缘材料做成的密闭空腔上开一个小孔，空腔内壁具有不规则的形状，如图 16.1 所示。当外界电磁辐射由小孔进入空腔后，外界电磁辐射在空腔中被腔壁多次反射，每次反射腔壁都要吸收一部分电磁辐射能，经过多次反射后可以近似认为，从外界射入小孔的电磁辐射几乎全部被腔壁吸收。因此在外界看来，连接空腔的小孔是黑的，它对外界电磁辐射能量的吸收接近百分之百，小孔可以近似当作黑体。显然，腔壁也应辐射出电磁能，否则空腔内的温度就会一直升高。空腔处于某一恒定的温度时，空腔内射出小

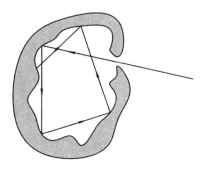

图 16.1　空腔上的小孔可以作为黑体

孔的电磁辐射能和经小孔由外界射入的电磁辐射能达到动态平衡，即单位时间内，由空腔内壁材料辐射出的电磁波能量同吸收的电磁波能量相等，空腔内发出的电磁辐射能就源源不断地由小孔辐射出来，这就是黑体辐射。实验表明，黑体辐射与组成黑体的材料无关，从小孔射出的电磁辐射具有各种频率成分，温度一定时，其性质相同。也就是说，从小孔射出的电磁辐射，其不同频率成分的电磁波强度只是温度的函数。

16.1.2　黑体辐射的实验规律

若将空腔加热到不同的温度，小孔就可看作不同温度下的黑体，利用分光技术测出它辐射电磁波的能量按照波长的分布，就可以得到黑体辐射的能谱曲线。图 16.2 为黑体辐射的能谱实验曲线。纵坐标 $M_\lambda(T)$ 是温度为 T 的黑体单位面积上、单位时间内，在波长 λ 附近的单位波长范围内所辐射出的电磁波能量，称为单色辐射出射度，简称单色辐出度。

根据实验曲线可以得到黑体辐射的两条重要定律。

1. 斯特藩-玻耳兹曼定律

单位时间内，从温度为 T 的黑体的单位面积上，所辐射出的各种波长的电磁波的能量总和称为辐射出射度，简称辐出度。1879 年奥地利物理学家斯特藩发现，黑体的辐出度 $M(T)$ 与黑体的热力学温度 T 的 4 次方成正比，即

$$M(T) = \int_0^\infty M_\lambda(T)\mathrm{d}\lambda = \sigma T^4 \qquad (16-1)$$

玻耳兹曼于 1884 年也由热力学理论得出上述结果，因而上式称为斯特藩-玻耳兹曼定律。比例系数 σ 叫作斯特藩-玻耳兹曼常数，其值为 5.670×10^{-8} W·m^{-2}·K^{-4}。

2. 维恩位移定律

由图 16.2 所示曲线可以看出，随着温度的升高，黑体辐射能谱曲线峰值所对应的波长 λ_m 向短波方向移动。维恩于 1893 年找到了 T 和 λ_m 之间的关系(即维恩位移定律)为

$$\lambda_m T = b \qquad (16-2)$$

式中，$b = 2.898 \times 10^{-3}$ m·K，称为维恩常数。

维恩位移定律有许多实际的应用，例如通过测定星体的谱线分布来确定其热力学温度；由于维恩位移定律将颜色随温度的关系定量化，所以也可以通过比较物体表面不同区域的颜色变化情况来确定物体表面的温度分布，这种表示热力学温度分布的图形又称为热

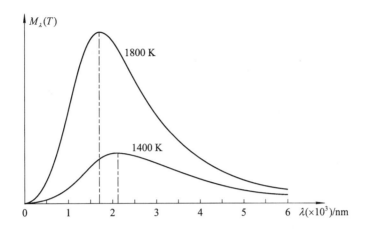

图 16.2　黑体辐射的能谱实验图

象图。利用热象图的遥感技术可以监测森林火灾，也可以用来监测人体某些部位的病变。热象图的应用范围日益广泛，在宇航、工业、医学、军事等方面的应用前景很好。

【例 16.1】　太阳单色辐出度的峰值波长为 465 nm，假设太阳是一个黑体，试计算太阳表面的温度和单位面积辐射的功率。

【解】　根据维恩位移定律

$$\lambda_{m} T = b$$

可得太阳表面的温度为

$$T = \frac{b}{\lambda_{m}} = \frac{2.898 \times 10^{-3}}{465 \times 10^{-9}} = 6232 \text{ K}$$

根据斯特藩-玻耳兹曼定律，太阳单位面积所辐射的功率为

$$M = \sigma T^4 = 5.670 \times 10^{-8} \times 6232^4 = 8.552 \times 10^7 \text{ W} \cdot \text{m}^{-2}$$

16.1.3　黑体辐射的理论解释

为了从理论上找出与黑体辐射的能谱曲线相符的数学表达式，并对黑体辐射的频率分布做出理论说明，许多物理学家从经典电磁理论和经典统计物理出发进行了不懈的努力，做了大量的工作，其中代表性的成果为维恩公式和瑞利-金斯公式。

在经典物理学中，将组成黑体空腔壁的分子或原子看作带电的线性谐振子。1896 年，维恩根据经典统计物理学理论及实验数据分析，假定谐振子能量按频率的分布类似于麦克斯韦速率分布，导出的理论公式为

$$M_{\lambda}(T) = c_1 \lambda^{-5} e^{-\frac{c_2}{\lambda T}} \tag{16-3}$$

其中，c_1、c_2 为常数。式(16-3)称为维恩公式。这一公式给出的结果在短波部分和实验符合得很好，但在长波区域则与实验有较大差别，而且公式中的常数只能由实验确定，理论中不能给出。1900 年瑞利和金斯假定当体系达到热平衡状态时，空腔内的电磁波形成一切可能的驻波，并且根据能量均分定理导出 $M_{\lambda}(T)$ 的数学表达式为

$$M_{\lambda}(T) = \frac{2\pi c}{\lambda^4} kT \tag{16-4}$$

式中，k 为玻耳兹曼常量，$k = 1.381 \times 10^{-23}$ J/K；c 为光速。此式称为热辐射的瑞利-金斯

公式。

　　根据图 16.3 所示的瑞利-金斯公式与实验曲线的比较可以看出,在长波(低频)部分,理论曲线和实验曲线符合得很好,但到短波(高频)部分则相差甚大。由实验可知,单色辐出度随波长的变短而趋于零,根据瑞利-金斯公式,单色辐出度随波长的变短而趋向"无穷大",这显然违背了能量守恒定律。这就是物理学中常说的"紫外灾难"。由于瑞利-金斯公式完全是根据经典物理学推导的,却与实验结果不符,这使许多物理学家感到困惑不解,它是"使物理学的晴朗天空变得阴沉起来的一朵乌云"。

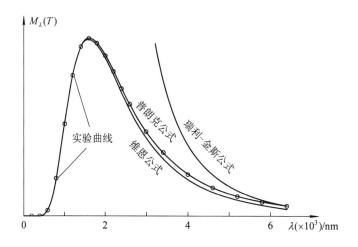

图 16.3　黑体辐射的能谱实验曲线和理论曲线的比较

　　为了解决经典物理学处理黑体辐射的困难,得到和实验曲线相一致的数学表达式,普朗克根据实验数据,利用内插法得到了一个新的公式:

$$M_\lambda(T) = \frac{2\pi hc^2 \lambda^{-5}}{e^{\frac{hc}{k\lambda T}} - 1} \tag{16-5}$$

　　这就是著名的普朗克黑体辐射公式,它与实验符合得很好。式中,h 为普朗克常数,$h = 6.626 \times 10^{-34}$ J·s。热力学温度为 T 的黑体,在波长为 $\lambda \sim \lambda + d\lambda$ 范围内,单位时间从单位面积辐射的电磁波能量为 $M_\lambda(T)d\lambda$。若用频率表示,则在频率 $\nu \sim \nu + d\nu$ 范围内,该能量为 $M_\nu(T)d\nu$。显然,用这两种方式表示的能量应该相等,由于 $d\lambda$ 与 $d\nu$ 的符号始终相反,所以有

$$M_\lambda(T)d\lambda = - M_\nu(T)d\nu$$

　　由于 $\lambda\nu = c$,所以有

$$d\lambda = -\frac{c}{\nu^2}d\nu$$

故有

$$M_\nu(T) = M_\lambda(T)\frac{\nu^2}{c} \tag{16-6}$$

　　由式(16-6)普朗克黑体辐射公式还可写成

$$M_\nu(T) = \frac{2\pi h\nu^3}{c^2}\frac{1}{e^{\frac{h\nu}{kT}} - 1} \tag{16-7}$$

　　为了从理论上导出普朗克黑体辐射公式,从而使式(16-7)具有一定的物理意义,普朗

克发现，只要假设振子振动的能量是离散的，其能量取 $h\nu$ 的整数倍，就可以导出普朗克公式。在过去的理论中，器壁上的分子、原子被看作吸收电磁波的振子，在能量上可以连续变化。也就是说，电磁波和带电谐振子之间的能量交换可以无限制，所交换能量的大小可以是任意值，而能量均分定理是根据能量连续变化这一概念给出的，由能量均分定理直接导出的瑞利-金斯公式与实验不符。于是普朗克决定放弃经典的能量均分定理并提出了与经典物理概念不同的新假设：空腔中的原子可以视为带电谐振子，这些谐振子能量只能取基本单元的整数倍，其基本单元即为能量子，能量子与谐振子振动的频率成正比，即 $\varepsilon = h\nu$。也就是说，空腔壁上的带电谐振子在和周围的电磁场交换能量时，带电谐振子发射和吸收的能量只能是能量子的整数倍，能量一份一份地发射和吸收。由普朗克的假设并用经典的玻耳兹曼统计分布代替能量均分定理，就可以导出普朗克黑体辐射公式。

虽然普朗克提出了能量量子化的概念，但由于它违反了经典物理学，所以开始并没有被人们接受，普朗克也后悔自己的假定，认为能量量子化只是为了解决问题而做的数学上的假设，没有实际的意义并企图用经典的观点重新解决黑体辐射，然而没有获得成功。直到爱因斯坦发展了普朗克的能量子概念，提出了光量子假设才解释了光电效应。

由普朗克黑体辐射公式可以导出斯特藩-玻耳兹曼定律和维恩位移定律，因此用它能圆满地解释黑体辐射规律。普朗克的巨大贡献在于打破了传统观念的束缚，提出了能量量子化的概念，它说明经典物理学中的无限连续的观点在解释微观世界中失效，人们不能用在宏观世界得到的规律来解释微观世界中的现象，每种理论都有它的适用范围，超出一步真理便会变成谬误。能量量子化揭示了微观世界存在着不连续性，普朗克常数 h 就是这种不连续性的表征，这是人类对自然规律的认识由宏观进入微观的里程碑，标志着量子物理的开端。

【例16.2】 试证明：当辐射频率很低 $\left(\dfrac{h\nu}{kT}\ll 1\right)$ 时，普朗克公式退化为瑞利-金斯公式；当频率很高 $\left(\dfrac{h\nu}{kT}\ll 1\right)$ 时，退化为维恩公式。

【解】 当 $\dfrac{h\nu}{kT}\ll 1$ 时，可将 $e^{h\nu/(kT)}$ 按幂级数展开得

$$e^{\frac{h\nu}{kT}} = 1 + \frac{h\nu}{kT} + \cdots$$

只取前两项代入普朗克公式，得到

$$M_\nu(T) = \frac{2\pi h\nu^3}{c^2}\frac{1}{e^{\frac{h\nu}{kT}}-1} = \frac{2\pi kT}{c^2}\nu^2$$

由式(16-6)，上式可写为

$$M_\lambda(T) = \frac{2\pi c}{\lambda^4}kT$$

显然，此即为瑞利-金斯公式。

当 $\dfrac{h\nu}{kT}\gg 1$ 时，有

$$e^{h\nu/(kT)} - 1 \approx e^{h\nu/(kT)}$$

由普朗克公式可得

$$M_\nu(T) = \frac{2\pi h\nu^3}{c^2}\frac{1}{e^{\frac{h\nu}{kT}}-1} = \frac{2\pi h\nu^3}{c^2}e^{-\frac{h\nu}{kT}}$$

参照式(16-6)，上式可写为

$$M_\lambda(T) = 2\pi hc^2\lambda^{-5}e^{-\frac{hc}{k}\frac{1}{\lambda T}}$$

显然，此式就是维恩公式。

【例16.3】 有一质量为 20 g 的小球悬挂于弹性系数为 $2.0\ \text{N}\cdot\text{m}^{-1}$ 的弹簧的一端。假定普朗克量子化条件可以应用于该系统，试求振动的振幅。

【解】 令振幅为 A，则振子的能量 ε_n 为

$$\varepsilon_n = \frac{1}{2}kA^2$$

按照普朗克假设式

$$\varepsilon_n = nh\nu \qquad (n=0,1,2,3,\cdots)$$

式中，ν 为振动频率，其表达式为

$$\nu = \frac{1}{2\pi}\sqrt{\frac{k}{m}} = \frac{5}{\pi}\text{s}^{-1}$$

将 $h = 6.626\times10^{-34}\text{J}\cdot\text{s}$ 代入，得到

$$\varepsilon_n = nh\nu = 1.055n\times10^{-33}\ \text{J}$$

令上式等于 $kA^2/2$，得到

$$A = \sqrt{2\varepsilon_n/k} = 3.247\sqrt{n}\times10^{-17}\ \text{m}$$

显然，在宏观世界 n 应该很大。当 n 从 n 变化到相邻的 $n+1$ 时，振幅的变化为

$$\Delta A = 3.247\times(\sqrt{n+1}-\sqrt{n})\times10^{-17} \approx \frac{1.625}{\sqrt{n}}\times10^{-17}$$

可见，振幅的变化是极其微小的。因此，这些本征态虽然是分立的，但相距太近以至于无法分辨。这个例子说明，对于宏观大小的振子，量子化的性质显示不出来。

16.2　光电效应、爱因斯坦光量子假设

光照射在金属上，使金属中的电子获得足够的能量后逸出金属表面，这种现象称为光电效应。逸出的电子叫光电子。赫兹于 1887 年发现了光电效应。后来人们又发现，当光照射到某些晶体上时，也会使晶体内部的原子放出光电子，这些光电子并没有从物体中飞出，而是参与了内部的电流传导，使晶体的导电性能大大增加，人们把这种现象称为内光电效应。为了区分这两种光电效应，把赫兹发现的光电效应称为外光电效应。下面主要讨论外光电效应。爱因斯坦发展了普朗克关于能量量子化的假设，提出了光量子概念，从理论上解释了光电效应。为此，爱因斯坦获得了 1921 年的诺贝尔物理学奖。

16.2.1　光电效应的实验规律

图 16.4 是光电效应实验的简要装置。图中上方为一抽成真空的玻璃窗。当一定频率的入射光透过石英玻璃窗照射到金属 K 的表面上时，电子立刻从 K 表面逸出，逸出的电子

称为光电子。若 K 接电源负极，A 接电源正极，则光电子在加速电势差的作用下从 K 到达 A，从而形成电流。光电子在电路中形成的电流称为光电流。若 K 接正极，A 接负极，则光电子在 K、A 之间的反向电势差作用下作减速运动。当在反向电势差作用下，从 K 逸出的动能最大的光电子刚好不能到达 A 时，电路中没有电流，这时 K、A 之间的反向电势差称为遏止电势差。这时遏止电势差和逸出电子的最大初动能之间的关系为 $eU_0 = mv^2/2$。

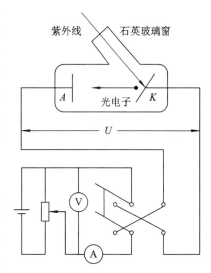

图 16.4 光电效应装置示意图

从光电效应实验中可以归纳出如下规律：

（1）要产生光电效应，入射光的频率必须大于某一频率 ν_0。这个频率称为截止频率（也称红限），它与金属材料有关。只要入射光的频率大于截止频率就会产生光电效应，与入射光的强度无关。如果入射光的频率小于截止频率，无论其强度有多大，都没有光电效应。

（2）只要入射光的频率大于截止频率，遏止电势差与入射光的频率就具有线性关系，而与入射光的强度无关。

（3）只要入射光的频率大于截止频率，入射光一开始照射金属表面，立刻就会有电子逸出，其时间间隔不超过 10^{-9} s，即使用极弱的光也是这样。

（4）若入射光的频率大于截止频率，则饱和光电流强度与入射光的强度成正比。用一定频率和强度的单色光照射金属 K 时，随 K、A 加速电势差的增大，光电流强度逐渐增大并逐渐趋于饱和。

经典的电磁场理论在解释光电效应实验规律时遇到很大的困难。按照电磁场理论，光照射到金属上时，金属中的电子在电磁场作用下作受迫振动，只要受到足够强的光的照射，电子就会获得足够的能量从而克服金属的束缚能，逸出金属表面产生光电效应，而与入射光的频率无关，而且由于电子吸收并积累能量需要一个过程，因此遏止电势差也应是与时间有关而与频率无关的量。另外，光电效应也不应是"瞬时"的，光强越弱，需要的时间应该越长。

16.2.2 光子与爱因斯坦方程

为了解决光电效应实验规律与经典物理的矛盾，1905 年爱因斯坦创造性地引入和发展了普朗克能量量子化的思想，对光的本性提出了新的见解。在普朗克理论中，只考虑了器壁上"带电谐振子"能量的量子化，但对空腔内电磁辐射的处理上还是运用了麦克斯韦理论，也就是说，电磁场在本质上是连续，只是当它们与器壁振子发生能量交换时，电磁能量才显示出不连续。这种观点是不彻底的。爱因斯坦认为，电磁场能量本身也是量子化的，即辐射能量本身也是量子化的。这些一份一份的电磁辐射就被称为光量子，简称光子。光束可以看作由光子组成的粒子流。也就是说，光束是由一群能量量子化且以光速运动的光子组成的。爱因斯坦假定，频率为 ν 的光束中，一个光子的能量为

$$\varepsilon = h\nu \qquad\qquad (16-8)$$

式中，h 为普朗克常数。对于给定频率的光束，光的强度越大，表示光子的数目越多。由此可见，一束光的能量既与光子的频率有关，也与光子的数目有关。爱因斯坦的光子假设揭示了光本身的量子结构，从而使人们对光的本性有了进一步的认识。

光电效应是电子吸收入射光子的过程，当频率为 ν 的单色光束照射到金属上时，光子的能量被金属内单个束缚电子所吸收，电子获得 $h\nu$ 的能量，当入射光束的频率足够高时，这些能量中的一部分克服金属内部束缚能，剩余的部分能量则成为电子逸出金属表面后的初始动能。由能量守恒得

$$h\nu = \frac{1}{2}mv^2 + W \qquad\qquad (16-9)$$

式中，W 为电子的逸出功，$mv^2/2$ 为逸出光电子的最大初动能。式(16-9)即为爱因斯坦的光电效应方程。

下面用爱因斯坦的光子假设并结合爱因斯坦光电效应方程，对光电效应进行解释。

当入射光的频率为 ν_0($W=h\nu_0$)时，电子逸出的初动能恰好为零，电子刚能逸出金属表面，所以入射光的频率必须大于 ν_0 才能产生光电效应，ν_0 即为产生光电效应的截止频率。

光电子的最大初动能与入射光频率呈线性关系。根据光电子的最大初动能与遏止电势差的关系可得 $h\nu-W=eU_0$，所以遏止电势差与入射光的频率也为线性关系。

金属中电子可以一次性全部吸收入射光子的能量，不需要能量积累过程，所以光电效应是瞬时性的。

一定频率下，光强越大，光子数目就越多，形成的光电子就越多，饱和光电流就越大。所以，入射光频率一定时，饱和光电流强度和入射光强度成正比。随着 K、A 间加速电势差的增大，到达 A 板的光电子越多，所以光电流越大。当逸出的光电子全部到达 A 板时，光电流达到饱和，不再随加速电势差的增大而增大。

至此，用爱因斯坦的光子假设圆满地解释了光电效应的实验规律。对光电效应现象的研究，使人们进一步认识到光的粒子性，促进了光量子理论的建立和近代物理学的发展。1915 年，美国物理学家密立根对一些金属的光电效应进行了精确的测量，得出了光电子的最大初动能和入射光频率之间严格的线性关系，由直线的斜率测定了普朗克常数 h，进一步证实了光的粒子性，他因此获得了 1923 年的诺贝尔物理学奖。

利用光电效应制成的光电器件如光电管、光电池、光电倍增管等，已成为生产和科研中不可或缺的传感器和换能器。光电探测器和光电测量仪的应用也越来越广泛。另外，利用光电效应还可以制造一些光控继电器，用于自动控制、自动计数、自动报警、自动跟踪等。

16.2.3　光的波粒二象性

爱因斯坦的光子理论表明光是由光子组成的，它很好地解释了光电效应。另外它还能解释热辐射等物理现象。这些现象是光的波动理论所不能解释的，这说明光具有粒子的性质。但另一方面，对于光的干涉、衍射、偏振等现象，光子理论却无能为力，而必须用波动理论来解释，因此光也具有波动的性质。可见，光既具有波动性又具有粒子性，即光具有波粒二象性。

光子在真空中以光速传播，光子的静止质量为零。由相对论的动量和能量关系式

$$E^2 = p^2 c^2 + m_0 c^2$$

可知，$E = pc$。由爱因斯坦的光子理论，一个光子的能量为 $E = h\nu$，所以光子的动量为

$$p = \frac{h}{\lambda} \qquad (16-10)$$

光子的质量为

$$m = \frac{h}{\lambda c} \qquad (16-11)$$

其中，p 为光子的动量，λ 为光波的波长。由于光子具有动量，它入射到物体表面时会产生一个压力，称为光压。例如，彗星巨大的尾巴背向太阳就是由于太阳光压造成的。

一般来说，光在传播过程中波动性比较显著；当光和物质相互作用时，粒子性比较显著。光表现的波动性和粒子性反映了光的本质。光子虽然有能量、动量和质量，但我们不能把光子想象成空间中的小球。光子与电子一样是构成物质的一种微观粒子。光子是否具有内部结构仍需要进一步的探索。

16.3　康普顿效应

人们发现用 X 射线照射物质，可以观察到被散射的 X 射线波长发生了改变。1922 年美国物理学家康普顿对此现象进行了系统的研究，并首先测出了详细的散射线的波长谱，给出了一个正确的理论解释，得到了与实验完全相符的理论公式，因此这种现象叫作康普顿效应。由于对 X 射线研究取得的成就，他于 1927 年获得了诺贝尔物理学奖。

16.3.1　康普顿效应的实验规律

康普顿实验装置如图 16.5 所示。由单色 X 射线源 R 发出波长为 λ_0 的 X 射线，经过光阑 D 成为一束比较细的 X 射线，并被投射到散射物质（如石墨）上。用摄谱仪探测不同散射角的 X 射线的波长和相对强度，实验结果如图 16.6 所示。

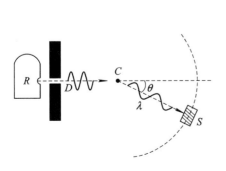

图 16.5　康普顿实验装置示意图

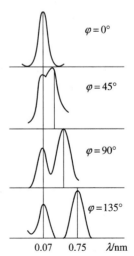

图 16.6　康普顿 X 射线散射实验结果

康普顿散射实验的规律如下:

(1) 当散射角 $\theta = 0°$ 时,在入射线原方向上出现与入射光的波长相同,而且也只有与入射光波长相等的谱线。

(2) 当散射角不等于 $0°$ 时,散射谱线中同时存在等于入射线波长和大于入射线波长的谱线。波长的变化量 $\Delta\lambda = \lambda - \lambda_0$ 只与散射角有关,与散射物质无关。

(3) 散射物质的原子量越小,康普顿效应越明显,即变波长的相对强度增大。

按照经典电磁理论,X 射线射入物体时将引起物体中的电子作受迫振动,电子在电磁场的作用下作与 X 射线同频的振动,所以发出的波长与 X 射线波长必定相同,不应该出现与 X 射线波长不同的成分。例如,白天无云的天空中出现美丽的蓝色,是太阳光中的蓝色光被空气分子散射而产生的,由于这种散射不改变原蓝色光的频率,因此,沿各方向观察到的光仍然为蓝色。经典的电磁理论对散射波长的变化无法解释。

16.3.2 康普顿效应的量子解释

康普顿利用光子理论成功地解释了上述实验结果。根据光子理论,频率为 ν_0 的 X 射线是由一群能量量子化的光子组成的,光子的能量为 $E = h\nu_0$,动量为 $p = E/c = h\nu_0/c$。X 射线散射的实质是入射光子与散射物质中电子的碰撞过程。如图 16.7 所示,当能量为 $h\nu_0$ 的入射光子与散射物质中束缚较弱的电子发生碰撞时,由于束缚较弱,可认为光子和电子之间发生弹性碰撞,电子会获得一部分能量,所以碰撞后散射光子的能量比入射光子的能量要小,其频率也应变小,而波长就要比

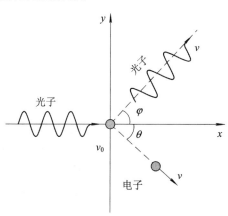

图 16.7 光子与电子的碰撞

入射光的波长长一些,这就是被散射的 X 射线改变波长的原因。如果电子在原子中被束缚得很紧,此时实际上是光子与整个原子相碰,由于原子质量相对而言很大,光子的能量不会因碰撞而发生明显的改变,所以散射波长没有明显的变化,康普顿效应不明显。下面定量地计算波长的变化量,从而得出波长的变化量与哪些因素有关。

入射光子的能量为 $h\nu_0$,电子是静止的(为了简化计算,假设自由电子的速度远小于光子的速度),经碰撞后散射光子沿着与入射光子方向成 φ 角度的方向散射,其能量为 $h\nu$,反冲电子沿着与入射光子方向成 θ 角度的方向散射,速度为 v,能量为 mc^2,则由能量守恒得

$$h\nu_0 + m_0 c^2 = h\nu + mc^2$$

即

$$mc^2 = h(\nu - \nu_0) + m_0 c^2 \qquad (16-12)$$

由动量守恒得

$$\frac{h\nu_0}{c} = \frac{h\nu}{c}\cos\varphi + mv\cos\theta$$

$$\frac{h\nu}{c}\sin\varphi = mv\sin\theta \qquad (16-13)$$

由式(16-13)消去 θ 得

$$m^2 v^2 c^2 = h^2 \nu_0^2 + h^2 \nu^2 - 2h\nu\nu_0\cos\varphi \qquad (16-14)$$

将式(16-12)两端平方并与式(16-14)相减后整理得

$$m^2 c^4 \left(1 - \frac{v^2}{c^2}\right) = m_0^2 c^4 - 2h^2 \nu\nu_0(1 - \cos\varphi) + 2m_0 c^2 h(\nu_0 - \nu) \qquad (16-15)$$

由狭义相对论所给出的质量与速度的关系式可知，碰撞后反冲电子的质量为

$$m = m_0(1 - v^2/c^2)^{-1/2}$$

将其代入式(16-15)可得

$$\frac{c}{\nu} - \frac{c}{\nu_0} = \frac{h}{m_0 c}(1 - \cos\varphi)$$

或

$$\Delta\lambda = \lambda - \lambda_0 = \frac{h}{m_0 c}(1 - \cos\varphi) \qquad (16-16)$$

式中，$h/(m_0 c)$ 为一常量，称作康普顿波长，其值为

$$\lambda_c = \frac{h}{m_0 c} = 2.43 \times 10^{-12}\,\text{m}$$

所以式(16-16)也可写为

$$\Delta\lambda = \lambda_c(1 - \cos\varphi) \qquad (16-17)$$

式(16-17)表明，散射光波长的改变量 $\Delta\lambda$ 取决于康普顿波长和散射角的余弦。对于波长较长的可见光(波长的数量级为 10^{-7} m)以及无线电波等波长更长的波来说，波长的改变量 $\Delta\lambda$ 与入射光的波长 λ_0 相比要小得多，例如 $\lambda_0 = 10$ cm 的微波，$\Delta\lambda/\lambda_0 \approx 2.43 \times 10^{-11}$。因此，对于波长较长的电磁波，康普顿效应难以观察到，这时量子结果与经典结果一致。只有波长较短的电磁波，波长的改变量和入射光的波长才可以相比较，这时才能观察到康普顿效应。这种情况下经典理论就失效了。也就是说，波长比较短的波的量子效应较显著。这也和实验相符。

康普顿效应有力地证实了光子学说的正确性，同时也证实了在微观粒子的相互作用过程中，能量守恒定律和动量守恒定律同样成立。

【例 16.4】　用 $\lambda_0 = 1.00 \times 10^{-10}$ m 的 X 射线和 $\lambda_0 = 1.00 \times 10^{-7}$ m 的可见光线分别作康普顿实验。它们的散射角 $\varphi = 90°$ 时，求：

(1) 波长的改变量。

(2) 光子与电子碰撞时损失的能量。

(3) 光子损失能量与入射光子能量之比。

【解】　(1) 根据式(16-11)得

$$\begin{aligned}
\Delta\lambda = \lambda - \lambda_0 &= \lambda_c(1 - \cos\varphi) \\
&= \lambda_c(1 - \cos 90°) \\
&= 2.43 \times 10^{-12}\,\text{m}
\end{aligned}$$

(2) 光子损失的能量为散射前后光子的能量之差为

$$\begin{aligned}
\Delta E = h\nu_0 - h\nu &= hc\left(\frac{1}{\lambda_0} - \frac{1}{\lambda}\right) \\
&= hc\left(\frac{1}{\lambda_0} - \frac{1}{\lambda_0 + \Delta\lambda}\right) = \frac{hc\Delta\lambda}{\lambda_0(\lambda_0 + \Delta\lambda)}
\end{aligned}$$

对于 X 射线代入数据得

$$\Delta E = \frac{6.63 \times 10^{-34} \times 3.00 \times 10^8 \times 2.43 \times 10^{-12}}{1.00 \times 10^{-10} \times (1.00 \times 10^{-10} + 2.43 \times 10^{-12})}$$

$$= 4.72 \times 10^{-17} \text{J} = 295 \text{ eV}$$

对于可见光为

$$\Delta E = \frac{6.63 \times 10^{-34} \times 3.00 \times 10^8 \times 2.43 \times 10^{-12}}{5.00 \times 10^{-7} \times (5.00 \times 10^{-7} + 2.43 \times 10^{-12})}$$

$$= 1.93 \times 10^{-24} \text{J} = 1.20 \times 10^{-5} \text{ eV}$$

(3) 光子损失能量与入射光子能量之比为

$$\frac{\Delta E}{E} = \frac{hc \Delta \lambda}{\lambda_0 (\lambda_0 + \Delta \lambda)} \frac{1}{h\nu_0} = \frac{\Delta \lambda}{\lambda_0 + \Delta \lambda}$$

对于 X 射线,代入数据得

$$\frac{\Delta E}{E} = \frac{2.43 \times 10^{-12}}{1.00 \times 10^{-10} + 2.43 \times 10^{-12}} = 2.37\%$$

对于可见光为

$$\frac{\Delta E}{E} = \frac{2.43 \times 10^{-12}}{5.00 \times 10^{-10} + 2.43 \times 10^{-12}} = 0.005\%$$

16.4　氢原子的量子理论

原子结构和原子内部的运动规律是 19 世纪末 20 世纪初人们普遍关注的物理问题之一。原子光谱反映了原子的内部结构及运动规律。在卢瑟福有核模型的基础上,玻尔引入角动量量子化条件,得到了早期的量子力学,它很好地解释了氢原子的光谱规律。

16.4.1　氢原子光谱的规律

原子光谱是原子辐射的电磁波按照波长的有序排列,通过原子光谱的研究可以了解原子内部结构等性质。人们测得氢原子的部分谱线如图 16.8 所示。

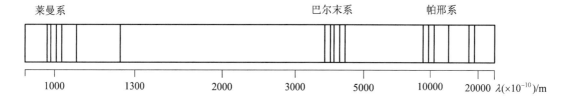

图 16.8　氢原子光谱

氢原子光谱是一根根分离的谱线,称为线状光谱。19 世纪末期,巴尔末把毫无规律的氢原子线状光谱归结成下列简单的有规律的经验公式:

$$\frac{1}{\lambda} = R\left(\frac{1}{2^2} - \frac{1}{n^2}\right) \tag{16-18}$$

1890 年瑞典物理学家里德伯将其改写为一个常用的形式:

$$\frac{1}{\lambda} = R\left(\frac{1}{m^2} - \frac{1}{n^2}\right) \tag{16-19}$$

其中,$n > m$,$R = 1.096\,776 \times 10^7 \text{ m}^{-1}$,称为里德伯常数。

人们所发现的氢原子的光谱都可以写成式(16 - 19)的形式,如表 16.1 所示。

表 16.1　氢原子光谱系

谱线名称及发现年份	谱线波段	m	n	谱线公式
莱曼系,1916	紫外线	1	2, 3, …	$\dfrac{1}{\lambda} = R\left(\dfrac{1}{1^2} - \dfrac{1}{n^2}\right)$
巴尔末系,1885	可见光	2	3, 4, …	$\dfrac{1}{\lambda} = R\left(\dfrac{1}{2^2} - \dfrac{1}{n^2}\right)$
帕邢系,1908	红外线	3	4, 5, …	$\dfrac{1}{\lambda} = R\left(\dfrac{1}{3^2} - \dfrac{1}{n^2}\right)$
布拉开系,1922	红外线	4	5, 6, …	$\dfrac{1}{\lambda} = R\left(\dfrac{1}{4^2} - \dfrac{1}{n^2}\right)$
普丰德系,1924	红外线	5	6, 7, …	$\dfrac{1}{\lambda} = R\left(\dfrac{1}{5^2} - \dfrac{1}{n^2}\right)$

由经验凑出来的巴尔末公式与实验数据符合得很好,能很好地描述氢原子的光谱规律。氢原子光谱的规律性暗示原子内部存在固有的规律性。经典物理学不能解释原子光谱的线状结构,更不能解释巴尔末公式。要正确解释原子光谱规律性,必须先要知道原子的结构。

16.4.2　卢瑟福的有核模型

自 1897 年汤姆逊通过实验发现电子后,人们就知道,由于物质通常是中性的,所以原子中除了带负电的电子外必定还有带正电的部分。电子和正电荷如何分布就成了物理学的一个重要研究课题。汤姆逊提出了一个葡萄干蛋糕原子结构模型,他认为:带正电的部分均匀分布在整个原子中,带负电的电子均匀地镶嵌在球体内部不同的位置上并在其平衡位置处作谐振动。

1909 年,在卢瑟福的建议下,盖革和马斯顿做了 α 粒子散射实验,实验装置如图 16.9 所示。图中 R 为放射源镭,从中放射出电荷为 +2e、质量约为电子质量的 7400 倍的 α 粒子,其速度约为光速的 1/15。α 粒子穿过小孔 S 去轰击很薄的金箔,被散射到各个方向上。用荧光屏 P 和显微镜 T 组成的探测器去观察各个方向被散射的 α 粒子,可以发现:绝大部分粒子能够穿过金箔沿

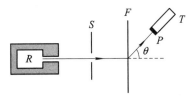

图 16.9　α 粒子散射实验装置示意图

原来的方向运动,或偏转了一个很小的角度(称为散射角);极少一部分 α 粒子的散射角大于 90°,有一些甚至接近 180°(约 1/8000),即几乎被反弹回来。α 粒子大角度散射的实验结果与汤姆逊的原子结构模型相矛盾。按照汤姆逊原子模型,原子整体上是电中性的,只有当 α 粒子进入原子内部后才受到电场力的作用,但 α 粒子质量大,速度快,原子内部带负电的电子很轻,它对 α 粒子的运动几乎没有影响,原子内部的正电荷均匀分布在原子内部,也不能显著改变 α 粒子的运动方向,即使经过几千层的原子散射后,平均散射角度也不过 1°左右。

　　α粒子的大角度散射是卢瑟福不曾预料到的，他本来是想验证汤姆逊的原子结构模型。显然，实验结果与汤姆逊原子结构模型不符。卢瑟福经过深入思考后，认为只有原子内的正电荷不均匀分散在原子内，而集中在原子中心的一个半径极小的球体积内(即为原子核内)，才能使一些α粒子发生大角度散射。于是，他放弃了汤姆逊的原子结构模型，于1911年提出了新的原子结构模型：原子中绝大部分质量集中在带正电的原子核上，电子绕原子核旋转，核的尺寸与整个原子的尺寸相比很小。这就是卢瑟福的有核模型，也称为原子的行星模型。实验测出，原子核线度的数量级为 10^{-14} m，原子线度的数量级为 10^{-10} m。

　　卢瑟福的原子结构模型和经典的电磁理论有着深刻的矛盾。按照卢瑟福的原子结构模型，电子在库仑力的作用下绕核作匀速圆周运动，运动的电子激发周期变化的磁场，周期变化的磁场激发周期变化的电场，所以会不断地向外辐射电磁波，其频率等于电子绕核旋转的频率。显然，电子向外辐射的电磁波应该是连续的，这与氢原子的线状光谱相矛盾。由于原子不断向外辐射电磁波，所以电子最终会因能量逐渐减少而落入原子核中，从而引起原子的坍塌。因此根据经典物理学，卢瑟福的原子结构不稳定。然而现实的世界告诉我们原子结构是稳定的，否则我们的世界将不复存在。

16.4.3　玻尔的氢原子理论

　　玻尔确信卢瑟福的有核模型是原子结构的真实反映。为了解决有核模型与经典电磁理论的矛盾并合理解释氢原子光谱，1913年玻尔提出了三条假设，构成了氢原子的早期量子理论。玻尔理论的三条假设如下：

1. 定态假设

　　电子只能如下处在一系列特定的轨道上作绕核运动而不辐射电磁波，这时的原子处于稳定状态，简称定态。原子系统的能量只能处于一系列不连续的能量状态。定态假设解决了原子的稳定问题。

2. 量子跃迁假设

　　当原子从高能量的定态跃迁到低能量的定态，即电子从高能量 E_n 轨道跃迁到低能量 E_m 的轨道上时，要发射一个频率为 ν 的光子，其频率满足

$$E_n - E_m = h\nu \tag{16-20}$$

　　反之，当电子从低能量 E_m 轨道跃迁到高能量 E_n 轨道时，要吸收一个能量为 $h\nu$ 的光子。

3. 轨道角动量量子化假设

　　电子以速度 v 在半径为 r 的圆周上绕核运动时，只有电子的角动量的大小 L 等于 $h/2\pi$ 的整数倍的那些轨道才是稳定的，即

$$L = mvr = n\frac{h}{2\pi} \tag{16-21}$$

式中，n 为主量子数。此条件也叫量子化条件。

　　现在，我们从玻尔理论的三条假设出发来计算氢原子的能级公式，并解释氢原子的光谱规律。

　　根据卢瑟福的有核模型，氢原子由一个带 $-e$ 的电子和带 $+e$ 的原子核组成。电子在库

仑力作用下作匀速率圆周运动,因此根据牛顿第二定律有

$$\frac{e^2}{4\pi\varepsilon_0 r_n^2} = m\frac{v_n^2}{r_n} \tag{16-22}$$

由轨道角动量量子化条件式(16-21),得

$$v_n = \frac{nh}{2\pi m r_n} \tag{16-23}$$

把(16-23)代入式(16-22)得

$$r_n = n^2\frac{\varepsilon_0 h^2}{\pi me^2} = n^2 a_0 \quad (n=1,2,3,\cdots) \tag{16-24}$$

式中,$a_0 = \varepsilon_0 h^2/(\pi me^2)$,为氢原子核外电子的最小轨道半径,称为玻尔半径。显然,电子的轨道半径与量子数 n 的平方成正比。由于 n 只能取整数,所以电子只能在一些特定轨道上运动。

电子以半径 r_n 绕核作圆周运动时,氢原子系统的能量是电子动能和电子与原子核之间势能之和,即

$$E_n = \frac{1}{2}mv_n^2 - \frac{1}{4\pi\varepsilon_0}\frac{e^2}{r_n}$$

利用式(16-23)和式(16-24),上式可写为

$$E_n = -\frac{me^4}{8\varepsilon_0^2 h^2}\frac{1}{n^2} \tag{16-25}$$

可见,氢原子的定态能量与量子数的平方成反比,其能量是量子化的。这种量子化的能量称为能级。$n=1$ 时,能量最小,$E_1 = -me^4/(8\varepsilon_0^2 h^2) = -13.6\text{ eV}$,它是电子处于第一条玻尔轨道时原子系统的能量。电子从氢原子的第一个玻尔轨道激发到无穷远处,即把氢原子电离所需要的电离能为 13.6 eV,计算得到的电离能与实验测到的电离能(13.599 eV)吻合得非常好。电子处于第一个轨道上时,原子的能量最低,原子对应的状态叫作基态,电子被激发到较高轨道($n=2,3,\cdots$)时,原子对应的状态叫作激发态。激发态是一种不稳定的状态,处于激发态的电子会向能量较低的能级跃迁。

根据玻尔的量子跃迁假设,当电子从较高能级 E_n 跃迁到较低能级 E_m 时,原子辐射出频率为 ν 的单色光子,$\nu = (E_n - E_m)/h$,把能级公式(16-24)代入,得

$$\nu = \frac{me^4}{8\varepsilon_0^2 h^2}\left(\frac{1}{m^2} - \frac{1}{n^2}\right)$$

由 $\lambda = c/\nu$,得

$$\frac{1}{\lambda} = \frac{me^4}{8\varepsilon_0^2 h^2 c}\left(\frac{1}{m^2} - \frac{1}{n^2}\right) \tag{16-26}$$

和式(16-19)对比可得,$me^4/(8\varepsilon_0^2 h^2 c)$ 即为里德伯常数,计算得到

$$R = \frac{me^4}{8\varepsilon_0^2 h^2 c} = 1.097\,373 \times 10^7\text{ m}^{-1}$$

上式的结果与实验值吻合得很好。氢原子的能级之间的跃迁与氢原子光谱的对应关系如图 16.10 所示。

氢原子的玻尔理论圆满地解释了氢原子光谱规律,从理论上计算出了里德伯常数,并能对只有一个价电子的原子或离子(如碱金属等类氢离子)的光谱给予说明。他提出的能级的概念也被富兰克-赫兹实验所证实。

尽管玻尔理论在处理氢原子问题上取得了巨大的成功,但也有一些缺陷。例如,它不能计算多电子原子的光谱,也无法计算出光谱的强度和宽度等。这是由于玻尔理论建立在经典力学的基础之上,并僵硬地引入了量子化条件,本质上讲并没有越出经典理论的框架,因此不能正确描述微观粒子的运动规律。即使如此,玻尔理论对量子力学的发展有着重大的先导作用和影响,它在量子物理中发挥过承前启后、继往开来的作用。1925 年,海森伯、玻恩和约当以矩阵力学的形式建立了量子力学,同时薛定谔以波动力学的形式建立了量子力学。这两种形式是等价的。由于波动力学形式的量子理论简单易学,所以得到了广泛的应用。我们将采用这一形式来简要介绍量子力学的基本内容。波动力学形式的量子力学是在德布罗意物质波的基础上建立起来的。

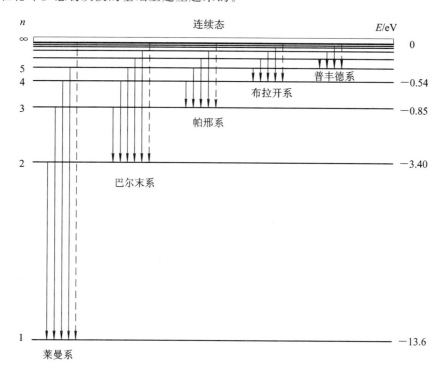

图 16.10　氢原子能级跃迁与光谱系的对应关系

16.5　德布罗意波

16.5.1　德布罗意假设

经典物理学中,粒子性和波动性是互不相容的,一种物质要么具有粒子性,要么具有波动性,它们不能在同一种物质上表现出来。通过对光的性质的研究,光的干涉和衍射现象为光的波动性提供了有力的证明,而黑体辐射、光电效应和康普顿效应为光的粒子性提供了有力的证据。光同时具有波粒二象性。显然,光的波粒二象性与经典物理学是不相容的,这说明从宏观世界总结出的理论不能无限制地外推,宏观世界的理论有它的适用范围。

光只是微观世界的一种粒子，它与电子等实物粒子的区别就是其静止质量为零，但是像电子这样的实物粒子是否也具有波动性呢？ 1924 年，法国的青年物理学家德布罗意根据光的波粒二象性，通过分析和类比提出了一个大胆的假设，他把对光的波粒二象性的描述应用到了实物粒子上，认为一切实物粒子都具有波粒二象性。波动性和粒子性是物质客体表现的两个方面。德布罗意认为：任意质量为 m，以速度 v 作匀速运动的实物粒子，既具有以能量 E 和动量 p 描述的粒子性，也具有以频率 ν 和波长 λ 描述的波动性。实物粒子的波粒二象性也满足下列关系

$$E = h\nu$$

$$\lambda = \frac{h}{p} = \frac{h}{mv} = \frac{h}{m_0 v}\sqrt{1 - \frac{v^2}{c^2}} \qquad (16-27)$$

这就是德布罗意公式。这种波称为德布罗意波或物质波。德布罗意波的提出大大推进了量子物理的发展。为什么宏观粒子的运动遵守牛顿力学，而微观粒子的运动不遵守牛顿力学？根据德布罗意公式，由于 h 是一个很小的量，宏观实物粒子的波长非常短，远小于实物粒子的尺寸，实物粒子的波动性未能明显地显现出来，所以用牛顿力学处理问题是恰当的；但到了微观世界，物质波的波长大于实物粒子的尺寸，实物粒子的波动性就会显现出来，此时牛顿力学也就无能为力了。

【例 16.5】　在不考虑相对论效应的情况下，分别计算动能为 100 eV 的电子和中子的德布罗意波长。

【解】　由 $E_k = \dfrac{p^2}{2m}$ 得

$$p = \sqrt{2mE_k}$$

所以

$$\lambda = \frac{h}{p} = \frac{h}{\sqrt{2mE_k}}$$

对于电子：

$$\lambda = \frac{h}{\sqrt{2mE_k}} = \frac{6.63 \times 10^{-34}}{\sqrt{2 \times 9.11 \times 10^{-31} \times 100 \times 1.60 \times 10^{-19}}} \text{m} = 0.123 \text{ nm}$$

对于中子：

$$\lambda = \frac{h}{\sqrt{2mE_k}} = \frac{6.63 \times 10^{-34}}{\sqrt{2 \times 1.675 \times 10^{-27} \times 100 \times 1.60 \times 10^{-19}}} \text{m} = 2.86 \times 10^{-3} \text{ nm}$$

德布罗意指出，玻尔角动量量子化条件可以由德布罗意波导出。在德布罗意波假设下，玻尔角动量量子化的条件与驻波条件是等效的。我们容易想到，驻波频率和波长量子化限制是由边界条件引起的。从微观粒子具有波粒二象性来看，电子以半径为 r 绕核作稳定的圆周运动，就相当于电子波在此圆周上形成稳定的驻波。由驻波条件可知，当周长等于波长的整数倍时，就可以在弦上形成稳定的驻波，故有

$$2\pi r = n\lambda$$

由德布罗意波公式，质量为 m 的电子，以速率 v 绕半径为 r 的圆周运动时，电子的德布罗意波波长为

$$\lambda = \frac{h}{mv}$$

由上述两式可得

$$2\pi rmv = nh$$

最后得

$$L = rmv = n\frac{h}{2\pi} = n\hbar \qquad (n = 1, 2, 3, \cdots)$$

这就是氢原子的玻尔理论中所假设的角动量量子化条件。

16.5.2　德布罗意波的实验验证

布拉格利用 X 射线在晶体上的衍射来探测晶体的微观结构。X 射线的波长大约为 0.1 nm 的量级，根据德布罗意波公式可知，被 100 V 电压加速后的电子所具有的物质波的波长同 X 射线波长相近。既然 X 射线能够在晶体上产生衍射，那么用相同波长的电子束来代替 X 射线，也应该能够产生相似的衍射图样。1927 年，戴维逊和革末用 54eV 的电子投射到镍单晶上，观察到了同 X 射线完全相似的衍射图样，其实验装置如图 16.11 所示。

电子束由电子枪发射，垂直晶面入射到晶体上。电子束被晶面散射后经法拉第圆筒进入电子探测器，电子束的强度可由电流计测出。戴维逊和革末发现被散射电子束的强度随 θ 而改变，当 θ 取某些确定值时，强度有最大值。根据衍射理论，电子在晶体上的衍射示意图如图 16.12 所示。其中 d 为两原子间距。在 θ 角方向散射的电子波强度取极大值的条件是

$$d\sin\theta = k\lambda \qquad (k = 1, 2, \cdots)$$

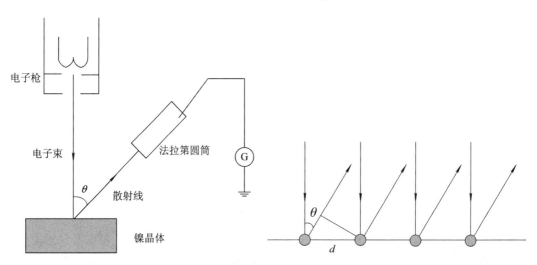

图 16.11　戴维逊-革末实验装置示意图　　　图 16.12　电子在晶体上的衍射

已知镍单晶的 $d = 0.215$ nm，电子加速电压 $u = 54$ V，实验测得 $\theta = 50°$ 处出现散射电子强度的第一个极大值($k = 1$)。由上式确定电子波长 $\lambda = 0.215\sin50°$ nm $= 0.165$ nm。由德布罗意公式知 $\lambda = h/p$，而电子动量与加速电压 u 的关系为 $p = (2meu)^{1/2}$，将 $u = 54$ V 代入算出电子波波长 $\lambda = 0.167$ nm。在实验误差范围内，计算值与实验值一致。德布罗意物质波的假设得到了实验证实。

　　1927 年，英国物理学家汤姆孙用高能电子束透过多晶薄片时观察到了和 X 射线相似的衍射图样。1961 年约恩孙用电子束代替光束做杨氏双缝干涉实验，在屏上可以观察到同光完全相似的干涉条纹。需要特别指明，不仅是电子，其他实物粒子，如质子、中子、氦原子和氢分子等都已证实有衍射现象，说明这些实物粒子也具有波动性。所以说，波动性是粒子本身固有的属性，而德布罗意公式正是实物粒子波粒二象性的反映。

16.6　不 确 定 关 系

　　经典力学中，质点在任意时刻都有确定的位置和动量，而且这些量可以同时准确地测定。对于实物微观粒子，由于其具有波动性，所以不能同时确定其位置和动量。下面我们以电子通过单缝衍射为例来进行讨论。

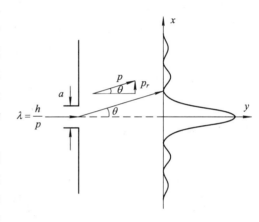

　　如图 16.13 所示，在 Oxy 坐标系内，具有确定动量 p 的电子沿 y 轴方向射入缝宽为 a 的单缝，电子沿 x 轴方向的动量为零，通过单缝时，我们不能确定电子从缝中哪一点通过，也就是说不能确定电子从 x 轴上哪一坐标上通过，但由于受到缝宽限制，电子在 x 轴方向位置的不确定量为 Δx，即 $\Delta x = a$。由于电子具有波动性，因此在穿过狭缝的时候会发生单缝衍射，发生衍射后电子动量的大小虽没有改变，但其方向有了改变。在电子到达屏以前，我们不能精确确定电子出现在屏中的位置，它可能出现在屏上中央明纹或

图 16.13　电子的单缝衍射

一级、二级等明纹内的任何地方，也就是说我们不能精确确定电子沿 x 轴方向的动量。首先考虑电子落在中央明纹区域内，电子被限制在最小的衍射角范围内，有 $\sin\theta = \lambda/a$。因此，通过单缝时电子沿 x 轴的动量在 $0 \sim p\sin\theta$ 范围内，即动量沿 x 轴方向的不确定量 $\Delta p_x = p\sin\theta$。由德布罗意公式 $p = h/\lambda$ 得

$$\Delta x \Delta p_x = a \times \frac{h}{\lambda} \times \frac{\lambda}{a} = h$$

　　显然，这两个不确定量是同时关联的。缝愈窄，则 Δx 愈小，而 Δp_x 就愈大，反之亦然。也就是说，我们不能同时精确地测定粒子的坐标和动量。

　　若考虑到次级条纹，则 Δp_x 的不确定量更大，因此

$$\Delta x \Delta p_x \geqslant h \tag{16-28}$$

这个关系式叫作不确定关系。这只是一个粗略估算的结果。1927 年德国物理学家海森伯由量子力学得到微观粒子坐标和动量的不确定关系为

$$\Delta x \Delta p_x \geqslant \frac{\hbar}{2} \tag{16-29}$$

不确定关系表明，企图同时确定微观粒子的位置和动量是做不到的，这并不是因为测

量仪器有缺陷或测量方法不完善，而是微观粒子波粒二象性的必然反映。不确定关系给出了量子力学的适用范围。

【例 16.6】 质量为 10 g 的子弹，具有 200 m · s⁻¹ 的速率，设速率的测量误差为 0.01％，则子弹的不确定量有多大？

【解】 子弹的动量为

$$p = mv = 0.01 \times 200 \text{ kg} \cdot \text{m} \cdot \text{s}^{-1} = 2 \text{ kg} \cdot \text{m} \cdot \text{s}^{-1}$$

动量的不确定量为

$$\Delta p = 0.01\% p = 2 \times 10^{-4} \text{ kg} \cdot \text{m} \cdot \text{s}^{-1}$$

由不确定关系式，子弹位置的不确定量为

$$\Delta x \geqslant \frac{\hbar}{2} \frac{1}{\Delta p} = \frac{6.626 \times 10^{-34}}{4\pi \times 2 \times 10^{-4}} \text{m} = 2.64 \times 10^{-31} \text{ m}$$

这个不确定量无法用仪器测出。因此对于宏观物体，不确定关系实际上不起作用。

【例 16.7】 原子线度数量级为 0.1 nm，求原子中电子速度的不确定量。

【解】 由原子线度大小可知，原子中电子位置的不确定量为 $\Delta x = 0.1$ nm。已知电子的质量为 $m = 9.1 \times 10^{-31}$ kg，根据不确定关系式可得电子速度的不确定量为

$$\Delta v = \frac{\hbar}{2m\Delta x} = \frac{6.626 \times 10^{-34}}{4\pi \times 9.1 \times 10^{-31} \times 10^{-10}} \text{m} \cdot \text{s}^{-1} = 0.58 \times 10^{6} \text{ m} \cdot \text{s}^{-1}$$

这一速度不确定量与由经典力学计算出的原子中电子在轨道上的速度的数量级相同。这表明不能同时确定微观粒子的位置和速度。所以，电子在原子中的运动用轨道描述是不恰当的。

16.7　量子力学简介

由德布罗意物质波假设，微观粒子运动时表现出波动性，不能同时确定它的位置和动量，所以不能通过牛顿力学中的轨道来描述粒子的运动。1925 年，薛定谔在德布罗意物质波假说的基础上建立了量子力学理论，提出用波函数来描述微观粒子的运动状态。

16.7.1　波函数与概率密度

由波动理论可知，沿 x 轴方向传播的平面机械波的波动方程为

$$y(x, t) = A \cos 2\pi \left(\nu t - \frac{x}{\lambda} \right) \tag{16-30}$$

也可以写成复数的形式

$$y(x, t) = A e^{-2\pi i \left(\nu t - \frac{x}{\lambda} \right)} \tag{16-31}$$

自由粒子不受外力场的作用，其能量和动量保持不变，考虑到 $E = h\nu$，$p = h/\lambda$，因而德布罗意波的波长和频率亦不变，可以认为它是平面单色波，波函数用 $\Psi(r, t)$ 来表示，有

$$\Psi(x, t) = A e^{-\frac{2\pi}{h} i (Et - px)} \tag{16-32}$$

若沿任意方向传播，则可写成

$$\Psi(r, t) = A e^{-\frac{2\pi}{h} i (Et - pr)} \tag{16-33}$$

对于一般的微观粒子，可以用 $\Psi(r, t)$ 来描述其运动状态，$\Psi(r, t)$ 即是与微观粒子联系在一起的德布罗意波的波函数，简称波函数。

上述波函数表示什么含义呢？微观粒子具有波粒二象性，粒子性指的是粒子具有一定的能量和动量，波动性指的是"波的叠加性"。玻恩首先把微观粒子的粒子性和波动性统一起来，于 1926 年提出了概率波的概念，解决了这一问题，为此他获得了 1954 年的诺贝尔物理学奖。

微观粒子的运动状态用波函数 $\Psi(r, t)$ 表示，$|\Psi(r, t)|^2 dV$ 表示 t 时刻粒子处于空间 r 处 dV 体积元内的概率，$|\Psi(r, t)|^2$ 表示 t 时刻粒子处于空间 r 处单位体积内的概率，即 $|\Psi(r, t)|^2$ 为概率密度。

根据玻恩的概率波的概念，微观粒子出现多的地方，德布罗意波的强度就大，其出现的概率就大。对于双缝干涉实验，动量为 p 的电子通过双缝后，到达双缝后面空间 r 处有两条可能的路径，设由孔 1 到达 r 处的波函数为 $\Psi_1(r, t)$，由孔 2 到达 r 处的波函数为 $\Psi_2(r, t)$，则双缝后面 r 处的波函数为 $\Psi(r, t) = \Psi_1(r, t) + \Psi_2(r, t)$，它仅表示同一个电子分别通过孔 1 和孔 2 的两种可能的运动态的波函数的叠加，即电子的态可以由这两种态叠加构成，电子可以同时处于两种不同的态上。这就是量子态的叠加原理。所以，在双缝后面空间 r 处单位体积内发现电子的概率不是两个概率之和，而是两个波函数之和的模的平方。在双缝后面空间 r 处单位体积内发现电子的概率为

$$
\begin{aligned}
|\Psi(r, t)|^2 &= |\Psi_1(r, t) + \Psi_2(r, t)|^2 \\
&= |\Psi_1(r, t)|^2 + |\Psi_2(r, t)|^2 + \\
&\quad \Psi_1^*(r, t)\Psi_2(r, t) + \Psi_1(r, t)\Psi_2^*(r, t)
\end{aligned} \tag{16-34}
$$

由此式可以解释实验中观察到的干涉现象。

在非相对论情况下，粒子不能产生和湮灭，由于 $|\Psi(r, t)|^2$ 代表概率密度，那么任意时刻在全空间找到粒子的概率应该是 1，即

$$
\int_\infty |\Psi(r, t)|^2 dV = 1 \tag{16-35}
$$

式（16-35）称为波函数的归一化条件，满足此式的波函数称为归一化波函数。所以在量子力学中 $\Psi(r, t)$ 和 $A\Psi(r, t)$ 描述的是粒子的同一个运动态。

16.7.2　薛定谔方程

在经典力学中，如果知道质点的受力情况以及质点在初始时刻的坐标和速度，那么由牛顿方程就可以得到质点在任意时刻的坐标和速度。在量子力学中，微观粒子的状态由波函数描述，对于在外力场作低速运动的粒子，已知起始运动状态和能量，可由非相对论薛定谔方程得到任意时刻的波函数。所以，薛定谔方程在量子力学中的地位就相当于牛顿定律在经典力学中的地位。

在经典力学中，牛顿方程是通过实验总结出来的。在量子力学中，波函数所满足的薛定谔方程不能通过实验得到，因为波函数本身并不能测量，所以只能通过猜测，以假设的方式给出，然后通过实验来检验由这个方程所推导出来的所有结果，从而判断方程的正确与否。下面我们先建立自由粒子的薛定谔方程，然后在此基础上，建立在势场中运动的微观粒子所遵循的薛定谔方程。

设一质量为 m、动量为 p、能量为 E 的自由粒子沿 x 轴运动，则其波函数为

$$\Psi(x, t) = A\mathrm{e}^{-\frac{2\pi}{h}\mathrm{i}(Et-px)}$$

在非相对论范围内，自由粒子的总能量等于其动能，动量和动能之间的关系为 $p^2 = 2mE_k$。不难找到，这个波函数满足的线性方程为

$$-\frac{h^2}{8\pi^2 m}\frac{\partial^2\Psi(x, t)}{\partial x^2} = \mathrm{i}\frac{h}{2\pi}\frac{\partial\Psi(x, t)}{\partial t} \tag{16-36}$$

这就是作一维运动的自由粒子所满足的含时薛定谔方程。令 $\hbar = h/(2\pi)$，式(16-36)可写为

$$-\frac{\hbar^2}{2m}\frac{\partial^2\Psi(x, t)}{\partial x^2} = \mathrm{i}\hbar\frac{\partial\Psi(x, t)}{\partial t} \tag{16-37}$$

若粒子在势能为 E_p 的势场中运动，则虽然我们不知道波函数满足的方程是什么，但知道当粒子的势能为零时应该能够变为式(16-36)。在经典力学中，粒子的总能量为 $E = E_p + E_k$，代入式(16-37)不难得到

$$-\frac{\hbar^2}{2m}\frac{\partial^2\Psi(x, t)}{\partial x^2} + E_p\Psi(x, t) = \mathrm{i}\hbar\frac{\partial\Psi(x, t)}{\partial t} \tag{16-38}$$

这就是在势场中作一维运动的粒子所满足的含时薛定谔方程。这个方程描述了一个质量为 m、动量为 p 的粒子，在势能为 E_p 的势场中其状态随时间和坐标的变化规律。

若粒子在三维势场中运动，则可写为

$$-\frac{\hbar^2}{2m}\left(\frac{\partial^2\Psi(x, y, z, t)}{\partial x^2} + \frac{\partial^2\Psi(x, y, z, t)}{\partial y^2} + \frac{\partial^2\Psi(x, y, z, t)}{\partial z^2}\right) +$$

$$E_p(x, y, z, t)\Psi(x, y, z, t) = \mathrm{i}\hbar\frac{\partial\Psi(x, y, z, t)}{\partial t}$$

$$\tag{16-39}$$

显然此方程应该满足叠加原理，即若 Ψ_1、Ψ_2 是方程的解，则它们的线性叠加 $\Psi = C_1\Psi_1 + C_2\Psi_2$ 也是方程的解，其中 C_1、C_2 为常数。

如果粒子所在的势场与时间无关，即势函数 E_p 中不含时间，则波函数可以写成坐标函数和时间函数的乘积，即

$$\Psi(x, y, z, t) = \psi(x, y, z)f(t) \tag{16-40}$$

代入薛定谔方程并在两边除以 $\psi(x, y, z)f(t)$，得

$$\frac{1}{\psi}\left[-\frac{\hbar^2}{2m}\left(\frac{\partial^2\psi}{\partial x^2} + \frac{\partial^2\psi}{\partial y^2} + \frac{\partial^2\psi}{\partial z^2}\right) + E_p(x, y, z)\psi\right] = \frac{\mathrm{i}\hbar}{f}\frac{\mathrm{d}f}{\mathrm{d}t} = E(常数) \tag{16-41}$$

根据等式两边量纲分析，E 必为能量，表征粒子具有的能量。

由式(16-41)得

$$\frac{\mathrm{d}f(t)}{f(t)} = -\frac{\mathrm{i}E}{\hbar}\mathrm{d}t \tag{16-42}$$

两边积分后得

$$f(t) = A\mathrm{e}^{-\mathrm{i}Et/\hbar} \tag{16-43}$$

其中，A 为积分常数。

由式(16-43)得

$$-\frac{\hbar^2}{2m}\left(\frac{\partial^2\psi}{\partial x^2} + \frac{\partial^2\psi}{\partial y^2} + \frac{\partial^2\psi}{\partial z^2}\right) + E_p(x, y, z)\psi = E\psi \tag{16-44}$$

式(16-44)确定了波函数中的空间坐标部分,所以整个波函数可以写成

$$\Psi(x,\ y,\ z,\ t) = \psi(x,\ y,\ z)e^{-iEt/\hbar} \qquad (16-45)$$

式中,波函数的平方 $|\Psi(x,\ y,\ z,\ t)|^2 = |\psi(x,\ y,\ z)|^2$,说明粒子在空间各处出现的概率分布不随时间变化,因此把式中波函数所描述的粒子运动状态称为定态,该波函数 $\psi(x,\ y,\ z)$ 称为定态波函数。具有定态运动的粒子具有确定的能量。式(16-44)称为定态薛定谔方程。

16.7.3　一维无限深方势阱

设想有一粒子在一维空间中沿 x 轴运动,它的势能满足:

$$E_{\mathrm{p}}(x) = \begin{cases} 0 & (0 \leqslant x \leqslant a) \\ \infty & (x < 0,\ x > a) \end{cases}$$

方势阱内的粒子不受力,在边界处由于势能突然增大到无穷大,因而粒子受到一个无穷大的指向阱内的力。也就是说,粒子只能在宽度为 a 的阱内自由运动而不能跃出阱外,这说明粒子在阱外出现的概率为零,所以粒子在阱外的定态波函数为零,即有

$$\psi(x) = 0 \quad (x < 0,\ x > a)$$

对于阱内,定态薛定谔方程为

$$-\frac{\hbar^2}{2m}\frac{\mathrm{d}^2\psi}{\mathrm{d}x^2} = E\psi \qquad (16-46)$$

令

$$k = \sqrt{\frac{2mE}{\hbar^2}} \qquad (16-47)$$

方程(16-47)变为

$$\frac{\mathrm{d}^2\psi}{\mathrm{d}x^2} + k^2\psi = 0$$

此式的通解为

$$\psi(x) = A\ \sin kx + B\ \cos kx$$

根据波函数连续性条件,在边界 $x=0$,$x=a$ 处应有

$$\psi(0) = B = 0,\ \psi(a) = A\ \sin ka = 0$$

显然,A 不等于零,所以有

$$ka = n\pi \quad (n = 1,\ 2,\ 3,\ \cdots) \qquad (16-48)$$

由波函数的归一化条件来确定系数 A,由于粒子被限制在势阱中,势阱外粒子出现的概率为零,所以在势阱中找到粒子的概率为1,即

$$\int_0^a |\psi(x)|^2\ \mathrm{d}x = A^2\int_0^a \sin^2\frac{n\pi x}{a}\mathrm{d}x = 1$$

解得 $A = \sqrt{2/a}$。所以定态波函数为

$$\psi_n(x) = \begin{cases} 0 & (x > 0,\ x < a) \\ \sqrt{\dfrac{2}{a}}\ \sin\dfrac{n\pi}{a}x & (0 \leqslant x \leqslant a) \end{cases} \qquad (16-49)$$

将式(16-48)代入式(16-47)得到粒子所具有的可能的能量 E 为

$$E_n = \frac{n^2\pi^2\hbar^2}{2ma^2} \quad (n = 1,\ 2,\ 3,\ \cdots) \qquad (16-50)$$

式中，n 称为量子数。式(16-50)表明粒子的能量只能取离散的值。这就是说，一维无限深方势阱中粒子的能量是量子化的。在量子力学中，对于每一个 n 的能量称为能级，对应的波函数称为能量本征波函数。每一个本征波函数所描述的粒子运动态称为能量本征态。能量最低的态称为基态，其他的态统称为激发态。由此可见，能量量子化是物质的波粒二象性的自然结论，而不像初期量子论那样，需以人为假设的方式引入。

图 16.14 给出了一维无限深势阱中粒子的波函数以及概率密度的曲线图。粒子在势阱各处的概率密度不均匀分布，而随量子数发生改变。按照经典的观点，粒子的能量应该连续分布，并且在阱内各处找到粒子的概率是相同的。当量子数 n 很大时，相邻能级的能量差为

$$\Delta E = E_{n+1} - E_n = (2n+1)\frac{\pi^2 \hbar^2}{2ma^2}$$

能级之间的差值随量子数 n 的增加而增加，而且与粒子的质量和势阱的宽度有关。在微观领域，势阱的宽度和粒子的质量都非常小，所以量子化效应比较明显。能级间的相对间隔为

$$\frac{\Delta E}{E_n} = \frac{2}{n}$$

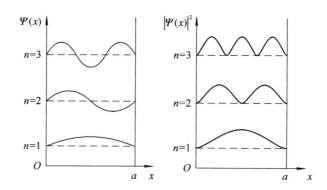

图 16.14　在一维无限深方势阱中粒子的波函数和概率密度

可以看出，随 n 的增大，能级间的相对间隔逐渐减少。当 n 趋于无穷时，相邻能级间的相对间隔趋于零，此时量子化效应也就不显著了，可以认为能量是连续的。粒子在势阱中的概率分布有起伏，而且 n 越大，起伏就越频繁，相邻两峰值之间的距离随之变小。当 n 趋于无穷时，峰值之间靠得很近，概率分布就趋于经典粒子的均匀分布。

由此可见，经典物理可以看成是量子数 n 趋于无穷时，量子物理的特殊情况。玻尔在提出氢原子理论之后指出"任何一个新理论的极限情况，必须与旧理论一致"。这就是普遍的对应原理。

16.7.4　一维方势垒、隧道效应

一维方势垒的势能分布为

$$E_p(x) = \begin{cases} 0 & (x < 0,\ x > a) \\ E_0 & (0 \leqslant x \leqslant a) \end{cases}$$

　　开始时，质量为 m、能量为 E 的粒子沿 x 轴正向入射势垒。下面我们讨论粒子的能量小于势垒高度的情况。三个区域内的定态薛定谔方程如下：

$$\begin{cases} -\dfrac{\hbar^2}{2m}\dfrac{\mathrm{d}^2 \psi_1}{\mathrm{d}x^2} = E\psi_1 & (x<0) \\[2mm] -\dfrac{\hbar^2}{2m}\dfrac{\mathrm{d}^2 \psi_2}{\mathrm{d}x^2} + E_0\psi_2 = E\psi_2 & (0 \leqslant x \leqslant a) \\[2mm] -\dfrac{\hbar^2}{2m}\dfrac{\mathrm{d}^2 \psi_3}{\mathrm{d}x^2} = E\psi_3 & (x>a) \end{cases} \tag{16-51}$$

　　上述方程的解如下：

$$\begin{cases} \psi_1(x) = A\mathrm{e}^{\mathrm{i}kx} + B\mathrm{e}^{-\mathrm{i}kx} \\[1mm] \psi_2(x) = F\mathrm{e}^{\mathrm{i}\beta x} + G\mathrm{e}^{-\mathrm{i}\beta x} \\[1mm] \psi_3(x) = C\mathrm{e}^{\mathrm{i}kx} + D\mathrm{e}^{-\mathrm{i}kx} \end{cases} \tag{16-52}$$

其中，$k=\sqrt{2mE/\hbar^2}$，$\beta=\sqrt{2m(E_0-E)/\hbar^2}$。粒子沿 x 轴正向入射，如图 16.15 所示，Ⅰ 区的 $A\mathrm{e}^{\mathrm{i}kx}$ 代表入射波，$B\mathrm{e}^{-\mathrm{i}kx}$ 代表反射波，Ⅲ 区的 $C\mathrm{e}^{\mathrm{i}kx}$ 代表透射波，Ⅲ 区中沿 x 轴负方向的波 $D\mathrm{e}^{-\mathrm{i}kx}$ 不可能存在，所以 $D=0$。利用波函数及其一阶微商在势垒的两个边界上连续可得势垒穿透率为

$$T = \frac{C^2}{A^2} \approx \frac{16E(E_0-E)}{E_0^2}\mathrm{e}^{-\frac{2a}{\hbar}\sqrt{2m(E_0-E)}} \tag{16-53}$$

　　这表明，即使粒子的能量小于势垒的高度，粒子也有一定的概率穿透势垒。这就是隧道效应。对于给定粒子，式(16-52)指数中含有的势垒宽度和高度对势垒穿透率影响极大。势垒高度越低，穿透率越大，势垒的宽度越小，穿透率越大，所以在微观领域隧道效应比较明显。

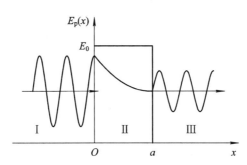

图 16.15　从左方入射的粒子，在各区域内的波函数

　　微观粒子的隧道效应来源于其波粒二象性，是由微观粒子的波动性所产生的量子效应。这已经为大量的实验所证实并广泛应用于现代科技中。例如，α 粒子从放射性核中释放出来就是隧道效应的结果，电子的场发射（在强电场作用下电子从金属内逸出，称为电子的冷发射）、半导体和超导体的隧道器件（隧道二极管等）的工作原理以及 1986 年获得诺贝尔奖的扫描隧道显微镜等，均依据的是隧道效应原理。

16.8　氢原子的量子理论

氢原子是最简单的原子，它的薛定谔方程可以严格求解，从而得到氢原子的能级和波函数，同时也能够对氢原子的光谱规律和其他重要特性给出定量解释。虽然能够对氢原子的薛定谔方程严格求解，但其数学运算十分复杂，超出了本课程的教学要求，因此这里只介绍量子力学处理氢原子问题的方法及几个重要的结论。

16.8.1　氢原子的定态薛定谔方程

在氢原子中，电子的质量为 m，电荷为 $-e$，它与核之间的距离为 r，因为原子核的质量要比电子的质量大 1836 倍，所以可以认为原子核近似不动，电子在原子核周围运动。以原子核为坐标原点建立直角坐标系，则电子在氢原子中的势能函数为

$$E_p(x, y, z) = -\frac{e^2}{4\pi\varepsilon_0 \sqrt{x^2 + y^2 + z^2}} = -\frac{e^2}{4\pi\varepsilon_0 r}$$

由于势能中不含有时间，所以由定态薛定谔方程可得

$$-\frac{\hbar^2}{2m}\left(\frac{\partial^2\psi}{\partial x^2} + \frac{\partial^2\psi}{\partial y^2} + \frac{\partial^2\psi}{\partial z^2}\right) + E_p(x, y, z)\psi = E\psi \qquad (16-54)$$

由于势函数 E_p 具有球对称性，为便于直接求解，把直角坐标转换成球坐标。球坐标与直角坐标的关系如图 16.16 所示，有

$$x = r \sin\theta \cos\varphi$$
$$y = r \sin\theta \sin\varphi$$
$$z = r \cos\theta$$

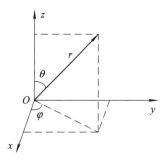

图 16.16　球坐标与直角坐标关系图

进行坐标变换的结果为

$$\frac{\partial^2}{\partial x^2} + \frac{\partial^2}{\partial y^2} + \frac{\partial^2}{\partial z^2} = \frac{1}{r^2}\frac{\partial}{\partial r}\left(r^2\frac{\partial}{\partial r}\right) + \frac{1}{r^2 \sin\theta}\frac{\partial}{\partial\theta}\left(\sin\theta\frac{\partial}{\partial\theta}\right) + \frac{1}{r^2 \sin^2\theta}\frac{\partial^2}{\partial\varphi^2}$$

因此球坐标系中，氢原子的定态薛定谔方程为

$$\frac{1}{r^2}\frac{\partial}{\partial r}\left(r^2\frac{\partial\psi}{\partial r}\right) + \frac{1}{r^2 \sin\theta}\frac{\partial}{\partial\theta}\left(\sin\theta\frac{\partial\psi}{\partial\theta}\right) + \frac{1}{r^2 \sin^2\theta}\frac{\partial^2\psi}{\partial\varphi^2} + \frac{2m}{\hbar^2}\left(E + \frac{e^2}{4\pi\varepsilon_0 r}\right)\psi = 0$$

通常采用分离变量法求解该方程，设

$$\psi(r, \theta, \varphi) = R(r)Y(\theta, \varphi) = R(r)\Theta(\theta)\Phi(\varphi)$$

其中，$R(r)$ 称为径向函数，$Y(\theta, \varphi)$ 称为角函数或球谐函数。将 $\varphi(r, \theta, \varphi) = R(r)\Theta(\theta)\Phi(\varphi)$ 代入上式并两边同除以 $R(r)\Theta(\theta)\Phi(\varphi)$，再经过一系列变换可以将定态薛定谔方程分解为三个常微分方程

$$\frac{\mathrm{d}^2 \Phi}{\mathrm{d}\varphi^2} + m_l^2 \Phi = 0 \tag{16-55}$$

$$\frac{1}{\sin\theta}\frac{\mathrm{d}}{\mathrm{d}\theta}\left(\sin\theta\frac{\mathrm{d}\Theta}{\mathrm{d}\theta}\right) + \left[l(l+1) - \frac{m_l^2}{\sin^2\theta}\right]\Theta = 0 \tag{16-56}$$

$$\frac{1}{r^2}\frac{\mathrm{d}}{\mathrm{d}r}\left(r^2\frac{\mathrm{d}R}{\mathrm{d}r}\right) + \left[\frac{2m}{\hbar^2}\left(E + \frac{e^2}{4\pi\varepsilon_0 r}\right) - \frac{l(l+1)}{r^2}\right]R = 0 \tag{16-57}$$

上述三个方程中，m_l、l 分别为在分离变量过程中引入的两个无量纲常数。通过解上述三个常微分方程可以得到 $R(r)$、$\Theta(\theta)$、$\Phi(\varphi)$，从而可得出定态波函数。

16.8.2　三个量子数

氢原子的一个电子需要三个量子数来完全确定它绕核运动的状态，这三个量子数分别为 n、l、m_l。

1. 能量量子数 n（主量子数）

通过求解径向方程式(16-57)，可求得氢原子的能量是量子化的，其能量为

$$E_n = -\frac{1}{n^2}\frac{me^4}{8\varepsilon_0^2 h^2} \quad (n = 1, 2, 3, \cdots) \tag{16-58}$$

n 称为主量子数或能量量子数。通过比较用薛定谔方程求得的能级公式与玻尔的氢原子理论中的能级公式可发现，两者的结果相同。$n=1$ 时，氢原子处于基态；$n>1$ 时，氢原子处于激发态。

2. 角动量量子化和角量子数 l

通过求解角函数部分方程式(16-56)和径向方程式(16-57)可得氢原子中电子的角动量为

$$L = \sqrt{l(l+1)}\,\hbar \quad (l = 0, 1, 2, \cdots, n-1) \tag{16-59}$$

l 称为角量子数，氢原子的角动量也是不连续的，只能取一些离散的值。角量子数的数值不同，其状态也不同。这里，角动量量子化不再是人为的假设，而是由薛定谔方程导出的结论，且量子力学中角动量的最小值可以取零，但在玻尔理论中最小值为 $\hbar$。实验表明，式(16-58)的结果是正确的。当 n 一定，即能量一定时，由于角量子数可以取 $0, 1, 2, \cdots, n-1$，共 n 个值，因此有 n 个可能的角动量值。

3. 空间量子化和磁量子数 m_l

电子的角动量的大小由角量子数决定。角动量是一个矢量，它在空间的取向是否任意的呢？在求解式(16-56)时，得到角动量 L 在某一特殊方向（如 z 轴方向）上的分量为

$$L_z = m_l \hbar \quad (m_l = 0, \pm 1, \pm 2, \cdots, \pm l) \tag{16-60}$$

m_l 称为轨道角动量磁量子数，简称磁量子数。可见角动量 L 在空间的方位不是任意的，它在某特定的方向上的分量是量子化的，这叫作空间量子化，如图 16.17 所示。

角动量的空间量子化已经被"塞曼效应"所证实。磁量子数的取值受到角量子数的限制，同一个角动量 L 在空间可以有 $2l+1$ 个取向，一个取向对应一个状态，故一个角动量

有 $2l+1$ 个状态与之对应。

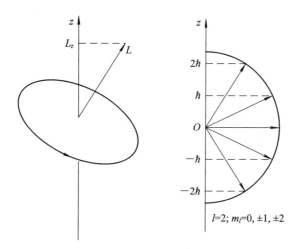

图 16.17　空间量子化

16.8.3　基态波函数

通过求解氢原子的定态薛定谔方程可以得出电子的波函数，它具有很复杂的形式，不仅与坐标 r、θ、φ 有关，还需量子数 n、l、m_l 来确定。一组量子数能够完全确定电子的一个运动状态。波函数的形式为

$$\psi_{n,l,m_l}(r,\theta,\varphi) = R_{n,l}(r)Y_{l,m_l}(\theta,\varphi)$$

氢原子处于基态时，$n=1$，$l=0$，$m_l=0$，把量子数代入上述常微分方程可得到波函数的具体形式为

$$R_{1,0}(r) = \left(\frac{1}{a_0}\right)^{3/2} 2\mathrm{e}^{-r/a_0}$$

$$Y_{0,0}(\theta,\varphi) = \frac{1}{\sqrt{4\pi}} \left(\frac{1}{a_0}\right)^{3/2} 2\mathrm{e}^{-r/a_0}$$

其中，$a_0 = \varepsilon_0 h^2/(\pi m e^2)$，即为玻尔半径。由波函数可得出电子在空间的分布概率。对于基态，电子的分布概率只与径向坐标有关，而与角向坐标无关，电子在空间的概率分布为一球形。由于 $|\psi_{n,l,m_l}(r,\theta,\varphi)|^2$ 只在无穷远处等于零，所以电子在整个空间都有概率分布。也就是说，电子并没有绕核作轨道运动。人们将核外电子的概率分布形象化地称为电子云。电子云越密的地方，电子出现的概率就越大。电子出现在距核为 $r \rightarrow r+\mathrm{d}r$ 空间内的概率为

$$|\psi_{n,l,m_l}(r,\theta,\varphi)|^2 \mathrm{d}V = |\psi_{n,l,m_l}(r,\theta,\varphi)|^2 r^2 \sin\theta \mathrm{d}r\mathrm{d}\theta\mathrm{d}\varphi$$

原子处于基态时，电子云的分布为球形，只与径向坐标有关，所以可写为

$$p(r)\mathrm{d}r = \frac{1}{4\pi}\left(\frac{1}{a_0}\right)^3 4\mathrm{e}^{-2r/a_0} r^2 \mathrm{d}r \int_0^\pi \sin\theta\mathrm{d}\theta \int_0^{2\pi} \mathrm{d}\varphi$$

解得

$$p(r) = \left(\frac{1}{a_0}\right)^3 4r^2 \mathrm{e}^{-2r/a_0}$$

由 $\mathrm{d}p/\mathrm{d}r=0$ 可求得 $r=a_0$，这时 p 为极大值，这表明在 $r=a_0$ 的球面处，电子出现的概率最大，此结果与玻尔量子理论中的基态轨道半径相对应。

16.9　电子的自旋及电子分布

16.9.1　电子的自旋

从经典图像来看，原子中的电子除了绕原子核运动外，还要绕自身的轴转动，电子绕自身轴的旋转称为自旋。但经典图像的电子自旋和实际的电子自旋有着本质的区别。薛定谔方程并不能确定电子具有自旋。量子力学中认为，自旋具有内禀性，它是电子的一种基本属性，属于一个新的自由度。电子在自旋过程中也有自旋角动量。自旋角动量以 S 表示。与轨道角动量一样，自旋角动量也是量子化的，其值为 $S=\sqrt{s(s+1)}\,\hbar$，s 称为自旋角动量的量子数。

许多实验都证明了电子存在自旋。1921 年，斯特恩和格拉赫将基态银原子束经过一个不均匀磁场射到一个屏幕上时，发现射线束分裂为两束，向不同方向偏转，如图 16.18 所示。

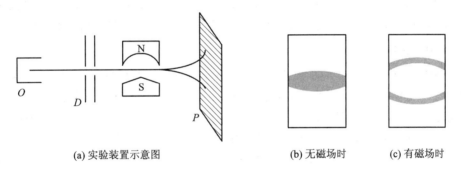

　　(a) 实验装置示意图　　　　　　　(b) 无磁场时　　　(c) 有磁场时

图 16.18　斯特恩-格拉赫实验

考虑到基态银原子外层只有一个电子，其处于 5 s 态，即此电子的角动量量子数 $l=0$，磁量子数也就为零，轨道磁矩等于零，其他内层都是偶数个电子，内层电子的轨道磁矩和自旋磁矩都各自互相抵消，原子的核磁矩为电子磁矩的几千分之一，完全可以忽略，因此，银原子表现的磁矩只能是外层一个电子的自旋产生的。由于原子束一分为二，说明电子的自旋角动量的空间取向有两个，自旋磁量子数 m_s 也就有两个。自旋磁量子数受到自旋角量子数的限制，若自旋量子数为 s，则自旋磁量子数有 $2s+1$ 个取值。所以自旋量子数 $s=1/2$，自旋磁量子数 $m_s=-1/2$，电子的自旋角动量 $S=\dfrac{\sqrt{3}}{2}\hbar$，自旋角动量在外磁场上的分量(如 z 轴方向)也是量子化的，其分量为

$$S_z = m_s\hbar \tag{16-61}$$

如图 16.19 所示。

原子中电子的运动状态由四个量子数完全确定，即主量子数、角量子数、磁量子数和自旋磁量子数。

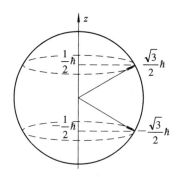

图 16.19　电子的自旋角动量及其在 z 轴上的分量

16.9.2　电子在原子中的分布

现在我们知道，要描述原子中电子的运动状态需要同时有四个量子数：n，l，m_l，m_s。但是除了氢原子外，每个原子都含有多个电子。在多电子原子中，电子的分布是分层次的，这种分布层次叫作电子壳层。由于电子的能量主要取决于主量子数 n，我们就把原子中具有相同主量子数的电子划归同一壳层，$n=1$ 的壳层叫 K 壳层，$n=2$ 的壳层叫 L 壳层，依次类推，分别为 M 壳层、N 壳层等。在每个主壳层内，对应 $l=0$，1，2，3，…可依次又分为 s，p，d，f，…支壳层。每个壳层只能容纳一定的电子数，电子的排布由以下两个原理确定。

1. 泡利不相容原理

在一个原子中，不可能有两个或两个以上电子具有完全相同的量子态。也就是说，任何两个电子不可能有完全相同的一组量子数（n、l、m_l、m_s）。这个原理叫作泡利不相容原理。

根据这一原理可以计算出每一个主壳层所能容纳的最多电子数。当 n 给定时，l 的取值为 0，1，2，…，$n-1$，共有 n 个可能值，对于确定的 l，m_s 的取值为 -1，-1，$+1$，…，0，1，…，l，共有 $2l+1$ 个可能值，对于确定的 n，l，m_l，m_s，有 $-1/2$、$1/2$ 两个可能的值。所以对于每个确定的主壳层，所能容纳的最多电子数（见表 16.2）为

$$Z_n = \sum_{l=0}^{n-1} 2(2l+1) = 2n^2$$

表 16.2　原子壳层和分壳层中最多可能容纳的电子数

l	0	1	2	3	4	5	6	$Z_n = 2n^2$
n	s	p	d	f	g	h	i	
1K	2	/	/	/	/	/	/	2
2L	2	6	/	/	/	/	/	8
3M	2	6	10	/	/	/	/	18
4N	2	6	10	14	/	/	/	32
5O	2	6	10	14	18	/	/	50
6P	2	6	10	14	18	22	/	72
7Q	2	6	10	14	18	22	26	98

2. 能量最小原理

在原子系统内，每个电子趋于占有最低的能级。当原子中电子的能量最小时，整个原子的能量最低，这时原子处于最稳定的状态，即基态，此即能量最小原理。

根据能量最小原理，原子中的电子将依次填充能量较低的内壳层。原子最外支壳层的电子叫作价电子。此外，由于原子的能级并不是完全由主量子数 n 确定的，还与其他量子数有关，所以按照能量最小原理排布时，电子并不是完全按照 K，L，M，… 主壳层次序来排列的。

根据泡利不相容原理和能量最小原理得出的周期表中原子序数 36 以前的元素的电子组态分布如表 16.3 所示。

表 16.3　元素中原子序数 36 以前的基态电子组态

原子序数及元素	电子组态	原子序数及元素	电子组态
1H(氢)	1s	19K(钾)	$1s^2 2s^2 2p^6 3s^2 3p^6 4s$
2He(氦)	$1s^2$	20Ca(钙)	$1s^2 2s^2 2p^6 3s^2 3p^6 4s^2$
3Li(锂)	$1s^2 2s$	21Sc(钪)	$1s^2 2s^2 2p^6 3s^2 3p^6 3d 4s^2$
4Be(铍)	$1s^2 2s^2$	22Ti(钛)	$1s^2 2s^2 2p^6 3s^2 3p^6 3d^2 4s^2$
5B(硼)	$1s^2 2s^2 2p$	23V(钒)	$1s^2 2s^2 2p^6 3s^2 3p^6 3d^3 4s^2$
6C(碳)	$1s^2 2s^2 2p^2$	24Cr(铬)	$1s^2 2s^2 2p^6 3s^2 3p^6 3d^4 4s^2$
7N(氮)	$1s^2 2s^2 2p^3$	25Mn(锰)	$1s^2 2s^2 2p^6 3s^2 3p^6 3d^5 4s^2$
8O(氧)	$1s^2 2s^2 2p^4$	26Fe(铁)	$1s^2 2s^2 2p^6 3s^2 3p^6 3d^6 4s^2$
9F(氟)	$1s^2 2s^2 2p^5$	27Co(钴)	$1s^2 2s^2 2p^6 3s^2 3p^6 3d^7 4s^2$
10Ne(氖)	$1s^2 2s^2 2p^6$	28Ni(镍)	$1s^2 2s^2 2p^6 3s^2 3p^6 3d^8 4s^2$
11Na(钠)	$1s^2 2s^2 2p^6 3s$	29Cu(铜)	$1s^2 2s^2 2p^6 3s^2 3p^6 3d^{10} 4s$
12Mg(镁)	$1s^2 2s^2 2p^6 3s^2$	30Zn(锌)	$1s^2 2s^2 2p^6 3s^2 3p^6 3d^{10} 4s^2$
13Al(铝)	$1s^2 2s^2 2p^6 3s^2 3p$	31Ga(镓)	$1s^2 2s^2 2p^6 3s^2 3p^6 3d^{10} 4s^2 4p$
14Si(硅)	$1s^2 2s^2 2p^6 3s^2 3p^2$	32Ge(锗)	$1s^2 2s^2 2p^6 3s^2 3p^6 3d^{10} 4s^2 4p^2$
15P(磷)	$1s^2 2s^2 2p^6 3s^2 3p^3$	33As(砷)	$1s^2 2s^2 2p^6 3s^2 3p^6 3d^{10} 4s^2 4p^3$
16S(硫)	$1s^2 2s^2 2p^6 3s^2 3p^4$	34Se(硒)	$1s^2 2s^2 2p^6 3s^2 3p^6 3d^{10} 4s^2 4p^4$
17Cl(氯)	$1s^2 2s^2 2p^6 3s^2 3p^5$	35Br(溴)	$1s^2 2s^2 2p^6 3s^2 3p^6 3d^{10} 4s^2 4p^5$
18Ar(氩)	$1s^2 2s^2 2p^6 3s^2 3p^6$	36Kr(氪)	$1s^2 2s^2 2p^6 3s^2 3p^6 3d^{10} 4s^2 4p^6$

*16.10　激　光

激光是 20 世纪 60 年代发展起来的一门新兴技术，它不但使古老的光学获得新生，带动了一大批新学科的迅速发展，还引起了现代光学应用技术的巨大变革，促进了物理学和其他相关学科的发展。

16.10.1 自发辐射和受激辐射

1. 自发辐射

处于激发态的原子不稳定,会以一定的概率随机地向低能级跃迁并发射出光子,这种跃迁称为自发跃迁。自发跃迁与外界条件无关。由自发跃迁产生的光辐射叫作自发辐射。图 16.20 是自发辐射的示意图。自发辐射所发出的光子的频率为 $\nu = (E_2 - E_1)/h$。白炽灯、日光灯、高压水银灯等普通光源的发光过程就是自发辐射。这些光源中的发光物质包含大量的原子,由于各个原子在自发辐射时所发出的光是彼此独立的,它们所发出的光无论是频率、振动方向还是相位都不一定相同,所以这些光源发出的光不是相干光。

2. 受激吸收

当原子中的电子处于低能级 E_1 时,若外来光子的能量 $h\nu$ 恰好等于激发态的某高能级 E_2 与低能级 E_1 的能量差,即 $h\nu = E_2 - E_1$,那么原子就会吸收该光子的能量,并从低能级 E_1 跃迁到高能级 E_2。这个过程称为受激吸收,简称光吸收。图 16.21 是光吸收的示意图。

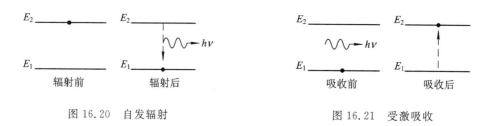

图 16.20　自发辐射　　　　　　　　　图 16.21　受激吸收

3. 受激辐射

1916 年爱因斯坦在研究光辐射与原子间的相互作用时指出,原子除受激吸收和自发辐射外,还有受激辐射。受激辐射如图 16.22 所示。

当外来光子的频率恰好满足 $h\nu = E_2 - E_1$ 时,原子中处于高能级 E_2 的电子会在外来光子的诱导下向低能级 E_1 跃迁,并发出和外来光子具有相同特征的

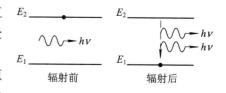

图 16.22　受激辐射示意图

光子。这就是所说的受激辐射。受激辐射所产生的光子与外来光子具有相同的频率、相位和振动方向。在受激辐射中通过一个诱导光子的作用,得到两个特征完全相同的光子,如果这两个光子再引起其他原子产生受激辐射,就能得到更多特征完全相同的光子,这个现象称为光放大。因此受激辐射得到的放大了的光是相干光,称之为激光。

16.10.2 激光原理

1. 粒子数的正常分布和反常分布

当频率一定的光射入工作物质时,受激辐射和受激吸收同时存在,受激辐射使光子数增加,受激吸收却使光子数减少。究竟光子数是增加还是减少,取决于哪个过程占优势。在一般情况下,物质处于热平衡状态时,由于电子总是趋向于占据低能级,因此原子中处

于低能级的电子肯定比处于高能级的电子多。任意两个能级上电子数目之比可由玻耳兹曼分布得到。在温度为 T 的平衡态时，原子中的电子处于能级 E_i 的数目 N_i 为

$$N_i = Ce^{-E_i/(kT)}$$

由上式可知，原子中电子处于 E_1 能级和 E_2 能级的数目之比为

$$N_1/N_2 = e^{-(E_1-E_2)/(kT)}$$

若 E_1 为低能级，E_2 为高能级，则 $N_1 > N_2$。这表明，处于低能级的电子数大于处于高能级的电子数，这种分布叫粒子数的正常分布。由于在正常情况下，低能级的电子数比高能级的电子数多，因此从整体上来看，受激吸收过程较之受激辐射过程要占优势，这样光穿过工作物质时，光的能量只会减弱，不会增强。要获得激光，必须使受激辐射占优势，也就是说要使处在高能级的电子数大于处在低能级的电子数，即 $N_1 < N_2$。这种分布与正常分布相反，称为粒子数反转分布。所以实现粒子数的反转分布是产生激光的必要条件。

为了使工作物质实现粒子数反转，我们可以从外界输入能量（如光照、放电等），把处于低能级的原子激发到高能级上去，这个过程叫作激励（也叫泵浦）。但是，仅仅从外界进行激励还是不够，还必须选取能实行粒子数反转的工作物质。一般地，分布在高能级上的原子其寿命是很短的（10^{-8} s），即使造成了粒子数反转而使高能级上分布的原子数增多，它们也会通过自发辐射而迅速减少，使基态原子数急剧增加，受激辐射跃迁仍然难以占据主导地位。但是有一些特殊物质的原子，它们具有一种特殊的高能级，原子处于这种能级上的寿命为 $10^{-3} \sim 1$ s，与普通的高能级原子寿命相比它可视为无限长。这样的能级叫作亚稳态能级。亚稳态能级的存在为实现原子的粒子数反转提供了可能性，同时也给予了实际的物质保证。

下面我们以氦-氖原子能级结构为基础来阐明它们产生激光的物理过程。图 16.23 表示了氦原子和氖原子的与激光有关的部分能级。

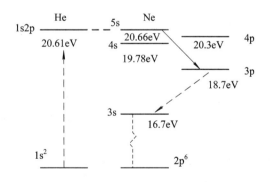

图 16.23　氦、氖原子的能级

氦原子有两个电子，它的基态电子组态为 $1s^2$，从阴极发出的高速电子与氦原子碰撞，使氦原子得到激发，跃迁到 $1s2p$ 态，它是亚稳态。氖原子有 10 个电子，基态电子组态为 $1s^2 2s^2 2p^6$，与高速电子碰撞后，形成的激发态有 $2p^5 3s$，$2p^5 3p$，$2p^5 4s$，$2p^5 4p$，$2p^5 5s$，其中 $2p^5 5s$ 是它的亚稳态。

亚稳态氦原子的能量与亚稳态氖原子的能量极其接近，容易发生能量的共振转移。因此，亚稳态的氦原子与基态氖原子进行碰撞能够把氖原子从基态激发到 $2p^5 5s$ 亚稳态，而氦原子则由于失去相应的能量回到基态能级，它仅起到能量的传递作用。由于基态氖原子

既可以通过氦原子又可以通过电子的碰撞跃迁到 $2p^5 5s$ 亚稳态,而 4p、3p 等能级的跃迁只是通过电子的碰撞得到的,所以最终在 5s 亚稳态能级上将累积大量的氖原子,从而实现了对 4p、3p 等能级的粒子数反转。在适当频率光子的刺激下,亚稳态 5s 能级上的氖原子将产生从 5s→3p 的受激辐射跃迁,发出波长为 632.8 nm 的橘红色激光,这就是由氦-氖激光器所发出的激光。此后,由于 3p 态不是亚稳态,因此氖原子由 3p 态自发辐射跃迁 3s 态,再通过与毛细管壁的碰撞无辐射地回到基态。

2. 光学谐振腔、激光的形成

仅仅使工作物质处于反转分布,产生光放大,虽可以得到激光,但这时的激光寿命比较短,强度很弱,没有实用价值。为获得一定寿命和强度的激光,还必须加一个如图 16.24 所示的光学谐振腔。这是一个最简单的光学谐振腔,它由两个放置在工作物质两边的平面反射镜组成,这两个反射镜互相严格平行,其中一个是全反射镜,另一个是部分透光反射镜。谐振腔的作用主要是产生和维持光振荡。光在粒子数反转的工作物质中传播时,诱导工作物质中的原子发生受激辐射得到光放大。当光到达反射镜时,又反射回来穿过工作物质,进一步诱导原子发生受激辐射得到光放大,如此往返地传播,使谐振腔内的光子数不断增加,从而获得很强的光,这种现象叫作光振荡。光在工作物质中传播时还有损耗(包括光的输出、工作物质对光的吸收等),当光的放大作用与光的损耗作用达到动态平衡时,就形成稳定的光振荡。此时,从部分透光反射镜透射出的光很强,这就是输出的激光。

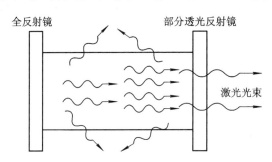

图 16.24　光学谐振腔示意图

另一方面,在谐振腔中,受激辐射的光可以向任意方向传播。但凡是不沿谐振腔轴向传播的光,经过多次反射后都将从腔中逸出,只有沿谐振腔轴线传播的光才能从部分反射镜射出。所以激光的方向性很好。

光在谐振腔内振荡传播时,形成以反射镜为节点的驻波。由驻波条件可知,加强的光必须满足 $l=k\lambda/2$,其中 l 为谐振腔的长度,λ 为光的波长,k 是正整数。波长不满足上述条件的光,很快会被减弱淘汰。所以谐振腔又起到选频作用,使输出激光的频率宽度很窄,即激光的单色性很好。

16.10.3　激光器

目前已经研制成功的激光器种类很多。按照它们的工作物质,可分为气体激光器、固体激光器、半导体激光器、液体激光器等。按照激光器的输出方式,又可分为连续输出激光器和脉冲输出激光器。下面介绍两种简单的激光器。

1. 氦-氖气体激光器

氦-氖(He-Ne)激光器以氦、氖气体为工作物质,激光管的外壳用硬质玻璃制成,中间有一根毛细管作为放电管,制造时抽去管内空气,然后将氦、氖按 5:1~10:1 的比例充气,直至总压力为 $2.66 \times 10^2 \sim 3.99 \times 10^2$ Pa 为止。管的两端面为反射镜子,组成光学谐振腔。激励是用气体放电的方式进行的,为了使气体放电,在阳极和阴极之间加上几千伏的高压。形成的激光经过部分透光反射镜输出,这种激光器发出的激光波长为 632.8 nm。

氦-氖激光器是具有连续输出特性的气体激光器。虽然它的输出功率一般来说并不很高,通常只有几毫瓦,最大也不过百毫瓦,但由于它的光束质量很好,光束发散角很小,一般能达到衍射极限,相干长度是气体激光器中最长的。另外由于器件结构简单,操作方便,造价低廉,输出光束又是可见光,因此在精密计量、准直、导航、全息照相、通信、激光医学等方面得到了极其广泛的应用。氦-氖激光器是放电激励的气体激光器的典型代表。

2. 红宝石激光器

红宝石激光器是最早(1960 年)制成的激光器,它的工作物质是红宝石晶体,棒的两端面要求很光洁并严格平行。作为谐振腔的两个反射镜可以单独制成,也可利用棒的两端面镀上反射膜制成。激励是利用脉冲氙灯发出强烈的光脉冲进行的。为了提高激励功率,常装有聚光器。另外,附有一套用于点燃氙灯的电源设备。为了防止红宝石温度过高,还附有冷却设备。红宝石激光器发出的是脉冲激光,它的波长为 694.3 nm。棒长为 10 cm、直径 1 cm 的红宝石激光器,每次脉冲输出的能量为 10 J,脉冲持续时间为 1 ms,平均功率为 10 kW。

16.10.4　激光器的特性和应用

(1) 方向性好。由于激光器只向一个方向发射光,而且射出光的发散角很小,接近衍射极限,所以具有很好的方向性。一台普通的红宝石激光器发出的光束射到月球上,散开的光斑只有几百米。因而可广泛应用于高精度定向、准直、制导和测距等技术中。

(2) 单色性好。科学上用光辐射能量集中的频谱区间(称谱线宽度)衡量光的单色性,谱线宽度越窄,它的单色性越好。太阳光辐射能量分布在从紫外至远红外的广阔光谱区域,所以它谈不上单色性。常用的单色光源如氪灯、氖灯等,它们的光辐射谱线宽度比较窄(小于 4.5×10^{-3} nm),其中氪 86 光源发射的红光(波长为 605.7nm)的谱线宽度最窄,只有 4.7×10^{-4} nm。激光的单色性比氪 86 光源更好,发红光的氦-氖激光器其波长 632.8 nm 的谱线宽度只有 2×10^{-9} nm,所以可以用作光纤通信的光源。

(3) 相干性好。激光的发光过程是受激辐射,发出的光为相干光,所以激光具有很好的相干性。激光的相干性也有很重要的应用。例如,用激光干涉仪进行检测,比普通干涉仪速度快、精度高;用激光作为全息照相的光源具有独特的优点。

(4) 光脉冲宽度可以很窄。光源的亮度正比于发光功率。光源发射的能量集中在很短时间内发射出来,产生的光功率也就很高。普通光源很难产生脉冲宽度很窄的光脉冲,照相用的闪光灯产生的光脉冲宽度在毫秒左右。激光器能产生宽度很窄的光脉冲,甚至可产生 10^{-14} s 的光脉冲,所以激光具有高能量。激光的这一特性常用于进行精密打孔、切割和激光焊接。激光还可用作手术刀。激光手术刀不仅具有普通手术刀的功能,同时还可具有高度选择性,特别设计的激光手术刀可以对人体内部器官实施手术而外部不受任何损伤。另外,激光在受控核聚变、激光武器和非线性光学等领域也有着重要应用。

＊16.11　固体物理简介

16.11.1　固体的能带

固体材料由大量的原子(或离子)组成,这些原子以一定的方式排列,原子排列的方式称为固体的结构。长期以来,人们认为固体分为晶体和非晶体。理想晶体中原子排列是十分有规则的,主要体现在原子排列具有周期性,或者称为长程有序。非晶体中原子的排列是杂乱的。另外还有一种介于晶体和非晶体之间的准晶体。固体中原子的微观结构及排列形式,是研究固体材料的宏观性质和各种微观过程的基础。

晶体由大量原子有规则地排列而形成。晶体中相邻原子靠得很近,原子排列得又很规则,由于相邻原子的电荷相互影响,从而在晶体内形成了周期性的势场,其势能曲线如图16.25中由虚线叠加所得的实线所示。这种势场相当于势垒。原子内层电子受到自身原子核强烈的束缚,相对地受相邻核作用较小。内层电子被束缚在自身的原子中,内层电子和原子核可以看作带正电荷的离子。外层电子受自身原子核束缚较弱,受相邻原子核的作用几乎可以同受自身核的作用相比拟。此时势垒的高度和宽度相应变低、变薄,原子核的外层电子由于隧道效应从一个原子核的势场中穿出,进入另一个原子核的势场中。这样构成晶体的大量原子的外层电子已不再分属于不同原子,而为晶体中所有原子共有,这种现象称为电子的共有化。电子共有化是一种量子效应。

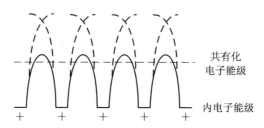

共有化
电子能级

内电子能级

图 16.25　周期场示意图

通过量子力学可以证明,由于周期势场的作用,能级会在某处断开,而在能级断开的间隔内不存在允许的电子能级,我们称之为禁带。在允许的能级上,由于其他原子的作用,能级会发生分裂。由于 N 个原子结合成晶体时产生的电子共有化,而泡利不相容原理又不允许这些共有电子中任意两个电子处于完全相同的量子态,所以原来各个原子中能量相同的能级就分裂为 N 个与原来能级接近的新能级,当 N 很大时,分裂后的新能级十分密集,可以看成是准连续的,这就是能带。禁带和能带如图16.26所示。每个子能级最多能容纳的电子数为 $2(2l+1)$,考虑到由 N 个原子组成的晶体,每个能带上有 N 个分裂的能级,因此每个能带上能够容纳的电子数为 $2(2l+1)N$。值得注意的是,晶体的能带和孤立原子能级间有时并不存在这种简单的对应关系。电子在能带中的排布仍然遵循能量最小原理。

如果某一能带中，各个能级均被电子所填满，这种能带称为满带。如果能带中各能级都没有电子填入，这种能带称为空带。填入价电子的能带称为价带，价带可以是满带，也可以不是满带。空带或者未被价电子填满的价带统称为导带，如图 16.27 所示。

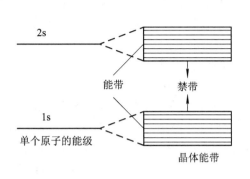

图 16.26　能级分裂形成能带

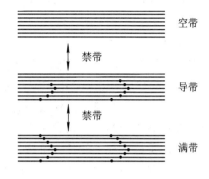

图 16.27　晶体的能带

满带中的能级都已被电子占据，在外场（外场不太强）作用下，若有某电子从某能级转移至能带中另一能级，则必有另一电子沿相反的方向转移，二者互相补偿，不能形成定向电流，故满带不导电。不满带中有些能级是空着的，带中电子在外电场中获得能量之后，可进入本能带中未被电子占据的能量稍高的能级，而且这种转移不一定有反向的电子转移与之抵消，因此形成电流，故不满带具有导电作用，称为导带。空带中没有电子，在通常情况下无导电性可言。若使电子受到激发而进入空带，则空带亦将参与导电，此时，空带也称为导带。

在上述考虑的基础上，对导体和非导体的机制进行以下解释。在非导体中，电子恰好填满最低的一系列能带，再高的各能带全部都是空的，由于满带不产生电流，所以尽管存在很多电子，但并不导电；在导体中，除去完全充满的一系列能带外，还有只是部分被电子填充的能带即导带，它可以起导电作用。

除去导电性能良好的金属导体外，半导体也有一定的导电性能。根据能带理论，半导体和绝缘体都属于上述非导体的类型，但禁带的宽度不同。半导体的禁带宽度比绝缘体的禁带宽度要小得多，因此在外界的热激发、光激发等情况下，价带中的电子比较容易跃迁到空带，使导带中有了少数电子或满带中缺了少数电子，从而有一定的导电性。

在金属和半导体之间还存在一种中间情况：导带底部和价带顶部发生交叠或具有相同的能量（有时称为具有负禁带宽度或零禁带宽度）的情形下，通常同时在导带中存在一定数量的电子，在价带中存在一定数量的空状态，其导带电子的密度比普通金属小几个数量级，这种情形称为半金属。

16.11.2　半导体

半导体科学技术是当前最重要的技术之一。用半导体制成的各种器件有着极为广泛的用途，特别是集成电路和大规模集成电路，已经成为现代电子和信息产业乃至现代工业的基础。半导体技术是综合性的科学技术，物理学的研究为半导体技术的发展提供了重要的理论基础。

半导体有两类：一类叫本征半导体，另一类叫杂质半导体。

纯净无杂质的半导体称为本征半导体。由于热激发或光激发，满带中的价电子会越过禁带跃迁到导带，这时导带中就会出现少量的电子，进入导带中的电子在外场作用下可直接参与导电，称为电子导电。原先充满价电子的满带则出现了带正电的空位，称为空穴。空穴等同于一个带＋e的电荷。在外场作用下，满带中的其他电子可以填入这些空穴，但同时又会出现新的空穴，新空穴又可为满带中别的电子所填充，依次类推，空穴就像一个带正电的粒子一样参与导电，称为空穴导电。于是在晶体中就出现了电子和空穴两种载流子，它们在数量上是相等的，并且电荷值也相等，但符号相反，在电场作用下移动方向相反。在本征半导体中，电子导电和空穴导电同时存在，统称为本征导电。

在纯净的半导体中掺入微量杂质就会显著地改变半导体的特性，得到杂质半导体。杂质半导体根据载流子的不同又分为空穴型(简称 P 型)半导体和电子型(简称 N 型)半导体。

如果在四价硅中掺入的是五价杂质磷(P)原子，则磷的五个价电子中的四个将与相邻的硅原子形成共价键，余下的价电子仍绕磷离子运动，如图 16.28 所示。由于受束缚较小，价电子很容易电离而成为自由电子，其电离能要比硅的禁带宽度小很多。此时便在硅的满带与导带之间产生了一个离导带很近的附加能级，如图 16.29 所示。这个能级是由于在四价硅中掺入五价杂质磷原子后，多余出的电子形成的，通常将这个能级称为施主能级。磷这类五价杂质原子称为施主杂质。由于施主能级很靠近导带，一旦这一能级上的电子受到激发，便可很容易地跃迁到导带中并参与导电。一般情况下，杂质半导体导带中的电子数比本征半导体导带中的电子数多得多，与本征半导体相比，杂质半导体的导电性能大为改善。这种主要依赖施主能级上激到导带中的电子来导电的电子是多数载流子，故称为电子型半导体或 N 型半导体。

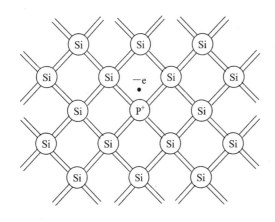

图 16.28 硅中掺入磷原子

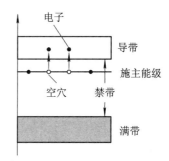

图 16.29 施主能级

如果在四价硅中掺入的是三价杂质硼(B)原子，则由于硼只有三个价电子，它与相邻的硅原子构成共价键时，缺少一个电子，此时便在相应的硅原子旁出现了一个带正电 e 电量的空穴，如图 16.30 所示。这个空穴由于受到硼离子 B⁻ 的作用而绕其运动。由于空穴在硼离子 B⁻ 电场中的电离能要比硅的禁带宽度小很多，因此便在硅的满带和导带之间产生了一个距满带很近的附加能级，如图 16.31 所示。这个能级上存在空穴，可以接受来自满带的电子，故称为受主能级。硼这类杂质称为受主杂质。由于受主能级很靠近满带，一旦满带中的电子受到激发很容易跃迁到受主能级上去，从而在满带中留下空穴，因此在外电场作用下，空穴参与导电，大大增强了硅的导电性。含有受主杂质的半导体的载流子为空穴，这种杂质半导体主要依靠空穴导电，空穴是多数载流子，故称之为空穴型半导体或 P 型半导体。

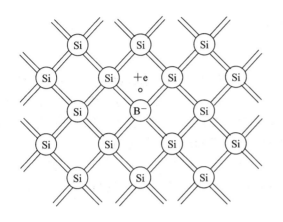

图 16.30　硅中掺入硼原子

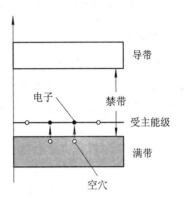

图 16.31　受主能级

16.11.3　PN 结

PN 结是很多半导体器件的核心。采用不同的掺杂工艺，将 P 型半导体与 N 型半导体制作在同一块本征半导体（通常是硅或锗）基片上，在它们的交界面由扩散形成的空间电荷区称为 PN 结。PN 结最简单的性质是具有单向导电性。

当 P 型半导体与 N 型半导体接触时，因 P 型半导体中空穴浓度大，而 N 型半导体中电子浓度大，故 P 区中的空穴向 N 区扩散而 N 区中的电子向 P 区扩散，于是空间电荷在它们的交界面处积累形成电偶层，使 PN 结的空间电荷区存在电场，即产生一定的接触电势差。该电偶层产生的电场由 N 区指向 P 区，其效果是阻碍空穴和电子的进一步扩散，所以该电势差可以看作势垒。当 PN 结间电场恰好能阻止空穴和电子的进一步扩散时，PN 结间就会形成稳定电场和势垒。

当 P 接外电源正极，N 接外电源负极时，因外部电场的方向与 PN 结内部电场方向相反，使势垒的高度降低，于是 N 区中的电子和 P 区中的空穴较容易通过 PN 结，从而在电路中形成正向电流。显然，随正向电压增加，正向电流亦增加。

若 P 区接外电源负极，N 区接外电源正极，则外部电场的方向与 PN 结内部电场方向相同，使势垒的高度升高，电子和空穴的扩散将受到强烈的阻碍而难以进行，所以在电路中几乎没有电流。只有原来 P 区的少数载流子电子和 N 区的少数载流子空穴通过 PN 结形成微弱的电流且很快会达到饱和。

*16.12　超　导　体

1911 年，荷兰科学家卡末林·昂内斯(Heike Kamerlingh Onnes)用液氦冷却汞，当温度下降到 4.2 K 时，水银的电阻完全消失，这种现象称为超导电性，此温度称为超导转变温度或临界温度。根据临界温度的不同，超导材料被分为高温超导材料和低温超导材料。临界温度高于 35 K 的超导体称为高温超导体。超导材料从金属、合金、化合物扩展到氧化物陶瓷，最近又发现了铁基氧化物超导体。

16.12.1 超导体的基本电磁学性质

1. 零电阻

由于超导体内的电阻为零，所以超导体内一旦有电流就会永远流下去。美国麻省理工学院的柯林斯(J. Collins)等人曾经做了一个著名的持续电流实验：他们将一铅环放在磁场中，将其冷却到临界温度以下，然后将磁场突然撤去，由于电磁感应，因此会在超导铅环中产生感应电流，通过测量感应电流所激发的磁场可知圆环中的电流强度。经过两年半的观测，没有发现电流强度的衰减。这个实验肯定了超导体的直流电阻为零。当然，超导体所能承载的电流不是无限大的，存在一个临界电流，只要超导体内的电流不超过临界电流，超导体内的电流流动就可以看作是无阻的。

当物体处于超导态时，若加上磁场，当磁场强度增大到某一临界值 H_C 时，超导被破坏，超导体由超导态转变为正常态。临界磁场是温度的函数，可用下式表示：

$$H_C = H_0 \left[1 - \left(\frac{T}{T_C} \right)^2 \right]$$

式中，H_0 为 $T=0$ K 时的临界磁场强度，即临界磁场强度的最大值。

2. 迈斯纳效应

由于超导体内的零电阻，超导体内任意两点间的电势差为零，所以超导体内不可能存在电场。因此根据电磁感应定律，磁通量不可能改变。施加外磁场时，磁通量将不能进入导体内，这种磁性是零电阻的结果。1933 年迈斯纳等为了判断超导态的磁性是否完全由零电阻所决定，进行了一项实验：把一个圆柱形样品在垂直轴的磁场中冷却到超导态，并以小的检验线圈检查样品四周的磁场分布。结果证明，经过转变，磁场分布发生变化，磁通量完全排斥于圆柱体之外，并且撤去外磁场后，磁场完全消失。这个重要的效应说明：超导体具有特有的磁性，并不能简单由零电阻导出。如果超导态仅仅意味着零电阻，只要求体内的磁通量不变，那么在上述实验中，转变温度后原来存在于体内的磁通量仍然存于体内，不会被排出，当撤去外磁场后，则为了保持体内磁通量，将会引起永久感生电流，在体外产生相应的磁场。

由上述实验所确定的效应即为迈斯纳效应。也就是说，穿过超导体的磁场线被排斥到外面，它具有完全的抗磁性，即在超导体内部保持磁场强度为零。

16.12.2 超导体电性的 BCS 理论

金属中的正离子组成了晶格点阵。由于组成晶格的各离子间都以一定作用力相互联系着，所以整个晶格点阵是一个整体，其中任意一个离子的运动都将影响周围离子的运动，而周围离子的运动又会反过来影响该离子的运动。这就是说，晶格离子的运动彼此是互相关联的，它们作为一个不可分割的整体进行集体运动。所以离子在晶格附近振动，就会传播到整个晶体，引起晶体中所有原子的集体运动，这种情况自然使我们联想到波的运动形式,人们称之为格波。格波的能量是量子化的,基本的能量为 $h\nu$,格波的能量子称为声子,如同光子一样,声子也可以看作准粒子。

电子在晶体内运动时,就会和晶格振动发生相互作用。若电子从晶格获得 $h\nu$ 的能量,可以认为电子吸收一个声子;若电子给晶格 $h\nu$ 的能量,可以认为电子发射一个声子。当电子经过晶格离子时,由于异号电荷之间的吸引力,在晶格正离子点阵内会造成局部正电荷密度的增加。这种局部正电荷密度的扰动以格波的形式传播。这种传播的扰动又会反过来影响第二个电子。这种两个电子通过晶格振动发生的相互作用是一种强迫振动。根据强迫振动理论可以预期,在适当条件下,振动可与强迫力同相位,这时晶格点阵离子能及时地靠近电子,造成局部正电荷有余,结果对另一电子就产生了吸引作用。电子之间有库仑斥力,但当电子与晶格的作用足够强时,这两个电子就会耦合在一起形成电子对,这就是常称的库珀对。从一种形式的观点来说,两个电子之间通过交换声子而耦合起来,形成库珀对。当金属的温度低于超导转变温度时,大量的电子结成库珀对,都以大小和方向相同的动量运动,那么电阻就会变为零,金属就具有了超导性。若金属的温度大于超导转变温度,则由于热运动使库珀对分裂为单个电子,导体就失去了超导性而转变成正常导体。

BCS 理论并不能完全解释众多实验现象,特别是它无法解释高温超导现象。在理论方面,人们需要寻找一种新的理论来更好地解释超导现象。

16.12.3 超导体的应用

超导体的零电阻和完全抗磁性等特性,使超导体的应用十分广泛,同时带来了新的课题。下面我们简单介绍超导体几个方面的应用。

1. 超导磁体

超导磁性是目前超导体最大量和最有成效的应用。与常规电磁铁相比,超导磁体具有轻便、耗能低、能产生强磁场的优点。特别是超导磁体无焦耳热损耗,不需要水冷却,稳定性好,均匀度高,容易在较大空间内获得强磁场,易于启动并且能长期运转,所以广泛应用于大型加速器、可控热核反应装置等。

2. 超导输电线

目前科学技术日新月异,世界各国的电力需用量正以每年 $8\% \sim 10\%$ 的增长率在不断发展,解决大功率输电的问题变得十分迫切。为了进一步提高输电容量,只好向超高压输电方向发展。日本已采用 $500\ \text{kV}$,而欧美则采用 $700\ \text{kV}$ 超高压输电,在这样的超高压下输电,介质损耗增大,效率降低。因此各国都在考虑其他输电方案,如直流输电、气体绝缘电缆输电、极低温电缆输电、高频输电、激光输电等。由于超导材料可以无损地承载一个很大的电流,所以适用于大功率的直流输电。国外已经进行了大量的研究,并且在短距离进行了试验,对于交流超导电缆也进行了研究,提出了一些方案。但不论是直流还是交流输电都要遇到制冷的问题,因此高温超导体就成为大家关心的研究对象。

3. 磁悬浮列车

超导悬浮列车的基本原理是:在车辆底部安装超导磁体,在靠近轨道两旁埋设一系列闭合线圈,当列车运行时,超导磁体的磁场相对线圈运动,在电磁感应线圈内引起感应电流,超导磁体与感应电流磁场的作用会产生向上的浮力使列车悬浮,于是列车前进时只受空气阻力。据估计，如果列车在真空管道中行进，空气阻力会大幅度减少，列车速度可望提高到 1600 km/h。

总之，超导材料具有广泛的应用前景，但由于目前还不能制备出常温下的超导体，所以当前的研究主要是关于超导机制，只有清楚了超导机制才能制备出更高转变温度下的超导体。

本 章 小 结

1. 黑体辐射和普朗克能量子假设

（1）黑体：能够全部吸收外来电磁辐射的物体。黑体辐射性质与材料无关。

（2）黑体辐射的实验规律：

斯特藩-玻耳兹曼定律：$M_\lambda(T) = \sigma T^4$。

维恩位移定律：$\lambda_m T = b$。

（3）普朗克能量子假设：物体和频率为 ν 的电磁辐射作用时，吸收或发射的能量只能是 $h\nu$ 的整数倍。最小的能量单元 $h\nu$ 称为能量子。

普朗克公式：$M_\lambda(T) = \dfrac{2\pi hc^2 \lambda^{-5}}{\mathrm{e}^{\frac{hc}{k\lambda T}} - 1}$。

2. 光电效应和光量子假设、爱因斯坦方程、康普顿效应

1）光电效应实验规律

（1）要产生光电效应，入射光的频率必须大于某一频率 ν_0。这个频率称为截止频率（也称红限），它与金属材料有关。只要入射光的频率大于截止频率就会产生光电效应，与入射光的强度无关。如果入射光的频率小于截止频率，无论其强度有多大，都没有光电效应。

（2）只要入射光的频率大于截止频率，遏止电势差就与入射光的频率具有线性关系，而与入射光的强度无关。

（3）只要入射光的频率大于截止频率，入射光一开始照射金属表面时，立刻就会有电子逸出，其时间间隔不超过 10^{-9} s。即使用极弱的光，也是这样。

（4）若入射光的频率大于截止频率，则饱和光电流强度与入射光的强度成正比。用一定频率和强度的单色光照射金属 K，随 K、A 加速电势差的增大，光电流强度逐渐增大并逐渐趋于饱和。

2）光子

电磁场能量本身也是量子化的，即辐射能量本身也是量子化的。这些一份一份的电磁辐射就被称为光量子，简称光子。光的波粒二象性表述如下：

$$E = h\nu$$

$$\lambda = \frac{h}{p}$$

3）爱因斯坦方程

$$h\nu = \frac{1}{2}mv^2 + W$$

4）康普顿效应实验规律

（1）当散射角 $\theta = 0°$ 时，在入射线原方向上出现与入射光的波长相同，而且也只有与入射线波长相等的谱线。

（2）当散射角不等于 $0°$ 时，散射谱线中同时存在等于入射线的波长和大于入射线波长的谱线。波长的变化量 $\Delta\lambda = \lambda - \lambda_0$ 只与散射角有关，与散射物质无关。

（3）散射物质的原子量越小，康普顿效应越明显，即变波长线的相对强度越大。

5）波长偏移量

$$\Delta\lambda = \lambda - \lambda_0 = \frac{h}{m_0 c}(1 - \cos\varphi) = \lambda_c(1 - \cos\varphi)$$

康普顿效应说明，能量守恒定律和动量守恒定律对微观粒子同样适用。

3. 玻尔氢原子理论

1）氢原子光谱规律

里德伯公式：$\dfrac{1}{\lambda} = R\left(\dfrac{1}{m^2} - \dfrac{1}{n^2}\right)$。

2）卢瑟福的有核模型

原子中绝大部分质量集中在带正电的原子核中，电子绕原子核旋转，核的尺寸与整个原子的尺寸相比很小。

3）玻尔的氢原子理论

（1）定态假设：电子只能在一系列特定的轨道上作绕核运动而不辐射电磁波，这时的原子处于稳定状态，简称定态。原子系统的能量只能处于一系列不连续的能量状态。

（2）量子跃迁假设：当原子从高能量的定态跃迁到低能量的定态，亦即电子从高能量 E_n 轨道跃迁到低能量 E_m 的轨道上时，要发射一个频率为 ν 的光子，其频率满足

$$E_n - E_m = h\nu$$

反之，当电子从低能量 E_m 轨道跃迁到高能量 E_n 轨道时，需要吸收一个能量为 $h\nu$ 的光子。

（3）轨道角动量量子化假设：电子以速度 v 在半径为 r 的圆周上绕核运动时，只有电子的角动量 L 等于 $h/(2\pi)$ 的整数倍的那些轨道才是稳定的，即

$$L = mvr = n\frac{h}{2\pi}$$

式中，n 为主量子数。此条件也叫量子化条件。

4. 德布罗意波和不确定关系

1）德布罗意假设

任意质量为 m，以速度 v 做匀速运动的实物粒子，既具有以能量 E 和动量 p 所描述的粒子性，也具有以频率 ν 和波长 λ 所描述的波动性，实物粒子的波粒二象性也满足下列关系

$$E = h\nu$$

$$\lambda = \frac{h}{p} = \frac{h}{mv} = \frac{h}{m_0 v}\sqrt{1 - \frac{v^2}{c^2}}$$

上式即为德布罗意公式。这种波称为德布罗意波或物质波。

2）不确定关系

不能同时确定微观粒子的坐标和动量，这是微观粒子波粒二象性的反映。位置不确定度和动量不确定度满足的关系为

$$\Delta x \Delta p_x \geqslant \frac{\hbar}{2}$$

5. 量子力学简介

（1）波函数的统计解释。

微观粒子的运动状态用波函数 $\Psi(r, t)$ 表示，$|\Psi(r, t)|^2 dV$ 表示 t 时刻粒子处于空间 r 处 dV 体积元内的概率，$|\Psi(r, t)|^2$ 表示 t 时刻粒子处于空间 r 处单位体积内的概率，即 $|\Psi(r, t)|^2$ 为概率密度。

（2）薛定谔方程：

$$-\frac{\hbar^2}{2m}\frac{\partial^2 \Psi(x, t)}{\partial x^2} + E_p \Psi(x, t) = i\hbar\frac{\partial \Psi(x, t)}{\partial t}$$

（3）定态薛定谔方程：

$$-\frac{\hbar^2}{2m}\left(\frac{\partial^2 \psi}{\partial x^2} + \frac{\partial^2 \psi}{\partial y^2} + \frac{\partial^2 \psi}{\partial z^2}\right) + E_p(x, y, z)\psi = E\psi$$

4）定态薛定谔方程应用

（1）一维无限深方势阱。

（2）定态波函数：

$$\psi_n(x) = \begin{cases} 0 & (x > 0, x < a) \\ \sqrt{\dfrac{2}{a}}\, \sin\dfrac{n\pi}{a}x & (0 \leqslant x \leqslant a) \end{cases}$$

（3）能量：

$$E_n = \frac{n^2 \pi^2 \hbar^2}{2ma^2} \qquad (n = 1, 2, 3, \cdots)$$

（4）隧道效应：即使粒子的能量小于势垒的高度，粒子也有一定的概率穿透势垒。

6. 氢原子的量子理论

1）氢原子的定态薛定谔方程

$$\frac{1}{r^2}\frac{\partial}{\partial r}\left(r^2\frac{\partial \psi}{\partial r}\right) + \frac{1}{r^2 \sin\theta}\frac{\partial}{\partial \theta}\left(\sin\theta\frac{\partial \psi}{\partial \theta}\right) + \frac{1}{r^2 \sin^2\theta}\frac{\partial^2 \psi}{\partial \varphi^2} + \frac{2m}{\hbar^2}\left(E + \frac{e^2}{4\pi\varepsilon_0 r}\right)\psi = 0$$

2）三个量子数

能量：$E_n = -\dfrac{1}{n^2}\dfrac{me^4}{8\varepsilon_0^2 h^2}$，$n = 1, 2, 3, \cdots$。

角动量：$L = \sqrt{l(l+1)}\,\hbar$，$l = 0, 1, 2, \cdots, n-1$。

空间量子化：$L_z = m_l \hbar$，$m_l = 0, \pm 1, \pm 2, \cdots, \pm l$。

7. 自旋及电子分布

1）自旋

自旋量子数 $s = 1/2$，自旋角动量 $S = \sqrt{3}\,\hbar/2$，自旋磁量子数 $m_s = 1/2, -1/2$。

2）电子分布

（1）泡利不相容原理：在一个原子中，不可能有两个或两个以上电子具有完全相同的量子态。也就是说，任何两个电子不可能有完全相同的一组量子数（n、l、m_l、m_s）。

（2）能量最小原理：在原子系统内，每个电子趋于占有最低的能级。当原子中电子的能量最小时，整个原子的能量最低，这时原子处于最稳定的状态，即基态。

8. 激光

1）吸收和辐射

（1）自发辐射：在没有外界干扰的情况下，高能级电子以一定的概率向低能级跃迁并放出光子的过程。

（2）受激吸收：原子吸收光子从低能级跃迁到高能级的过程。

（3）受激辐射：在外来光子的诱导下，原子中处于高能级的电子向低能级跃迁，并发出和外来光子具有相同特征的光子的过程。

2）粒子数反转

高能级的电子数大于低能级电子数。

3）激光的组成

（1）工作物质：具有亚稳态能级结构，使得粒子数反转成为可能的物质。

（2）激励：能量输入系统。

（3）谐振腔：选频和定向。

4）激光优点

方向性好，单色性好，相干性好，光脉冲宽度可以很窄。

9. 半导体

1）固体能带

晶体中，由于原子间相距很近，每个电子除了受到自身原子核作用外，还受到相邻原子核的作用，外层电子共有化。同时由于泡利不相容原理，这些本来分属独立原子的电子不能占据同一能级，于是孤立原子能级分裂成大量相距很近的准连续能级。

2）半导体

（1）本征半导体：纯净无杂质的半导体。

（2）杂质半导体：在纯净的半导体中掺入微量杂质就会显著地改变半导体的特性，得到杂质半导体。杂质半导体分为 N 型半导体和 P 型半导体。

3）PN 结

PN 结是 P 型半导体和 N 型半导体在交界处由于扩散形成的电偶层，具有单向导电性。

10. 超导体

（1）超导的电磁学性质：零电阻、迈斯纳效应。

零电阻：超导体中的电阻为零。

迈纳斯效应：穿过超导体的磁场线被排斥到外面，它具有完全的抗磁性，即在超导体内部保持磁场强度为零。

（2）BCS 理论：电子在晶格中运动时造成格点的局部畸变，形成一个局域的正电荷区，这个局域的正电荷区会吸引自旋相反的电子,和原来的电子相结合配对即形成库珀对。库珀对将不会和晶格发生能量交换,也就没有电阻。

(3) 超导体的应用:超导磁体、超导输电线、磁悬浮列车。

习　题

一、问答题

16-1　什么是黑体?为什么从远处看山洞口总是黑的?

16-2　所有的物体均辐射能量,为什么我们在黑暗的房间内看不到物体呢?

16-3　普朗克提出了能量量子化的概念,在经典物理学范围内有没有量子化的物理量?你能举出几个吗?

16-4　为什么在光电效应中截止频率的存在有利于光的粒子观点,而不是光的波动观点?

16-5　如果在一个金属上观察到光电效应,在相同条件下能否在另一个金属上也观察到光电效应?

16-6　康普顿效应中散射光中的波长有增大的成分,如果我们用一束光照亮某种材料并在不同的方向观察材料的散射光,能看到由于波长变化而引起光的颜色变化吗?为什么?

16-7　光电效应和康普顿效应都是光子与电子的相互作用,怎么区别这两种过程?

16-8　为什么电子显微镜比光学显微镜更适合于观察到原子量级的物质?

16-9　物质具有波动性,为什么在日常生活中没有观察到呢?

16-10　什么是光的波粒二象性?

16-11　从经典力学看,卢瑟福的原子核型结构遇到了哪些问题?从经典力学看氢原子光谱应是线光谱还是连续光谱?

16-12　在氢原子的玻尔理论中,势能为负值,但其绝对值比动能大,它的含义是什么?

16-13　为什么玻尔理论忽略了原子内粒子间的万有引力?

16-14　什么是不确定关系?为什么说不确定关系指出了经典力学的适用范围?

16-15　波函数的物理意义是什么?

16-16　在一维无限深方势阱中,如减少势阱宽度,其能级如何变化?如增加势阱宽度,其能级又将如何变化?

16-17　比较一下玻尔氢原子基态图像和由薛定谔方程得到的氢原子基态图像之间的相同点和不同点。

二、选择题

16-18　下列物体中属于绝对黑体的是(　　　)。

A. 不辐射可见光的物体　　　　　B. 不辐射任何光线的物体

C. 不能反射可见光的物体　　　　D. 不能反射任何光线的物体

16-19　光电效应和康普顿效应都包含电子和光子的相互作用过程。在以下几种理解中正确的是(　　)。

A. 两种效应中电子和光子两者组成的系统都服从动量守恒定律和能量守恒定律

B. 两种效应都相当于电子与光子的弹性碰撞过程

C. 两种效应都属于电子吸收光子的过程

D. 光电效应是吸收光子的过程，康普顿效应则相当于光子和电子的弹性碰撞过程

16-20　关于光子的性质，下列说法错误的是(　　)。

A. 光子的静止质量为零　　　　　　　B. 光子的动量为 $h\nu/c$

C. 光子的总能量等于它的动能　　　　D. 光子没有质量且光速与介质无关

16-21　证实原子具有有核模型的实验是(　　)。

A. 康普顿实验　　　　　　　　　　　B. α 粒子大角散射实验

C. 斯特恩-盖拉赫实验　　　　　　　D. 戴维逊-革末实验

16-22　当微观粒子受到外界力场作用时，它不再是自由粒子，但仍然具有(　　)。

A. 确定的能量　　　　　　　　　　　B. 确定的坐标和动量

C. 确定的德布罗意波长　　　　　　　D. 波粒二象性

16-23　下列说法正确的是(　　)。

A. 只有光子才具有波粒二象性　　　　B. 不确定关系是波粒二象性的体现

C. 粒子的坐标和动量可以同时确定　　D. 不确定关系仅适用于光子

16-24　按照波函数的统计解释，对一个微观粒子，在某时刻可由波函数确定的是(　　)。

A. 粒子出现的位置　　　　　　　　　B. 粒子在空间处出现的概率

C. 粒子的运动轨道　　　　　　　　　D. 粒子受到的力

16-25　完全描述微观粒子运动状态变化规律的是(　　)。

A. 测不准关系　　　　　　　　　　　B. 薛定谔方程

C. 波函数　　　　　　　　　　　　　D. 能级

三、计算题

16-26　求 $T=300$ K 时黑体辐射峰值波长为多少。

16-27　当黑体温度加倍后，它的总辐出度增加了多少倍？

16-28　太阳垂直射到地球表面单位面积的功率为 1.37×10^3 W/m²。

(1) 设已知地球半径为 6.37×10^6 m，地球与太阳的距离为 1.49×10^{11} m，求太阳辐射的总能量。

(2) 假设太阳是个黑体，半径为 6.76×10^8 m，求太阳表面的温度。

16-29　试计算波长在 $400 \sim 760$ nm 范围内可见光的光子的能量、动量和质量范围。

16-30　钨的逸出功为 4.52 eV，钡的逸出功为 2.5 eV，分别计算钨和钡的截止频率。哪种金属可以用作可见光范围内的光电管阴极材料？

16-31　在康普顿效应中，入射光子的波长为 3.0×10^{-3} nm，反冲电子的速度为光速的 60%，求散射光子的波长和散射角。

16-32　计算氢原子处于基态时的能量。

16-33　计算氢原子光谱系中莱曼系的最短和最长波长。

16-34　一个 μ 介子被质子俘获而形成一个 μ 介子原子，μ 介子除了质量与电子不同外，电量和电子相同。已知 μ 介子质量为电子质量的 206.5 倍。理论研究表明，若将 μ 介子的质量约化为 $M_{折合}=M_H M_\mu/(M_H+M_\mu)$，即折合质量，就可以按照玻尔理论来处理，只不过要将电子质量换为折合质量。

(1) 计算 μ 介子原子的第一玻尔半径。

(2) 计算最低能量的大小。

(3) 计算莱曼系中最短波长。

16-35　氢原子系统被激发到第 n 个能级时，能发出多少条不同的谱线？

16-36　已知 α 粒子的静止质量为 6.68×10^{-27} kg，求速率为 5000 km/s 的 α 粒子的德布罗意波波长。

16-37　若电子和光子的波长均为 0.2 nm，则它们的动量和动能各为多少？

16-38　电子位置的不确定量为 0.05 nm，其速率的不确定量为多少？

16-39　试证：如果粒子位置的不确定量等于其德布罗意波波长，则此粒子速度的不确定量大于或等于其速度。

16-40　利用相对论表达式 $E^2=p^2c^2+m_0{}^2c^4$，证明电子波的相速比光速大。

16-41　用德布罗意波，仿照弦振动的驻波公式来求解一维无限深方势阱中自由粒子的能量与动量表达式。

16-42　已知一维运动粒子的波函数为

$$\psi(x)=\begin{cases}Ax\mathrm{e}^{-\lambda x} & (x\geqslant0)\\0 & (x<0)\end{cases}$$

其中 $\lambda>0$。

(1) 求归一化常数 A 和归一化波函数。

(2) 求该粒子位置坐标的概率分布函数。

(3) 在何处找到粒子的概率最大？

16-43　粒子在一维无限深方势阱中运动，其波函数为

$$\psi_n=\sqrt{\frac{2}{a}}\sin\left(\frac{n\pi x}{a}\right)\qquad(0<x<a)$$

若粒子处于 $n=1$ 的状态，在 $0\sim a/4$ 区间发现粒子的概率是多少？

16-44　氢原子的电子处于 $n=4,l=3$ 的状态。

(1) 该电子的角动量 L 为多少？

(2) 角动量 L 在 z 轴的分量有哪些可能的值？

(3) 角动量 L 与 z 轴夹角的可能值为多少？

16-45　原子内电子的量子态由 n、l、m_l、m_s 四个量子数表征。当 n、l、m_l 一定时，不同的量子态数目是多少？当 n、l 一定时，不同的量子态数目是多少？当 n 一定时，不同的量子态数目是多少？